普通高等教育农业部“十二五”规划教材

兽医药物分析实验教程

李艳华　杨秀玉　主　编

中国农业大学出版社
·北京·

内容简介

全书内容共分四章。第一章为基本知识，介绍了兽医药物分析实验的基本要求；第二章为验证性实验，主要按照理论授课次序，依据《中国兽药典》(2010版)，选择各典型药物的质量分析方法作为实验内容，共有36个验证性实验。第三章为设计性实验，仅给出试验目的和要求，学生自行查阅文献，设计实验内容，独立完成实验，得出实验结论，完成实验记录和实验报告。第四章为综合性实验，考查学生生物样品预处理及定量分析等方面的应用。

图书在版编目(CIP)数据

兽医药物分析实验教程/李艳华，杨秀玉主编．—北京：中国农业大学出版社，2015.3
ISBN 978-7-5655-1176-9

Ⅰ.①兽… Ⅱ.①李…②杨… Ⅲ.①兽医学-药物分析-实验-高等学校-教材 Ⅳ.①S859.7-33

中国版本图书馆 CIP 数据核字(2015)第031185号

书　　名 兽医药物分析实验教程
作　　者 李艳华　杨秀玉　主编

策划编辑 赵　中　　**责任编辑** 冯雪梅
封面设计 郑　川
出版发行 中国农业大学出版社
社　　址 北京市海淀区圆明园西路2号　　**邮政编码** 100193
电　　话 发行部 010-62818525,8625　　读者服务部 010-62732336
编辑部 010-62732617,2618　　出　版　部 010-62733440
网　　址 http://www.cau.edu.cn/caup　　**e-mail** cbsszs@cau.edu.cn
经　　销 新华书店
印　　刷 北京鑫丰华彩印有限公司
版　　次 2015年3月第1版　2015年3月第1次印刷
规　　格 787×1 092　16开本　11.75印张　287千字
定　　价 26.00元

编审人员

主　　编　李艳华（东北农业大学）
　　　　　　杨秀玉（中国兽医药品监察所）

副主编　刘芳萍（东北农业大学）
　　　　　　赵　晖（中国兽医药品监察所）
　　　　　　王　新（黑龙江八一农垦大学）
　　　　　　远立国（华南农业大学）

参　　编　汤有志（华南农业大学）
　　　　　　于晓辉（中国兽医药品监察所）
　　　　　　丁文雅（东北农业大学）
　　　　　　张德显（沈阳农业大学）
　　　　　　张传美（青岛农业大学）
　　　　　　崔文平（山东农业大学）
　　　　　　陈俭清（东北农业大学）
　　　　　　陈雪英（东北农业大学）

主　　审　刘雅红（华南农业大学）

前　言

为贯彻《国家中长期教育改革和发展规划纲要(2010—2020年)》,落实《农业部"十二五"教材建设规划》,进一步加强农业教材建设,提高农业教育质量,按照农业部等有关部门要求编写本教材。

动物药学专业是为了适应我国兽药产业高速发展而建立的专业,旨在培养动物药学专业的复合型人才。兽医药物分析是动物药学专业教学计划设置中的主要专业课程之一,是一门研究和发展药品全面质量控制的"方法学科",具有很强的实践性和应用性。

兽医药物分析实验是本课程的重要组成部分,占整个教学时数的40%。根据该课的教学大纲,要求学生通过实验掌握《中国兽药典》常用的分析方法和实验技术,兽用常用药物的鉴别、检查和含量测定等的基本原理,培养学生严谨的科学态度、缜密的研究思路和独立完成实验的技能。

本实验教材注重科学性、先进性、实用性、规范性,主要参照《中国兽药典》(2010版)的要求,结合我国药物分析技术发展与药品检验工作的技术和方法进行编写,通过兽医临床常用的典型药物、典型方法及典型实验,使学生全面掌握药品检验的基本程序与内容、操作规程与要求、数据分析与处理,养成符合规范要求的良好操作习惯。

全书内容共分四章。第一章为基本知识,介绍了兽医药物分析实验基本要求;第二章为验证性实验,主要按照理论授课次序,依据《中国兽药典》(2010版),选择各典型药物的质量分析方法作为实验内容,共有36个验证性实验。第三章为设计性实验,仅给出试验目的和要求、实验药品,要求学生自行查阅文献,设计实验内容,独立完成实验,得出实验结论,完成实验记录和实验报告。第四章为综合性实验,考查学生生物样品预处理及定量分析等方面的应用。

本书编写分工:第一章由李艳华编写,陈俭清校;第二章的实验一由丁文雅编写,远立国校;实验二由崔文平编写,陈俭清校;实验三由汤有志编写,丁文雅校;实验四由张德显编写,张传美校;实验五由远立国编写,陈雪英校;实验六由张传美编写,刘芳萍校;实验七由丁文雅编写,汤有志校;实验八由赵晖、于晓辉编写,分别由杨秀玉、远立国校;实验九、实验十和实验十一由刘芳萍编写,分别由赵晖、于晓辉和崔文平校;第三章由李艳华编写,王新校;第四章由汤有志编写,李艳华校。全书由杨秀玉、李艳华统稿,特别感谢华南农业大学的刘雅红教授在百忙之中抽出时间为本书审稿,同时感谢在本书编写过程中付出辛勤劳动的所有人员。本实验教材主要供动物药学专业学生使用,其他专业可酌情选用。

由于编者水平有限,书中错误和不足之处在所难免,恳请读者批评指正。

编　者

2014年12月于哈尔滨

目　录

第一章　兽医药物分析实验基本知识

一、兽医药物分析实验基本要求

药物分析是一门研究和发展药品全面质量控制的学科，它综合运用现代分析及分离技术，研究药品性质、制定药品标准、控制药品质量，具有实践性和应用性强的特点。药物分析实验是对理论课程的有力补充，让学生在实践中巩固药物鉴别、检查、含量测定的原理与方法，熟悉药品检验程序，具有检验常用药物及制剂的能力；能够从药物结构出发，正确选择分析方法，并进一步根据药品特点解决质量控制中的问题，形成初步的科研能力。为了提高药物分析实验教学质量，学生应达到以下基本要求：

1. 掌握药品质量分析的各种技能

各种玻璃仪器的洗涤与正确使用；各种天平的适用范围及规范使用；常用的光谱及色谱仪器的规范使用；药物鉴别、检查、含量测定的实验基本操作方法；药品的称量、溶液的配制、转移、稀释等；熟悉《中国兽药典》中凡例和附录的相关内容，能够根据实验要求准备相应的试剂等；进一步强化"量"的概念，熟练掌握试剂、药品浓度的计算及杂质限量、药品含量、制剂标示量、百分含量等的计算，并能对分析结果进行正确判断。

2. 加强创新能力基本素养的培养

对于不同的分析样本，能够合理选择最佳分析方法；熟悉药品质量标准制定的基本原则、内容与方法；能够根据质量标准内容合理设计方法学验证的项目，并能够按照实验步骤进行实验，合理分析数据。

3. 课前认真预习

为了提高实验课的效果，保障实验进程的安全高效，课前必须充分预习，未预习者不得进入实验室进行实验。实验预习主要包括以下内容：

(1)认真阅读实验教材、课程教材及相关的参考书目，查阅相关的文献资料为实验内容做准备，包括可能需要的数据、常数、公式及化学反应方程式等。

(2)明确每次实验的目的和要求，弄懂实验原理与操作要点，预先安排好实验进程，估计实验中可能发生的问题及处理方法，特别需要注意实验过程中涉及的取样量等信息。

(3)了解实验仪器的结构与使用方法，掌握常用仪器的规范使用方法与注意事项。

(4)熟悉实验中所使用试剂的性质及相关安全及环保常识，防止实验中出现事故。

(5)根据自己对实验的理解，简明扼要地写出实验预习报告，主要包括实验原理、实验方法、操作步骤以及注意事项；尽可能地以流程图或者简洁的文字形式表示，并根据原始记录的要求设计好原始记录的图表。

(6)对于综合性、设计性实验，学生需要在与指导老师交流的基础上，通过查阅文献，逐步修改并完成实验设计方案，经过指导老师审定后方可实施。

4. 课中严谨实验

严格遵守实验室各项规章制度，穿上实验工作服，在老师的指导下，按照要求严谨认真地完成实验。

(1)明确每一步实验的原理与目的,操作过程中胆大、心细、准确、规范;清楚辨别药品及试剂的摆放位置与实验场所,防止药品、试剂取用的交叉污染与浪费。

(2)进入药物分析实验室以及天平室、仪器分析室时,必须携带编有页码的实验原始记录本,并且事先根据预习要求设计好原始记录图表;无原始记录本者不得进行实验;实验过程中不得随意将原始记录写在除原始记录本外的其他任何载体上。实验记录不得用铅笔书写,可用钢笔或圆珠笔书写,要求字迹清楚。实验记录本绝对不准撕页。实验记录本绝对不得涂改,涂改的原始记录将视为无效,如实验记录有误,以能看清原来写错的记录为基础,可在写错处打上双横线,在旁边空白处写上正确记录。

(3)如实、准确、详细地记录实验过程中的每一个步骤、观察到的实验现象、获得的实验数据,并根据所得信息对药品的质量进行合理判断;所得数据及现象均为原始记录,不得随意涂改编造原始记录,如有记录错误,按照要求进行更正。

(4)按照仪器使用标准操作过程使用各种精密仪器,必要时听从指导老师安排,使用完毕后按要求进行仪器使用登记。

(5)爱护各种实验仪器,小心谨慎地使用各种仪器、设备,损坏仪器及时报损、登记,精密仪器用毕应登记签名。实验过程中注意用电、水等的安全。药品或试剂应在指定位置取用,不要拿回自己实验台处。残液应倒入指定的废液缸中,切勿直接倒入水槽,可回收利用的废溶剂应回收至指定容器中。具有挥发性的溶液倾倒或者试剂配制应在通风橱内完成;使用强酸、强碱时注意戴好手套;必要时戴好护目镜;及时清理实验台面。

(6)实验中注意避免试剂及药品的污染。取用时仔细观察标签,取出的试剂与药品不要再倒回原瓶,取用完毕应随手加盖,不要盖错瓶盖。若操作不当,发生试剂或药品污染,应按规定及时处理,并及时报告老师。

(7)对于验证性实验,实验现象或者数据与理论不相符合的,要善于思考,认真分析和寻找原因,与指导老师进行讨论,必要时可以重做实验,但是必须找到错误原因;对于综合性与设计性实验,实验过程中需要合理安排时间,注重团结协作,并能够根据实验结果及时修正实验方案,在不断分析问题和解决问题的过程中完成实验内容。

5. 课后及时清理台面,总结实验

(1)实验完毕应立刻清理:电子仪器关闭,拔去电源插头,放于指定位置;玻璃仪器按要求洗净后放回原处;剩余试剂药品按规定处理,擦净实验台面;抹布、刷子洗净置于原处,凳子整理归位。经老师同意后离开实验室。

(2)值日生应负责整理公用试剂台面及公用试剂,处理废液缸中废液,打扫地面卫生,清除垃圾,检查水、电、煤、门窗等安全事宜,经老师同意后离开实验室。

(3)实验报告是概括实验过程和总结实验结果的重要资料,是将直观的实验现象、原始数据按照实验要求,以理论性较强的文字形式体现出来的一种表达方式,也是从实验回归理论的自我学习过程体现,是对学生进行药物分析专业素养训练重要的组成部分,有助于学生规范表达能力、专业思维能力、科研能力的初步养成,因此要求学生必须按时、认真、独立地完成实验报告。

药物分析实验报告包括药品质量分析检验报告书和研究性实验报告两种形式,学生可以按照本书规定的格式完成,也可以根据实验老师的要求完成。

二、实验室安全守则

在药物分析实验中，频繁使用水、电，经常使用腐蚀性、易燃、易爆或有毒的化学试剂，大量使用易损的玻璃仪器，常常使用电子仪器，有时还会使用高压气体钢瓶，为确保实验的正常进行，保证实验人员的人身安全，在实验过程中，必须严格遵守以下实验室安全守则：

(1)进入实验室，应着实验服、戴实验帽(长发者应将头发收拢于实验帽内)，进行具有一定危险性的实验(如氧瓶燃烧实验)时，应穿戴防护衣物(如防护眼镜、防护面具、防护口罩、防护手套)。

(2)严禁在实验室内饮食，吸烟；严禁将饮用水、食物带入实验室放置；严禁以实验用容器代替水杯、餐具使用；任何试剂、药品不能触及皮肤，固体药品应以药匙取用，不得用手抓取，任何试剂、药品不能直接闻味，不得入口尝试；实验完毕，必须洗净双手。

(3)进入实验室后应尽快熟悉实验室环境，确定水、电的阀门位置、掌握其开关方法。水、电一经使用完毕，应立即关闭水龙头开关，拔掉电插头。遇到停水时应立即关闭自来水龙头，以防来水后跑水。冷凝装置使用完毕后，应及时关闭冷却水。使用电器设备时，应特别仔细，切不可用潮湿的手或导电物品碰触电闸、电器开关及其他带电仪器。已经确定漏电的电器绝对不得使用，以免触电。电器或导线着火时，首先应立刻切断电源，再行灭火，灭火可采用沙、二氧化碳灭火器或干粉灭火器，禁止使用水或泡沫灭火器等导电液体灭火。离开实验室时，应再次确认已关闭水、电的开关。

(4)酒精灯应以火柴点燃，不得用酒精灯直接接火，以免酒精溢出引燃。点燃的火柴使用后立即熄灭。酒精灯使用完毕后，立刻用灯帽盖上，不得用口吹灭。用试管加热药品时，管口不准朝向任何人，以免药品喷出伤人。实验过程中万一发生火灾，不要惊慌，首先尽快切断电源或燃气源，再根据起火原因针对性灭火。

① 酒精及其他可溶于水的液体着火时，可用湿抹布盖灭。

② 有机溶剂或油类着火时，绝不能用水灭火，这反而会造成火势蔓延，应用沙土隔绝氧气扑灭火焰。

③ 衣服着火时，切忌奔跑，应就地躺下滚动，同时用湿衣服在身上抽打灭火。如果发生烫伤，应在实验室简单处理(以冷水冲洗 15 至 30 min 至散热止痛再以生理盐水擦拭，或在烫伤处涂抹黄色的苦味酸溶液或烫伤软膏)后去医院医治。但严重者应立刻送医院治疗。

(5)使用浓酸、浓碱及其他具有强烈腐蚀性的试剂时，应特别小心，切勿溅在皮肤或衣服上，眼睛更应注意保护。取用完毕后应立即加盖。使用浓硝酸、盐酸、硫酸、高氯酸、氨水时，均应在通风橱内操作，决不允许在实验室加热。稀释这些试剂(特别是浓硫酸)时，应将其沿管壁缓缓倒入水中，绝不能反向操作，否则会引起迸溅。使用浓酸、浓碱时，如不小心溅到皮肤或眼内，应立即用水冲洗，然后用 5%碳酸氢钠溶液(酸腐蚀时采用)或 5%硼酸溶液(碱腐蚀时采用)冲洗，最后用水冲洗。若无上述处理液且情况紧急不容拖延时，立即用大量蒸馏水或自来水冲洗，再立刻送医院治疗。溴灼伤时，应立即以石油醚或苯洗去溴液，或先以水冲洗，再用稀碳酸氢钠溶液或硼酸溶液洗涤。溅到实验台面上或地上的液体要用水稀释后擦掉。

(6)一些有机溶剂(如乙醚、乙醇、丙酮、苯、三氯甲烷等)极易引燃，必须远离明火与热源(如电炉)，使用完毕后应立即盖紧瓶塞，放在阴凉处保存。低沸点的有机溶剂不能直接在火焰上或热源上加热，应在水浴上加热。

(7)爆炸性物质、氧化性物质，必须远离明火与热源(如电炉)，存放取用时，不得加热、摩擦、撞击。热、浓的高氯酸遇有机物常易发生爆炸，如果试样为有机物时，应先用浓硝酸加热，使之与有机物发生反应，有机物被破坏后，再加入高氯酸。银氨溶液久置后变成氮化银，也易爆炸。某些氧化剂(如氯酸钾、硝酸钾、高锰酸钾等)或其混合物不能研磨，否则将引起爆炸。

(8)有毒物品(汞盐、砷化物、氰化物、重铬酸钾、钡盐、铅盐等)使用时应特别小心。金属汞易挥发，通过呼吸道进入人体内逐渐积累会引起慢性中毒，做金属汞的实验时不得把金属汞洒落在实验台上或地上，一旦洒落必须尽可能收集起来，并用硫黄粉盖在洒落的地方，使金属汞转变成不挥发的硫化汞。氰化物不能与酸接触，一旦按触会产生氢氰酸(剧毒)，氰化物的废液应倒入碱性亚铁盐溶液中使其转化为无毒的亚铁氰化铁盐类，再作废液处理。实验时如有毒气或特殊气味气体(如 H_2S、HF、Cl_2、CO、NO_2、SO_2、Br_2 等)发生，实验应在通风橱内操作。有毒药品严禁进入口内或接触伤口。剩余的废液严禁倒入水槽中，应倒入废液缸或老师指定的容器中。

(9)实验中应注意自我保护。绝对不允许随意混合或研磨各种化学药品，以免产生有害气体或发生爆炸或其他意外事故。严格按照实验流程操作，不得自行更换实验流程。倾注药剂或加热液体时，不要俯视容器，以免试液溅出导致意外。确需确定气体嗅味时，不得俯向容器嗅闻气味，面部应远离容器，用手将逸出容器的气流慢慢地扇向自己的鼻孔。取用药品试剂时，先看清楚标签标注，是否具有危害。实验室所有试剂、药品，均不得擅自携出实验室外。

(10)使用玻璃仪器时应注意轻拿轻放，以免破损造成伤害。如果发生割伤，应立刻取出伤口中的残余玻璃屑，用蒸馏水洗净，涂上碘酒或其他消毒剂，必要时送医院治疗。

(11)进行仪器分析实验时，应在阅读仪器操作规程或经老师讲解后再动手操作，不得随便使用仪器，以免损坏或发生其他事故。使用时应严格遵守操作规程。仪器使用完毕后，将仪器各部分归位，关闭电源。

(12)使用高压气体钢瓶时，应严格按照操作规程操作。钢瓶应远离热源并以链条固定。可燃性气体、有毒性气体与氧气的钢瓶，一定要分开贮存。钢瓶在更换前仍应保持一部分压力。

三、电子天平的使用及有效数字的处理

电子天平是以电磁力或电磁力矩平衡被称物体重力的天平，其特点是称量准确可靠、显示快速清晰并且具有自动检测系统、简便的自动校准装置以及超载保护等装置，是人们在实际分析中不可缺少的测量仪器。

电子天平按精度可分为超微量电子天平、微量天平、半微量天平、常量电子天平和分析天平，分析天平是常量天平、半微量天平、微量天平和超微量天平的总称。一般常用的分析天平是万分之一精度的天平和十万分之一精度的天平。

1. 电子天平的使用

(1)调节水平　天平开机前，应观察天平后部水平仪内的水泡是否位于圆环的中央，通过天平的地脚螺栓进行调节。

(2)预热　天平在初次接通电源或长时间断电后开机时，至少需要 30min 的预热时间。因此，实验室电子天平在通常情况下不要经常切断电源。

(3)称量　放置称量纸，按显示屏两侧的 Tare 键去皮，待显示器显示零时，在称量纸上加

所要称量的试剂称量。

2. 电子天平使用注意事项

(1)将天平置于稳定的工作台上,避免震动、气流及阳光照射,防止腐蚀性气体侵蚀。

(2)称量易挥发和具有腐蚀性的物品时,要盛放在密闭的容器中,以免腐蚀和损坏电子天平。

(3)防止超载,注意被称物体的质量应在天平的最大载量以内。

(4)勿把待称量样品洒落在天平内,若不慎洒落,要用干净柔软的刷子扫出。称量瓶外和称量盘上不能沾有粉末,以免影响称量的准确性并污染天平。

(5)定期对电子天平进行自校,保证其处于最佳状态。

3. 有效数字的处理

有效数字是指在分析工作中实际上能测量到的数字。保留有效数字的原则:

(1)在记录测量数据时,只允许保留 1 位可疑数(欠准数),其误差是末位数的±1 个单位。例如用万分之一精度天平称量某试样的重量,可以准确称量到 0.001 g,小数点后第 4 位有±1 的误差,为欠准值,但记录时应保留它。

(2)在数据中数字 1 至 9 均为有效数字,但数字 0 则有可能不是有效数字。0 在数字前面时,是定位用的无效数字,其余都是有效数字。当数据首位为 8 或 9 时,要多计 1 位有效数字。例如 90.0%与 100.0%,都可以看成是 4 位有效数字。

(3)常量分析结果一般要求要达到千分之一的准确度,需保留 4 位有效数字,以表明分析结果的准确度是 1‰。

(4)pH、lg$K$ 等对数数值,小数点后的位数为有效数字。pH 等对数值,其有效位数是由其小数点后的位数决定的,其整数部分只表明其真数的乘方次数。pH=11.26($[H^+]=5.5\times10^{-12}$ mol/L),其有效位数只有两位。

4. 数字修约规则

(1)采用“四舍六入五留双”规则。即当多余尾数的首位≤4 时舍去;多余尾数的首位≥6 时进位;等于 5 时,若 5 后数字不为 0 则进位,若 5 后数字为 0,则视 5 前数字是奇数还是偶数,采用“奇进偶舍”的方式进行修约。例如将下列数字修约为 4 位有效数字:14.1447→14.14,14.4863 →14.49,14.0250→14.02,14.0150→14.02,14.0251→14.03。

(2)禁止分次修约。例如将数据 1.245 6 修约为两位有效数字,应该是 1.245 6→1.2,不可以 1.2456→1.246→1.25→1.3。

(3)运算中可多保留 1 位有效数字,算出结果后再按规定修约。在运算过程中,为减少舍入误差,其他数值的修约可以暂时多保留 1 位,等运算得到结果时,再根据有效位数弃去多余的数字。特别是运算步骤长,涉及数据多的情况下,尤其需要。

(4)修约标准偏差值或其他表示不确定度时,只要有效数字后面还有数字,都进位。例如 $S=0.213$,若取两位有效数字,宜修约为 0.22。

5. 运算法则

(1)加减运算 多个数值相加减时,所得和或差的绝对误差必较任何一个数值的绝对误差大,因此相加减时应以各数值中绝对误差最大的数值为准,确定其他数值在运算中保留的位数和决定计算结果的有效位数。即按小数点后位数最少的数保留。

(2)乘除运算 多个数值相乘除时,所得积或商的相对误差必较任何一个数值的相对误差大，因此相乘除时应以各数值中相对误差最大的数值为准，确定其他数值在运算中保留的位数和决定计算结果的有效位数。即按有效数字位数最少的数保留。

6. 注意事项

(1)根据样品称量的要求，选择相应的量具。“精密称定”系指称取重量应准确至所取重量的千分之一；“称定”系指称取重量应准确至所取重量的百分之一；“精密量取”系指量取体积的准确度应符合国家标准中对该体积移液管的精密度要求；“约”系指取用量不得超过规定量的±10%。取样量的精度未作特殊规定时，应根据其数值的有效位数选用与之相应的量具。如规定量取 5 mL 时应选用 5～10 mL 的量筒，量取 5.00 mL 时应选用 5 mL 的移液管进行量取。

(2)正确记录数值。应根据取样量、量具的精度、检测方法的允许误差和标准中的限度规定，确定数字的有效位数，记录全部准确数字和 1 位欠准数字。

(3)数值计算时必须执行修约规则和运算规则。在判定药品质量是否符合规定之前，应将全部数据根据有效数字和数值修约规则进行运算，并将计算结果修约到标准中所规定的有效位数，而后进行判定。

例：胰岛素的干燥失重，规定不得过 10.0%，今取样 0.203 1 g，干燥后减失重量 0.017 8 g，请判定是否符合规定？

本例中 0.017 8 的有效数字最少，为 3 位有效数字，故在计算过程中可暂多保留 1 位(即保留 4 位有效数字)计算：

$$0.0178 \div 0.2031 \times 100.0\% = 8.76\%$$

因《中国兽药典》规定的限度为不得过 10.0%，故将计算结果 8.76%，修约为 8.8%. 检验结果小于 10.0%，应判为符合规定。

四、化学试剂简介

化学试剂通常以其含有杂质的多少来划分，其等级世界范围内并无统一规定，各大型试剂生产厂家(如德国 Merck、瑞士 FLUKA 等)多有自己的具体标准，在我国，常用试剂通常按其杂质多少分为四个等级，具体情况见表 1-1。

表 1-1　常用化学试剂等级

等级	中文名称	英文名称	符号	标签颜色
一级试剂	优级纯(保证试剂)	guaranteed reagent	G. R	绿色
二级试剂	分析纯	analytical reagent	A. R	红色
三级试剂	化学纯	chemical reagent	C. P	蓝色
四级试剂	实验试剂	laboratorial reagent	L. R	棕黄色

以上试剂，在药物分析实验中，用得较多的是二级试剂，即分析纯试剂。但除上表中所列试剂外，药物分析实验还经常使用一些其他等级试剂，如基准试剂、色谱纯试剂、光谱纯试剂等。通常情况下，基准试剂的纯度相当于或高于一级试剂，常作为滴定分析的基准物质。色谱纯试剂专门用于色谱分析，指在最高灵敏度下测定无杂质峰。光谱纯试剂专门用于光谱分析，指光谱分析法测不出其杂质含量或其杂质含量低于某一规定限度。

实验中应根据要求选取适当的试剂，不能为求节约随意降低试剂标准，而影响分析结果的准确度，但更当避免盲目追求高纯度而造成的浪费。例如：配制洗液时，仅需工业用重铬酸钾及硫酸即可，若用二级试剂并无意义徒然浪费；应用光谱法进行分析时，采用光谱纯试剂即可，没有必要使用价格昂贵的色谱纯试剂。

试剂若系易燃、易爆、有毒、放射性物品，标签上会有相应标志，取用时应注意观察，以免因误操作导致实验事故。

五、专业术语与规定

(1)溶解度。溶解度是兽药的一种物理性质。各品种项下选用的部分溶剂及其在该溶剂中的溶解性能，可供精制或制备溶液时参考；对在特定溶剂中的溶解性能需做质量控制时，在该品种项下另作具体规定。

兽药的近似溶解度以下列名词术语表示：

极易溶解	系指溶质 1 g(mL)能在溶剂不到 1 mL 中溶解；
易溶	系指溶质 1 g(mL)能在溶剂 1～不到 10 mL 中溶解；
溶解	系指溶质 1 g(mL)能在溶剂 10～不到 30 mL 中溶解；
略溶	系指溶质 1 g(mL)能在溶剂 30～不到 100 mL 中溶解；
微溶	系指溶质 1 g(mL)能在溶剂 100～不到 1 000 mL 中溶解；
极微溶解	系指溶质 1 g(mL)能在溶剂 1 000～不到 10 000 mL 中溶解；
几乎不溶或不溶	系指溶质 1 g(mL)在溶剂 10 000 mL 中不能完全溶解。

试验法：除另有规定外，称取研成细粉的供试品或量取液体供试品，置(25±2)℃一定容量的溶剂中，每隔 5 min 强力振摇 30 s；观察 30 min 内的溶解情况，如无目视可见的溶质颗粒或液滴时，即视为完全溶解。

(2)鉴别项下规定的试验方法，系根据反映该兽药某些物理、化学或生物学等特性所进行的药物鉴别试验，不完全代表对该兽药化学结构的确证。

(3)检查项下包括反映兽药的安全性与有效性的试验方法和限度、均一性与纯度等制备工艺要求等内容；对于规定中的各种杂质检查项目，系指该兽药在按既定工艺进行生产和正常贮藏过程中可能含有或产生并需要控制的杂质(如残留溶剂、有关物质等)；改变生产工艺时需另考虑增修订有关项目。

对于生产过程中引入的有机溶剂，应在后续的生产环节予以有效去除。除正文已明确列有“残留溶剂”检查的品种必须依法进行该项检查外，其他未在“残留溶剂”项下明确列出的有机溶剂与未在正文中列有此项检查的各品种，如生产过程中引入或产品中残留有机溶剂，均应按附录“残留溶剂测定法”检查并应符合相应溶剂的限度规定。

供直接分装成注射用无菌粉末的原料药，应按照注射剂项下相应的要求进行检查，并应符合规定。

各类制剂，除另有规定外，均应符合各制剂通则项下有关的各项规定。

(4)含量测定项下规定的试验方法，用于测定原料及制剂中有效成分的含量，一般可采用化学、仪器或生物测定方法。

(5)制剂的规格，系指每一支、片或其他每一个单位制剂中含有主药的重量(或效价)或含量(%)或装量；注射液项下，如为“1 mL：10 mg”，系指 1 mL 中含有主药 10 mg；对于列有处方或标有浓度的制剂，也可同时规定装量规格。

(6)贮藏项下的规定，系为避免污染和降解而对兽药贮存与保管的基本要求，以下列名词术语表示：

遮光，系指用不透光的容器包装，例如棕色容器或黑纸包裹的无色透明、半透明容器；

密闭，系指将容器密闭，以防止尘土及异物进入；

密封，系指将容器密封以防止风化、吸潮、挥发或异物进入；

熔封或严封，系指将容器熔封或用适宜的材料严封，以防止空气与水分的侵入并防止污染；

阴凉处，系指不超过 20℃；

凉暗处，系指避光并不超过 20℃；

冷处，系指 2～10℃；

常温，系指 10～30℃。

除另有规定外，贮藏项下未规定温度的一般系指常温。

(7)检验方法和限度。

①《中国兽药典》(2010 版)中规定的各种纯度和限度数值以及制剂的重(装)量差异，系包括上限和下限两个数值本身及中间数值。规定的这些数值不论是百分数还是绝对数字，其最后一位数字都是有效位。

试验结果在运算过程中，可比规定的有效数字多保留一位数，而后根据有效数字修约规则进舍至规定有效位。计算所得的最后数值或测定读数值均可按修约规则进舍至规定的有效位，取此数值与标准中规定的限度数值比较，以判断是否符合规定的限度。

② 原料药的含量(%)，除另有注明者外，均按重量计。如规定上限为 100%以上时，系指用本兽药典规定的分析方法测定时可能达到的数值，它为兽药典规定的限度或允许偏差，并非真实含有量；如未规定上限时，系指不超过 101.0%。

制剂的含量限度范围，系根据主药含量的多少、测定方法误差、生产过程不可避免的偏差和贮存期间可能产生降解的可接受程度而制定的，生产中应按标示量 100%投料。如已知某一成分在生产或贮存期间含量会降低，生产时可适当增加投料量，以保证在有效期内含量能符合规定。

(8)标准品、对照品。标准品、对照品系指用于鉴别、检查、含量测定的标准物质。标准品系指用于生物检定、抗生素或生化药品中含量或效价测定的标准物质，按效价单位(或 μg)计，以国际标准品进行标定；对照品除另有规定外，均按干燥品(或无水物)进行计算后使用。

标准品与对照品的建立或变更批号，应与国际标准品、国际对照品或原批号标准品、对照品进行对比，并经过协作标定和一定的工作程序进行技术审定。

标准品与对照品均应附有使用说明书，标明批号、用途、使用方法、贮藏条件和装量等。

(9)计量。

① 法定计量单位名称和单位符号如下：

长度	米(m)	分米(dm)	厘米(cm)	毫米(mm)	微米(μm)	纳米(nm)
体积	升(L)	毫升(m L)	微升(μL)			
质量	千克(kg)	克(g)	毫克(mg)	微克(μg)	纳克(ng)	皮克(pg)
物质的量	摩尔(mol)	毫摩尔(mmol)				

压力	兆帕(MPa)	千帕(kPa)	帕(Pa)
温度	摄氏度(℃)		
动力黏度	帕秒(Pa·s)	毫帕秒(mPa·s)	
运动黏度	平方米每秒(m^2/s)	平方毫米每秒(mm^2/s)	
波数	厘米的倒数(cm^{-1})		
密度	千克每立方米(kg/m^3)	克每立方厘米(g/cm^3)	

②《中国兽药典》(2010 版)使用的滴定液和试液的浓度，以 mol/L(摩尔/升)表示者，其浓度要求精密标定的滴定液用“XXX 滴定液(YYY mol/L)”表示；作其他用途不需精密标定其浓度时，用“YYY mol/L XXX 溶液”表示，以示区别。

③ 有关的温度描述，一般以下列名词术语表示：

水浴温度	除另有规定外，均指 98～100℃；
热水	系指 70～80℃；
微温或温水	系指 40～50℃；
室温(常温)	系指 10～30℃；
冷水	系指 2～10℃；
冰浴	系指约 0℃；
放冷	系指放冷至室温。

④ 符号“%”表示百分比，系指重量的比例；但溶液的百分比，除另有规定外，系指溶液 100 mL 中含有溶质若干克；乙醇的百分比，系指在 20℃时容量的比例。此外，根据需要可采用下列符号：

%(g/g)	表示溶液 100 g 中含有溶质若干克；
%(mL/mL)	表示溶液 100 mL 中含有溶质若干毫升；
%(mL/g)	表示溶液 100 g 中含有溶质若干毫升；
%(g/mL)	表示溶液 100 mL 中含有溶质若干克。

⑤ 缩写“ppm” 表示百万分比，系指重量或体积的比例。

⑥ 缩写“ppb” 表示十亿分比，系指重量或体积的比例。

⑦ 液体的滴，系在 20℃时，以 1.0 mL 水为 20 滴进行换算。

⑧ 溶液后标示的“(1→10)”等符号，系指固体溶质 1.0 g 或液体溶质 1.0 mL 加溶剂使成 10 mL 的溶液；未指明用何种溶剂时，均系指水溶液；两种或两种以上液体的混合物，名称间用半字线“-”隔开，其后括号内所示的“:”符号，系指各液体混合时的体积(质量)比例。

⑨《中国兽药典》(2010 版)所用药筛，选用国家标准的 R40/3 系列，分等如下：

筛号	筛孔内径(平均值)	目号
一号筛	2 000 μm±70 μm	10 目
二号筛	850 μm±29 μm	24 目
三号筛	355 μm±13 μm	50 目
四号筛	250 μm±9.9 μm	65 目
五号筛	180 μm±7.6 μm	80 目
六号筛	150 μm±6.6 μm	100 目
七号筛	125 μm±5.8 μm	120 目

八号筛	90 μm±4.6 μm	150 目
九号筛	75 μm±4.1 μm	200 目

粉末分等如下：

最粗粉　指能全部通过一号筛，但混有能通过三号筛不超过 20%的粉末；

粗　粉　指能全部通过二号筛，但混有能通过四号筛不超过 40%的粉末；

中　粉　指能全部通过四号筛，但混有能通过五号筛不超过 60%的粉末；

细　粉　指能全部通过五号筛，并含能通过六号筛不少于 95%的粉末；

最细粉　指能全部通过六号筛，并含能通过七号筛不少于 95%的粉末；

极细粉　指能全部通过八号筛，并含能通过九号筛不少于 95%的粉末。

⑩ 乙醇未指明浓度时，均系指 95%(mL/mL)的乙醇。

(10)精确度。《中国兽药典》(2010 版)规定取样量的准确度和试验精密度。

① 试验中供试品与试药等"称重"或"量取"的量，均以阿拉伯数码表示，其精确度可根据数值的有效数位来确定，如称取"0.1 g"，系指称取重量可为 0.06～0.14 g；称取"2 g"，系指称取重量可为 1.5～2.5 g；称取"2.0 g"，系指称取重量可为 1.95～2.05 g；称取"2.00 g"，系指称取重量可为 1.995～2.005 g。

"精密称定"系指称取重量应准确至所取重量的千分之一；"称定"系指称取重量应准确至所取重量的百分之一；"精密量取"系指量取体积的准确度应符合国家标准中对该体积移液管的精密度要求；"量取"系指可用量筒或按照量取体积的有效数位选用量具。取用量为"约"若干时，系指取用量不得超过规定量的±10%。

② 恒重，除另有规定外，系指供试品连续两次干燥或炽灼后称重的差异在 0.3 mg 以下的重量；干燥至恒重的第二次及以后各次称重均应在规定条件下继续干燥 1 h 后进行；炽灼至恒重的第二次称重应在继续炽灼 30 min 后进行。

③ 试验中规定"按干燥品(或无水物，或无溶剂)计算"时，除另有规定外，应取未经干燥(或未去水、或未去溶剂)的供试品进行试验，并将计算中的取用量按检查项下测得的干燥失重(或水分、或溶剂)扣除。

④ 试验中的"空白试验"，系指在不加供试品或以等量溶剂替代供试液的情况下，按同法操作所得的结果；含量测定中的"并将滴定的结果用空白试验校正"，系指按供试品所耗滴定液的量(mL)与空白试验中所耗滴定液的量(mL)之差进行计算。

⑤ 试验时的温度，未注明者，系指在室温下进行；温度高低对试验结果有显著影响者，除另有规定外，应以 25℃±2℃为准。

(11)试药、试液、指示剂。

① 试验用的试药，除另有规定外，均应根据《中国兽药典》(2010 版)附录试药项下的规定，选用不同等级并符合国家标准或国务院有关行政主管部门规定的试剂标准。试液、缓冲液、指示剂与指示液、滴定液等，均应符合《中国兽药典》(2010 版)的规定制备。

② 试验用水，除另有规定外，均系指纯化水。酸碱度检查所用的水，均系指新沸并放冷至室温的水。

③ 酸碱性试验时，如未指明用何种指示剂，均系指石蕊试纸。

六、药物分析实验记录与报告

药物分析实验记录与报告针对验证性实验、综合性实验与设计性实验各有不同的格式，其中验证性实验和综合性实验的记录报告应按照药品质量检验规范的原始记录和报告书的格式书写，旨在培养学生规范填写检验原始记录的能力、正确处理检验数据与报告结果的能力；设计性实验的记录与报告按照科研训练的要求书写，旨在培养学生养成严谨的实验态度、缜密的实验思路和合理的分析问题、解决问题能力。实验中根据所使用的仪器性能与特点，按照实验要求做好相关仪器登记，记录实验过程中仪器的相关参数。

1. 验证性试验、综合性试验预习报告(含药品检验原始记录)书写格式

实验题目
一、实验目的
二、实验原理(方程式表示为主)
三、仪器与试剂
四、实验步骤(箭头式表示)
五、兽药检验原始记录(含量测定以紫外法为例)

温度(℃)： 相对湿度(%)：

样品名称					
生产厂家					
样品批号					
检验方法					
仪器名称及型号					
天平型号					
鉴别					
	操作		实验现象和数据		
(项目 1)					
(项目 2)					
检查					
	操作		实验现象和数据		
(项目 1)					
含量测定					
样品称重 W(g)：					
测定编号	A	A	A	A	含量(%)
计算公式	含量(%)=				
标准规定					
结论	(均)符合规定		(均)不符合规定		

检验者： 校对者： 审核者：
日　期： 日　期： 日　期：

2. 验证性试验、综合性实验报告(含药品质量检验报告书)书写格式

实验题目

实验日期　＊＊年＊＊月＊＊日　天气　温度　湿度

一、兽药质量检验报告书

检验报告书

样品名称		样品批号	
生产单位		供样单位	
检验项目			
检验数据			
备注			

检验结果

检验项目	标准规定	检验数据	项目结论

【鉴别】

(1)

(2)

【检查】

(1)

(2)

【含量规定】

本品按　　(标准)检验,结果符合/不符合规定。

检验者:　　校对者:　　审核者:

日期:　　日　期:　　日　期:

二、实验讨论(非必须)

三、思考题

3. 设计性实验预习报告书写形式

实验题目
一、实验目的
二、实验对象简况(包括药物结构、基本性质等)。
三、文献查阅方法总结
(重点总结方法特点与应用情况)。
四、需要准备实验仪器与试剂
(根据与老师讨论的实验方案确定实验仪器和试剂,包括试剂的基本配制方法)。
五、实验安排与操作步骤
(将实验方案细化成几个小方案,比如条件摸索、方法学验证等)。
六、可能遇见问题与对策
(对实验中可能的问题进行分析留预案)。

---

4. 设计性实验报告书写形式

(1)实验报告形式

实验题目
一、实验目的
二、实验原理
三、仪器与试剂
四、实验步骤与结果
五、分析与讨论
六、结论
七、参考文献

---

(2)研究论文形式

论文题目
作者与单位
中文摘要
中文关键词
英文题目与摘要
前言
一、仪器与试剂
二、实验方法
三、结果与讨论
四、结论
参考文献

---

5. 检验报告单

检品名称			
批　　号		规　　格	
送检单位		送检日期	
检验依据		报告日期	
检验项目	标准规定	检验结果	项目结论
【性状】 【鉴别】 【检查】 【含量测定】			
检验结论：			

检验者：　　　　审查者：　　　　质检科长：

第二章　验证性实验

实验一　芳酸类药物的质量分析

实验 1-1　阿司匹林及阿司匹林片的鉴别、检查及含量测定

一、目的要求

(1)掌握阿司匹林的鉴别原理及操作方法。

(2)掌握阿司匹林原料和其片剂的检查原理及操作方法。

(3)掌握高效液相色谱法含量测定的原理及操作方法。

二、实验原理

(一)鉴别实验

阿司匹林的结构式：

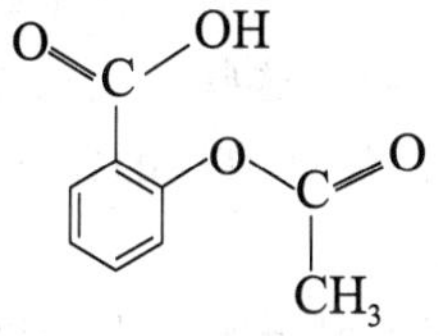

1. 水解鉴别反应

阿司匹林结构中含有酯键，可以在碱性水溶液中水解生成水杨酸钠和醋酸钠，再加盐酸，可生成水杨酸和醋酸，水杨酸水溶性较差，能以白色沉淀形式析出，而醋酸具有臭味。

2. 三氯化铁鉴别反应

阿司匹林结构中的酯键水解生成水杨酸，水杨酸具有酚羟基可以与三氯化铁显色。

3. 红外光谱鉴别

阿司匹林有明显的红外吸收官能团，可以用红外谱图对照法进行鉴别。

(二)检查

1. 阿司匹林原料中杂质检查

(1)一般杂质检查

① 易炭化物　检查阿司匹林中存在的遇硫酸易炭化或易炭化呈色的微量有机小分子物质，此类杂质多数结构是未知的，用硫酸呈色的方法可以简便地控制此类杂质的总量。

② 炽灼残渣　有机药物经炽灼炭化，再加硫酸湿润，低温加热至硫酸蒸气除尽，再于高温(700～800℃)炽灼至完全灰化，使有机物质破坏分解变为挥发性物质逸出，而残留的非挥发性无机杂质(多为金属的氧化物或无机盐类)成为硫酸盐。

③ 重金属　重金属是指在弱酸性(pH3～3.5)溶液中，能与硫代乙酰胺或硫化钠作用生成硫化物的金属杂质。在药品生产中铅杂质较为常见，且易蓄积中毒，故检查时以铅为代表。根据实验条件不同可分为四种检查方法：第一种方法适用于能溶于水、稀酸或乙醇的药物中的重金属限量检查方法；第二种方法适用于供试品需灼烧破坏，取炽灼残渣项下的遗留残渣，经处理后在酸性溶液中显色的药物中的重金属限量检查；第三种方法适用于溶于碱而不溶于稀酸或在稀酸中生成沉淀的供试品；第四种方法适用于重金属限量低，用纳氏比色管难于观察比较的供试品，用微孔滤膜滤过，使重金属硫化物沉淀富集于滤膜上形成色斑，常用于有色溶液或重金属限量低的药品检验。

本实验采用第一法，其原理为硫代乙酰胺在弱酸性(pH 3.5 醋酸盐缓冲液)条件下水解，产生硫化氢，硫化氢与微量重金属离子生成黄色到棕黑色的硫化物混悬液，再与一定量标准铅溶液经同法处理后所呈颜色比较。

④ 干燥失重　药品在规定的条件下，干燥后所减失的量，主要有加热干燥和干燥剂干燥。用减失的重量和取样量计算供试品的干燥失重，以百分率表示。干燥失重中的恒重是指供试品连续两次干燥或炽灼后称重差异在 0.3 mg 以下的重量，干燥至恒重的第二次及其以后各次称重均应在规定条件下继续干燥 1 h 后进行。

(2)特殊杂质检查

① 溶液的澄清度　该项主要检查不溶物杂质，主要包括原料药合成过程中未反应完全的酚类、水杨酸精制时温度过高产生脱羧副反应的产物苯酚、合成工艺过程中由副反应生成的醋酸苯酯、水杨酸苯酯和乙酰水杨酸苯酯等。这些杂质均不溶于碳酸钠试液，而阿司匹林可溶解于碳酸钠试液。利用阿司匹林和特殊杂质溶解性的差异，通过阿司匹林在碳酸钠试液中的澄清度来控制上述不溶性杂质的检查。

② 游离水杨酸　药品游离水杨酸主要来源于生产过程中乙酰化不完全，以及贮藏过程中水解产生的游离水杨酸杂质。可用高效液相色谱法测定其含量控制杂质的限量，要求其含量低于 0.1%。

③ 有关物质　在生产或储存过程中会引入工艺杂质或降解产物，这会影响药品的纯度，产生毒副作用，利用高效液相法测定，要求其各杂质峰面积的和不得大于对照溶液主峰峰面积(0.5%)。

2. 阿司匹林片的剂型检查和杂质检查

(1)游离水杨酸检查　通常，制剂不再检查原料药物项下的有关杂质，但阿司匹林在制备过程中又易水解为水杨酸，因此《中国药典》(2010 版)规定阿司匹林片按阿司匹林原料药中水杨酸检查的原理和方法控制杂质水杨酸的限量，限量为 0.3%。

(2)片剂检查项目

① 重量差异检查　检查时取药片 20 片，精密称取总重量，再分别精密称取各片的重量。将每片重量与平均片重相比较，超出重量差异限度的药片不得多于 2 片，并不得有 1 片超出限度的 1 倍。见表 1-1-1。

表 1-1-1 重量差异检查(阿司匹林)

平均片重或标示片重/g	重量差异限度/%
0.30 以下	±7.5
0.30～1.0 以下	±5
1.0 及 1.0 以上	±2

② 溶出度检查

篮法：测定前，应对仪器装置进行必要的调试，使转篮底部距溶出杯的内底部 25 mm±2 mm。分别量取经脱气处理的溶出介质，置于各溶出杯内，实际量取的体积与规定体积的偏差应不超过±1%，待溶出介质温度恒定在 37℃±0.5℃后，取供试品 6 片，分别投入 6 个干燥的转篮内，将转篮降入溶出杯中，注意供试品表面上不要有气泡，按各品种项下规定的转速启动仪器，计时；至规定的时间(实际取样时间与规定时间的差异不得过±2%)，吸取溶出液适量(取样位置应在转篮顶端至液面的中点，距溶出杯内壁不小于 10 mm 处；需多次取样时，所量取溶出液的体积之和应在溶出介质的 1%之内，如超过总体积的 1%时，应及时补充相同体积的温度为 37℃±0.5℃的溶出介质，或在计算时加以校正)，立即用适当的微孔滤膜过滤，自取样至滤过应在 30 s 内完成。取澄清滤液，照该品种规定的方法测定，计算每片的溶出量。

结果判断，符合下述条件之一者，可判为符合规定：

a. 6 片中，每片的溶出量按标示量计算，均不低于规定限度(Q)。

b. 6 片中，有 1～2 片低于 Q，但不低于 $Q-10\%$，且其平均溶出量不低于 Q。

c. 6 片中，有 1～2 片低于 Q，其中仅有 1 片低于 $Q-10\%$，但不低于 $Q-20\%$，且其平均溶出量不低于 Q 时，应另取 6 片复试；初、复试的 12 片中，有 1～3 片低于 Q，其中仅 1 片低于 $Q-10\%$，但不低于 $Q-20\%$，且其平均溶出量不低于 Q。

以上结果判断中的 10%、20%是指相对于标示量的百分率(%)。

③ 片剂脆碎度检查　检查片剂在脆碎度检查仪圆筒中滚动 100 次后减失重量的百分数，用于检查非包衣片剂的脆碎度及其物理强度，如压碎强度等。片重为 0.65 g 或 0.65 g 以下取若干片，使其总重约为 6.5 g；片重大于 0.65 g 者取 10 片。用吹风机吹去脱落粉末，精密称定，置片剂脆碎度检查仪圆筒中，转动 100 次。取出，同法除去粉末，精密称重，减失重量不得过 1%，且不得检出断裂、龟裂及粉碎的片。该试验一般仅做一次。减失重量超过 1%，应复检 2 次，3 次平均减失重量不得过 1%，并不得检出断裂、龟裂及粉碎的片。

(三)阿司匹林的含量测定

1. 直接滴定法

主要用于阿司匹林原料药的含量测定，利用阿司匹林游离羧基具有酸性，可以用标准碱滴定液直接滴定测定。

2. 高效液相色谱法

由于阿司匹林片剂中有辅料酒石酸或枸橼酸作稳定剂，它们会消耗氢氧化钠滴定液，导致测定结果偏高，因此阿司匹林片剂的含量测定采用高效液相色谱法。

三、实验仪器及药品

高效液相色谱仪(紫外检测器)、片剂脆碎度测定仪、片剂溶出仪、电子天平(精度 0.01 g

和 0.000 01 g)、高温炉、碱式滴定管(50 mL)、纳氏比色管(50 mL)、称量瓶、药匙、量筒(10 mL、50 mL、100 mL)、刻度吸管(1 mL、2 mL、3 mL、5 mL、10 mL)、移液管(1 mL、2 mL、5 mL、10 mL)、容量瓶(100 mL、500 mL、1 000 mL)、烧杯(50 mL、100 mL)、锥形瓶(50 mL)、试管(10 mL)、漏斗、滤纸、研钵、坩埚、溶剂过滤器、水浴锅、色谱柱(填料 C_{18})。

水杨酸对照品、阿司匹林对照品、阿司匹林、阿司匹林片、盐酸、硫酸、硝酸、氢氧化钠、三氯化铁、一水碳酸钠、无水碳酸钠、硝酸铅、醋酸铵、硫代乙酰胺、甘油、酚酞、乙醇、邻苯二甲酸氢钾、硫酸铁铵、氯化钴、醋酸钠、醋酸、二甲酚橙、乙二胺四乙酸二钠、淀粉、碘化钾、酒石酸、重铬酸钾、硫酸铜、硫代硫酸钠、氨水、甲醇、纯化水、乙腈、四氢呋喃、冰醋酸。

四、实验准备

(一)稀盐酸

取盐酸 234 mL,加水稀释至 1 000 mL,摇匀,即得。

(二)稀硫酸

取硫酸 57 mL,加水稀释至 1 000 mL,摇匀,即得。

(三)三氯化铁试液

称取三氯化铁 9 g,加水溶解,定容 100 mL,摇匀,即得。

(四)碳酸钠试液

称取一水碳酸钠 12.5 g 或无水碳酸钠 10.5 g,加水溶解,定容 100 mL,摇匀,即得。

(五)标准铅溶液的制备

称取硝酸铅 0.159 9 g,置 1 000 mL 量瓶中,加硝酸 5 mL 与水 50 mL 溶解后,用水稀释至刻度,摇匀,作为贮备液。

临用前,精密量取贮备液 10 mL,置 100 mL 量瓶中,加水稀释至刻度,摇匀,即得(每毫升相当于 10 μg 的铅)。

(六)醋酸盐缓冲液(pH 3.5)

称取醋酸铵 25 g,加水 25 mL 溶解后,加 7 mol/L 盐酸溶液 38 mL,用 2 mol/L 盐酸溶液或 5 mol/L 氨溶液准确调节 pH 至 3.5,用水稀释至 100 mL,即得。

(七)硫代乙酰胺试液

称取硫代乙酰胺 4 g,加水溶解,定容至 100 mL,摇匀,置冰箱中保存。

临用前取混合液(由 1 mol/L 氢氧化钠溶液 15 mL、水 5.0 mL 及甘油 20 mL 组成)5.0 mL,加上述硫代乙酰胺溶液 1.0 mL,置水浴上加热 20 s,冷却,立即使用。

(八)酚酞指示液

称取酚酞 1 g,加乙醇溶解,定容至 100 mL,摇匀,即得。

（九）氢氧化钠滴定液（0.1 mol/L）

配制：称取氢氧化钠适量，加水振摇使溶解成饱和溶液，冷却后，置聚乙烯塑料瓶中，静置数日，澄清后备用。

取澄清的氢氧化钠饱和溶液 5.6 mL，加新沸过的冷水使成 1 000 mL，摇匀。

标定：取在 105℃干燥至恒重的基准邻苯二甲酸氢钾约 0.60 g，精密称定，加新沸过的冷水 50 mL，振摇，使其尽量溶解；加酚酞指示液 2 滴，用本液滴定；在接近终点时，应使邻苯二甲酸氢钾完全溶解，滴定至溶液显粉红色。每毫升氢氧化钠滴定液（0.1 mol/L）相当于 20.42 mg 的邻苯二甲酸氢钾。根据本液的消耗量与邻苯二甲酸氢钾的取用量，算出本液的浓度。

（十）比色用氯化钴液

称取氯化钴约 32.5 g，加适量的盐酸溶液（1→40）使溶解成 500 mL，精密量取 2 mL，置锥形瓶中，加水 200 mL，摇匀，加氨试液至溶液由浅红色转变至绿色后，加醋酸-醋酸钠缓冲液（pH 6.0）10 mL，加热至 60℃，再加二甲酚橙指示液 5 滴，用乙二胺四醋酸二钠滴定液（0.05 mol/L）滴定至溶液显黄色。每毫升的乙二胺四醋酸二钠滴定液（0.05 mol/L）相当于 11.90 mg 六水氯化钴。根据上述测定结果，在剩余的原溶液中加适量的盐酸溶液（1→40），使每毫升溶液中含 59.5 mg 六水氯化钴，即得。

（十一）比色用重铬酸钾液

取基准重铬酸钾，研细后，在 120℃干燥至恒重，精密称取 0.400 0 g，置 500 mL 量瓶中，加适量水溶解并稀释至刻度，摇匀，即得。每毫升溶液中含 0.800 mg 重铬酸钾。

（十二）比色用硫酸铜液

取硫酸铜约 32.5 g，加适量的盐酸溶液（1→40）使溶解成 500 mL，精密量取 10 mL，置碘量瓶中，加水 50 mL、醋酸 4 mL 与碘化钾 2 g，用硫代硫酸钠滴定液（0.1 mol/L）滴定，至近终点时，加淀粉指示液 2 mL，继续滴定至蓝色消失。每毫升的硫代硫酸钠滴定液（0.1 mol/L）相当于 24.97 mg 五水硫酸铜。根据上述测定结果，在剩余的原溶液中加适量的盐酸溶液（1→40），使每毫升溶液中适含 62.4 mg 五水硫酸铜，即得。

五、实验方法

（一）阿司匹林质量分析

1. 鉴别

（1）取本品约 0.1 g，加水 10 mL，煮沸，放冷，加三氯化铁试液 1 滴，应显紫堇色。

（2）取本品约 0.5 g，加碳酸钠试液 10 mL，煮沸 2 min 后，放冷，加过量的稀硫酸，即析出白色沉淀，并产生醋酸的气味。

（3）取本品照《中国兽药典》2010 年版一部附录 28 页的红外分光光度法进行试验，测得的红外光吸收图谱应与对照的图谱一致。

2. 杂质检查

(1)一般杂质检查

① 易炭化物　取本品 0.5 g,先研成细粉,取内径一致的比色管两支,甲管中加规定的对照液(取比色用氯化钴液 0.25 mL、比色用重铬酸钾液 0.25 mL、比色用硫酸铜液 0.40 mL),加水定容成 5 mL;乙管中加硫酸[含硫酸 94.5%~95.5%(质量分数)]5 mL 后,分次缓缓加入规定量的供试品,振摇使溶解。除另有规定外,静置 15 min 后,将甲乙两管同置白色背景前,平视观察,乙管中所显颜色不得较甲管颜色更深。

② 炽灼残渣　取本品 1.0~2.0 g,置已炽灼至恒重的坩埚中,精密称定,缓缓炽灼至完全炭化,放冷;加硫酸 0.5~1 mL 使湿润,低温加热至硫酸蒸气除尽,在 700~800℃炽灼至完全灰化,移置干燥器内,放冷,精密称定后,再在 700~800℃炽灼至恒重,炽灼残渣不得过 0.1%。

③ 重金属　取 25 mL 纳氏比色管三支,甲管中加标准铅溶液一定量与醋酸盐缓冲液(pH 3.5)2 mL 后,加水稀释成 25 mL。取本品 1.0 g,置于乙管中,加乙醇 23 mL 溶解后,加醋酸盐缓冲液(pH 3.5) 2 mL;丙管中加入与甲管相同的标准铅溶液后,再加入与乙管相同的供试液,加水使成 25 mL;再在甲、乙、丙三管中分别加硫代乙酰胺试液各 2 mL,摇匀,放置 2 min,同置白纸上,自上向下透视,当丙管中显出的颜色不浅于甲管时,乙管中显出的颜色与甲管比较,不得更深(重金属含量不得过百万分之十)。

④ 干燥失重　取约 1 g 供试品,置与供试品相同条件下干燥至恒重的扁形量瓶中,精密称定,平铺在量瓶中,厚度不可超过 5 mm,置五氧化二磷干燥器中减压干燥至恒重,减失重量不得过 0.5%。

(2)特殊杂质检查

① 溶液的澄清度　取本品 0.50 g,加温热至约 45 ℃的碳酸钠试液 10 mL 溶解后,溶液应澄清。

② 游离水杨酸

色谱条件与系统适用性试验:用十八烷基硅烷键合硅胶为填充剂;以乙腈-四氢呋喃-冰醋酸-水(20∶5∶5∶70)为流动相;检测波长为 303 nm。理论板数按水杨酸峰计算不低于 5 000,阿司匹林主峰与水杨酸主峰分离度应符合要求。

供试品溶液的制备:取本品约 100 mg,精密称定,置 10 mL 量瓶中,加 1%冰醋酸甲醇溶液适量,振摇使溶解,并稀释至刻度,摇匀,即得(临用前新配)。

对照品溶液的制备:取水杨酸对照品约 10 mg,精密称定,置 100 mL 量瓶中,加 1%冰醋酸甲醇溶液适量使溶解,并稀释至刻度,摇匀;精密量取 5 mL,置 50 mL 量瓶中,用 1%冰醋酸甲醇溶液稀释至刻度,摇匀,即得。

测定法:立即精密量取供试品溶液、对照品溶液各 10 μL,分别注入液相色谱仪,记录色谱图。供试品溶液色谱图中如显水杨酸色谱峰,按外标法以峰面积计算供试品中水杨酸含量,含水杨酸不得过 0.1%。

③ 有关物质

色谱条件与系统适用性试验:用十八烷基硅烷键合硅胶为填充剂,以乙腈-四氢呋喃-冰醋酸-水(20∶5∶5∶70)为流动相 A,乙腈为流动相 B,按表 1-1-2 进行线性梯度洗脱;检测波长为 276 nm。阿司匹林峰的保留时间约为 8 min,理论板数按阿司匹林峰计算不低于 5 000,阿司匹林峰与水杨酸峰分离度应符合要求。

表 1-1-2 色谱条件

时间/min	流动相 A/%	流动相 B/%
0.0	100	0
60.0	20	80

测定法：取本品约 0.1 g，精密称定，置 10 mL 量瓶中，加 1%冰醋酸甲醇溶液适量，振摇使溶解，并稀释至刻度，摇匀，即得供试品溶液；精密量取供试品溶液 1 mL，置 200 mL 量瓶中，用 1%冰醋酸甲醇溶液稀释至刻度，摇匀，即得对照溶液；精密量取对照溶液 10 mL，置 100 mL 量瓶中，用 1%冰醋酸甲醇溶液稀释至刻度，摇匀，即得灵敏度试验溶液。分别精密量取供试品溶液、对照溶液、灵敏度试验溶液及水杨酸检查项下的水杨酸对照品溶液各 10 μL，注入液相色谱仪，记录色谱图。供试品溶液色谱图中如显杂质峰，除小于灵敏度试验溶液中阿司匹林主峰面积的单个杂质峰、溶剂峰及水杨酸峰不计外，其余各杂质峰面积的和不得大于对照溶液主峰峰面积(0.5%)。

3. 含量测定

取本品约 0.4 g，精密称定，加中性乙醇(对酚酞指示液显中性)20 mL 溶解后，加酚酞指示液 3 滴，用氢氧化钠滴定液(0.1 mol/L)滴定。每毫升氢氧化钠滴定液(0.1 mol/L)相当于 18.02 mg 阿司匹林。

(二)阿司匹林片质量分析

1. 鉴别

(1)取本品的细粉适量(约相当于阿司匹林 0.1 g)，加水 10 mL，煮沸，放冷，加三氯化铁试液 1 滴，即显紫堇色。

(2)在含量测定项下记录的色谱图中，供试品溶液主峰的保留时间应与对照品溶液主峰的保留时间一致。

2. 特殊杂质游离水杨酸检查

色谱条件与系统适用性试验：用十八烷基硅烷键合硅胶为填充剂，以乙腈-四氢呋喃-冰醋酸-水(20∶5∶5∶70)为流动相；检测波长为 303 nm。理论板数按水杨酸峰计算不低于 3 000，阿司匹林峰与水杨酸峰分离度应符合要求。

测定法：精密称取本品细粉适量(约相当于阿司匹林 0.5 g)，置 100 mL 量瓶中，用 1%冰醋酸的甲醇溶液振摇溶解，并稀释至刻度，摇匀，用有机相滤膜(孔径：0.45 μm)滤过，立即精密量取续滤液 10 μL，注入液相色谱仪，记录色谱图；另取水杨酸对照品约 15 mg，精密称定，置 50 mL量瓶中，用 1%冰醋酸的甲醇溶液溶解，并稀释至刻度，摇匀；精密量取 5 mL，置 100 mL 量瓶中，用 1%冰醋酸的甲醇溶液稀释至刻度，摇匀，同法测定。按外标法以峰面积计算，含游离水杨酸不得超过阿司匹林标示量的 0.3%。

3. 片剂检查项目

(1)重量差异　检查时取药片 20 片，精密称取总重量，求得平均片重后，再分别精密称定各片的重量，每片重量与平均片重相比较，按照表 1-1-1 中的规定进行结果判定。

(2)溶出度检查　取本品，以盐酸溶液(稀盐酸 24 mL 加水至 1 000 mL 即得)为溶出介质(50 mg、300 mg、500 mg 规格的溶出介质体积分别为 500 mL、1 000 mL、1 000 mL)，转速为

100r/min，依法操作，经 30 min 时，取溶液 10 mL 滤过，取续滤液作为供试品溶液。另取阿司匹林对照品适量（50 mg、300 mg、500 mg 规格的取样量分别为 8 mg、24 mg、40 mg），精密称定，置 100 mL 量瓶中，用 1%冰醋酸的甲醇溶液溶解并稀释至刻度，摇匀，作为阿司匹林对照品溶液；取水杨酸对照品适量（50 mg、300 mg、500 mg 规格的取样量分别为 10 mg、30 mg、50 mg），精密称定，置 100 mL 量瓶中，用 1%冰醋酸的甲醇溶液溶解并稀释至刻度，摇匀，精密量取 5 mL，置 50 mL 量瓶中，用 1%冰醋酸的甲醇溶液稀释至刻度，摇匀，即得水杨酸对照品溶液。分别精密量取上述 3 种溶液，照含量测定项下的色谱条件测定，按外标法分别计算出每片的阿司匹林溶出量和水杨酸含量，将所测得的水杨酸含量扣除游离水杨酸检查项下的游离水杨酸后，乘以 1.304 再加上阿司匹林溶出量即得本品溶出量。限度为标示量的 80%，应符合规定（阿司匹林分子量为 180.16，水杨酸分子量为 138.12，校正因子为 1.304）。

（3）片剂脆碎度检查　取若干片，使总重约为 6.5 g，用吹风机吹去脱落的粉末，精密称定，置圆筒中，转动 100 次，取出，同法除去粉末，精密称定，观察有无断裂、龟裂及粉碎，结果应符合规定。

4. 含量测定

色谱条件与系统适用性试验：用十八烷基硅烷键合硅胶为填充剂，以乙腈-四氢呋喃-冰醋酸-水（20∶5∶5∶70）为流动相；检测波长为 276 nm。理论板数按阿司匹林峰计算不低于 3 000，阿司匹林峰与水杨酸峰分离度应符合要求。

测定法：取本品 20 片，精密称定，充分研细，精密称取细粉适量（约相当于阿司匹林10 mg），置 100 mL 量瓶中，用 1%冰醋酸的甲醇溶液强烈振摇使溶解，并用 1%冰醋酸的甲醇溶液稀释至刻度，摇匀，用有机相滤膜（孔径：0.45 μm）滤过，精密量取续滤液 10 μL，注入液相色谱仪，记录色谱图；另取阿司匹林对照品约 20 mg，精密称定，置 200 mL 量瓶中，用 1%冰醋酸的甲醇溶液强烈振摇使溶解，并用 1%冰醋酸的甲醇稀释到刻度，摇匀，同法测定。按外标法以峰面积计算，即得。

六、复习思考题

（1）《中国兽药典》2010 年版中规定，阿司匹林原料药已经检查了特殊杂质游离水杨酸，通常情况下，制剂不再检查原料药物项下的有关杂质，但阿司匹林片仍需检查游离水杨酸，这是为什么？

（2）阿司匹林含量测定有哪些方法？各自的选择依据及适用对象是什么？

（3）制剂分析有哪些特点？

（4）高效液相色谱法使用的注意事项有哪些？

七、注解或注意事项

（1）为了防止阿司匹林酯结构在滴定时水解，致使测定结果偏高，故不用水为溶剂，而用中性乙醇溶液溶解样品进行滴定。

（2）阿司匹林是弱酸，用强碱滴定时，化学计量点偏碱性，故指示剂选用在碱性区变色的酚酞。滴定时应在不断振摇下稍快地进行，以防止局部碱度过大而促使其水解。

（3）片重差异检查时应戴手套或指套，勿用手直接接触供试品，应用平头镊子拿取片剂。

（4）鉴别试验中的三氯化铁反应，注意酸度的影响，在强酸性溶液中生成的紫堇色配位化合物会分解，反应的适宜 pH 为 4～6；本反应灵敏度很高，仅需取稀溶液进行试验，若取样量大，产生的颜色过深时，可以加水稀释再进行观察。

(5)本实验中，杂质检查用的是试剂乙醇，而含量测定中用的是试剂中性乙醇，其中中性乙醇应对酚酞指示液显中性，注意操作过程中不要将二者混淆。

实验 1-2 酞磺胺噻唑及酞磺胺噻唑片的鉴别、检查及含量测定

一、目的要求

(1)掌握酞磺胺噻唑的鉴别原理及操作方法。

(2)掌握酞磺胺噻唑片的检查方法和要求。

(3)掌握永停滴定法的原理及操作方法。

二、实验原理

(一)鉴别实验

酞磺胺噻唑的结构式：

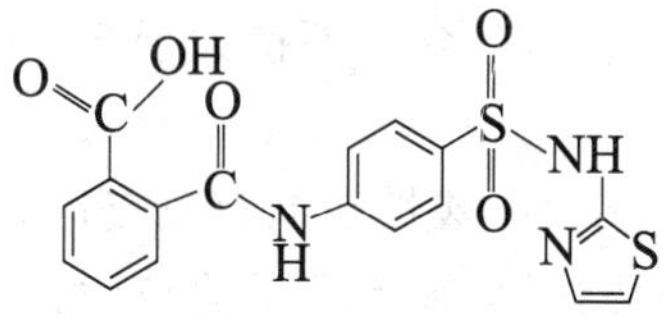

1. 水解反应

酞磺胺噻唑的肽键结构在碱性水溶液中加热回流可以水解生成磺胺噻唑，磺胺噻唑难溶于水，因此在反应液中加碱调中性可析出白色结晶磺胺噻唑。

2. 芳伯胺反应

酞磺胺噻唑水解产物磺胺噻唑具有芳伯胺基团，可在酸性溶液中与亚硝酸反应形成重氮盐，重氮盐在碱性中与酚类(常用 *β*-萘酚)耦合，可生成有色沉淀。

3. 熔点

酞磺胺噻唑水解产物磺胺噻唑为白色结晶，具有固有熔点，可以用熔点法进行鉴别。

4. 红外光谱

酞磺胺噻唑有明显的红外吸收官能团，可以用红外谱图对照法进行鉴别。

(二)杂质检查

1. 酞磺胺噻唑原料中杂质检查

(1)一般杂质检查

① 炽灼残渣检查法　有机药物经炽灼炭化，再加硫酸湿润，低温加热至硫酸蒸气除尽，再于高温(700～800℃)炽灼至完全灰化，使有机物质破坏分解变为挥发性物质逸出，而残留的非挥发性无机杂质(多为金属的氧化物或无机盐类)成为硫酸盐。

② 重金属检查法　重金属是指在弱酸性(pH 3.0～3.5)溶液中，能与硫代乙酰胺或硫化钠作用生成硫化物的金属杂质。在药品生产中铅杂质较为常见，且易蓄积中毒，故检查时以铅为代表。根据实验条件不同可分为四种检查方法：第一种方法适用于能溶于水、稀酸或乙醇的药物中的重金属限量检查方法；第二种方法适用于供试品需灼烧破坏，取炽灼残渣项下的遗留残渣，经处理后在酸性溶液中显色的药物中的重金属限量检查；第三种方法适用于溶于碱而不溶于稀酸或在稀酸中生成沉淀的药物中的重金属限量检查；第四种方法适用于重金属限量低，用纳氏比色管难于观察比较的供试品，用微孔滤膜滤过，使重金属硫化物沉淀富集于滤膜上形成色斑，常用于有色溶液或重金属限量低的药品检验。

本实验采用第一法，其原理为硫代乙酰胺在弱酸性(pH 3.5 醋酸盐缓冲液)条件下水解，产生硫化氢，硫化氢与微量重金属离子生成黄色到棕黑色的硫化物混悬液，再与一定量标准铅溶液经同法处理后所呈颜色比较。

③ 干燥失重　药品在规定的条件下，干燥后所减失的量，主要有加热干燥和干燥剂干燥。用减失的重量和取样量计算供试品的干燥失重，以百分率表示。干燥失重中的恒重是指供试品连续两次干燥或炽灼后称重差异在 0.3 mg 以下的重量，干燥至恒重的第二次及其以后各次称重均应在规定条件下继续干燥 1 h 后进行。

④ 氯化物检查　药物中微量的氯化物在硝酸酸性条件下与硝酸银反应，生成氯化银的胶体微粒而显白色混浊，与一定量的标准氯化钠溶液在相同条件下产生的氯化银混浊程度比较，判定供试品中氯化物是否符合限量规定，含量不得大于 0.001 4%。

(2)特殊杂质检查

① 酸度　该项主要检查酸性杂质，酸性杂质有制备时未反应完全的芳酸，或精制时产生的肽键水解的副反应产物芳酸类药物等，加入定量的碱，判断酸性杂质的残留量。

② 磺胺噻唑和有关芳香胺　在酞磺胺噻唑的制备时存在未反应完的磺胺噻唑，或制备过程中发生肽键水解，产生芳香胺类杂质。利用芳伯胺与亚硝酸钠在酸性条件下发生重氮化反应，生成的重氮盐与二盐酸萘基乙二胺产生颜色，在 550 nm 处有可见吸收，用可见分光光度法测定杂质含量，与对照品进行比较分析。

2. 酞磺胺噻唑片中杂质检查

(1)重量差异检查　检查时取药片 20 片，精密称取总重量，再分别精密称取各片的重量。将每片重量与平均片重相比较，超出重量差异限度的药片不得多于 2 片，并不得有 1 片超出限度的 1 倍(表 1-2-1)。

表 1-2-1　重量差异检查(酞磺胺噻唑)

平均片重或标示片重/g	重量差异限度/%
0.30 以下	±7.5
0.30～1.0 以下	±5
1.0 及 1.0 以上	±2

(2)溶出度检查　篮法：测定前，应对仪器装置进行必要的调试，使转篮底部距溶出杯的内底部 25 mm±2 mm。分别量取经脱气处理的溶出介质，置于各溶出杯内，实际量取的体积与规定体积的偏差应不超过±1%，待溶出介质温度恒定在 37℃±0.5℃后，取供试品 6 片，分别投入 6 个干燥的转篮内，将转篮降入溶出杯中，注意供试品表面上不要有气泡，按各品种项下

规定的转速启动仪器，计时；至规定的时间（实际取样时间与规定时间的差异不得过±2%），吸取溶出液适量（取样位置应在转篮顶端至液面的中点，距溶出杯内壁不小于 10 mm 处；须多次取样时，所量取溶出液的体积之和应在溶出介质的 1%之内，如超过总体积的 1%时，应及时补充相同体积的温度为 37℃±0.5℃的溶出介质，或在计算时加以校正），立即用适当的微孔滤膜过滤，自取样至滤过应在 30 s 内完成。取澄清滤液，照该品种规定的方法测定，计算每片的溶出量。

结果判断，符合下述条件之一者，可判为符合规定：

① 6 片中，每片的溶出量按标示量计算，均不低于规定限度（*Q*）。

② 6 片中，有 1～2 片低于 *Q*，但不低于 *Q*-10%，且其平均溶出量不低于 *Q*。

③ 6 片中，有 1～2 片低于 *Q*，其中仅有 1 片低于 *Q*－10%，但不低于 *Q*－20%，且其平均溶出量不低于 *Q* 时，应另取 6 片复试；初、复试的 12 片中，有 1～3 片低于 *Q*，其中仅 1 片低于 *Q*－10%，但不低于 *Q*－20%，且其平均溶出量不低于 *Q*。

以上结果判断中的 10%、20%是指相对于标示量的百分率（%）。

(3)片剂脆碎度检查　片剂脆碎度检查法是检查片剂在脆碎度检查仪圆筒中滚动 100 次后减失重量的百分数，用于检查非包衣片剂的脆碎度及其物理强度，如压碎强度等。片重为 0.65 g 或 0.65 g 以下取若干片，使其总重约为 6.5 g；片重大于 0.65 g 者取 10 片。用吹风机吹去脱落粉末，精密称定，置片剂脆碎度检查仪圆筒中，转动 100 次。取出，同法除去粉末，精密称重，减失重量不得过 1%，且不得检出断裂、龟裂及粉碎的片。该试验一般仅做一次。减失重量超过 1%，应复检 2 次，3 次平均减失重量不得过 1%，并不得检出断裂、龟裂及粉碎的片。

(三)含量测定

酞磺胺噻唑在酸性条件下加热回流，肽键水解，水解物结构中具有芳伯胺基结构，芳伯胺在酸性条件下可与亚硝酸钠定量反应生成重氮化合物，可采用永停滴定法指示终点测定。

永停滴定法是容量分析中用以确定终点或选择核对指示剂变色域的方法。它采用 2 支相同的铂电极，当在电极间加一低电压（如 50 mV）时，若电极在溶液中极化，则在未到滴定终点前，仅有很小或无电流通过，电流计指针不发生偏转或偏转后即回复到初始位置；但当到达滴定终点时，滴定液略有过剩，使电极去极化，发生氧化还原反应，此时，溶液中即有电流通过．电流计指针突然偏转，并不再回复，即为滴定终点。

三、实验仪器及药品

溶出仪、片剂脆碎度测定仪、高温炉、烘箱、电子天平（精度 0.01 g 和 0.000 01 g）、油浴锅、水浴锅、烧杯（50 mL、100 mL）、坩埚、具塞锥形瓶、胶头滴管、酒精灯、研钵、扁形称瓶、干燥器、纳氏比色管、称量瓶、药匙。

氯化钠、二盐酸萘基乙二胺、邻苯二甲酸氢钾、溴化钾、氢氧化钠、盐酸、亚硝酸钠、无水碳酸钠、对氨基苯磺酸、醋酸铵、浓氨水、硝酸铅、硝酸、硫代乙酰胺、甘油、*β*-萘酚、间苯二酚、硫酸、硝酸银、酚酞指示液、乙醇、氨基磺酸。

四、实验准备

(一)氢氧化钠(2 mol/L)

称取氢氧化钠固体 8 g,加水溶解,定容 100 mL,摇匀,即得。

(二)盐酸(2 mol/L)

取浓盐酸 166.67 mL 加水搅拌,定容至 1 000 mL,摇匀,即得。

(三)氢氧化钠(0.5 %)

称取氢氧化钠固体 0.5 g,加水溶解,定容 100 mL,摇匀,即得。

(四)稀盐酸

取盐酸 23.4 mL,加水稀释,定容至 100 mL,摇匀,即得。本液含盐酸应为 9.5%～10.5%。

(五)亚硝酸钠滴定液(0.1 mol/L)

配制:取亚硝酸钠 7.2 g,加无水碳酸钠 0.10 g,加水适量使溶解成 1 000 mL,摇匀。

标定:取在 120 ℃干燥至恒重的基准对氨基苯磺酸约 0.5 g,精密称定,加水 30 mL 与浓氨试液 3 mL,溶解后,加盐酸(1→2)20 mL,搅拌,在 30℃以下用本液迅速滴定,滴定时将滴定管尖端插入液面下约 2/3 处,随滴随搅拌;至近终点时,将滴定管尖端提出液面,用少量水淋洗尖端,洗液并入溶液中,继续缓缓滴定,用永停法指示终点。每毫升亚硝酸钠滴定液(0.1 mol/L)相当于 17.32 mg 的对氨基苯磺酸。根据本液的消耗量与对氨基苯磺酸的取用量,算出本液浓度即得。

(六)硫代乙酰胺试液

称取硫代乙酰胺 4 g,加水溶解,定容 100 mL,摇匀,置冰箱中保存。

临用前取混合液(由 1 mol/L 氢氧化钠溶液 15 mL、水 5.0 mL 及甘油 20 mL 组成)5.0 mL,加上述硫代乙酰胺溶液 1.0 mL,置水浴上加热 20 s,冷却,立即使用。

(七)标准铅溶液的制备

称取硝酸铅 0.159 9 g,置 1 000 mL 量瓶中,加硝酸 5 mL 与水 50 mL 溶解后,用水稀释至刻度,摇匀,作为贮备液。

临用前,精密量取贮备液 10 mL,置 100 mL 量瓶中,加水稀释至刻度,摇匀,即得(每 1 mL 相当于 10 μg 铅)。

(八)醋酸盐缓冲液(pH 3.5)

取醋酸铵 25 g,加水 25 mL 溶解后,加 7 mol/L 盐酸溶液 38 mL,用 2 mol/L 盐酸溶液或 5 mol/L氨溶液准确调节 pH 至 3.5,用水稀释至 100 mL,即得。

(九)碱性 β-萘酚试液

称取 β-萘酚 0.25 g,加氢氧化钠溶液(1→10)10 mL 使溶解,即得。本液应临用新制。

(十)硝酸银试液

称取硝酸银 17.5 g,加水溶解,定容 1 000 mL,摇匀,即得。

(十一)标准氯化钠溶液

称取氯化钠 0.165 g,加水溶解,定容 1 000 mL,摇匀,即得。

(十二)二盐酸萘基乙二胺(0.4%)

取 0.4 g 二盐酸萘基乙二胺,加水搅拌,定容至 100 mL,即得。

(十三)氢氧化钠滴定液(0.1 mol/L)

配制:称取氢氧化钠适量,加水振摇使溶解成饱和溶液,冷却后,置聚乙烯塑料瓶中,静置数日,澄清后备用。

取澄清的氢氧化钠饱和溶液 5.6 mL,加新沸过的冷水使成 1000 mL,摇匀。

标定:取在 105℃干燥至恒重的基准邻苯二甲酸氢钾约 0.60 g,精密称定,加新沸过的冷水 50 mL,振摇,使其尽量溶解;加酚酞指示液 2 滴,用本液滴定;在接近终点时,应使邻苯二甲酸氢钾完全溶解,滴定至溶液显粉红色。每毫升氢氧化钠滴定液(0.1 mol/L)相当于 20.42 mg 的邻苯二甲酸氢钾。根据本液的消耗量与邻苯二甲酸氢钾的取用量,算出本液的浓度。

(十四)酚酞指示液

称取酚酞 1 g,加乙醇溶解,定容 100 mL,摇匀,即得。

五、实验方法

(一)酞磺胺噻唑质量分析

1. 鉴别

(1)取本品约 1 g,加 2 mol/L 氢氧化钠溶液 9 mL,加热回流 30 min,放冷,加 2 mol/L 盐酸溶液 18 mL,强力振摇,过滤,用 2 mol/L 氢氧化钠溶液调节滤液至中性,并析出白色结晶,过滤;结晶用水洗净,在 100～105℃干燥,待用。

(2)取鉴别(1)项下的结晶磺胺噻唑结晶适量,研成细粉,置熔点测定用的毛细管中,轻击管壁或借助长短适宜的洁净玻璃管,垂直放在表面皿或其他适宜的硬质物体上,将毛细管自上口放入使自由落下,反复数次,使粉末紧密集结在毛细管的熔封端,装入供试品的高度为 3 mm。另将温度计(具有 0.5℃刻度,经熔点测定用对照品校正)放入盛装传温液(用硅油或液状石蜡)的容器中,使温度计汞球部的底端与容器的底部距离 2.5 cm 以上(用内加热的容器,温度计的汞球与加热器上表面距离 2.5 cm 以上);加入传温液以使传温液受热后的液面适在温度计的分浸液处。将传温液加热,温度上升至规定的熔点低限约低 10℃时,将装有供试品的毛细管浸入传温液，贴附在温度计上，位置须使毛细管的内容物适在温度计汞球中部；继续加热，调节升温速率为每分钟上升1.0～1.5℃，加热时须不断搅拌使传温液温度保持均匀，记录供试品在初熔至全熔时的温度，重复测定3次，取其平均值，即得熔点应为200～203℃。

(3)取本品约20 mg，置试管中，加间苯二酚约20 mg，混合后，加硫酸0.5 mL，置油浴中，在160℃加热3 min，放冷，将反应物倾入0.5%氢氧化钠溶液200 mL中，即显绿色荧光；加酸使成酸性，荧光即消失；再加碱调至碱性，荧光再次出现。

(4)取鉴别(1)项下的结晶50 mg，加稀盐酸1 mL，必要时缓缓煮沸使溶解，放冷，加0.1 mol/L亚硝酸钠溶液数滴，滴加碱性β-萘酚试液数滴，生成有色沉淀。

(5)本品照《中国兽药典》2010年版一部附录28页的红外分光光度法进行试验，测得的红外光吸收图谱应与对照的图谱一致。

2. 杂质检查

(1)一般杂质检查

① 炽灼残渣　取本品1.0～2.0 g，置已炽灼至恒重的坩埚中，精密称定，缓缓炽灼至完全炭化，放冷；加硫酸0.5～1 mL使湿润，低温加热至硫酸蒸气除尽，在700～800℃炽灼至完全灰化，移置干燥器内，放冷，精密称定后，再在700～800℃炽灼至恒重，炽灼残渣不得过0.1%。

② 重金属　取25 mL纳氏比色管三支，甲管中加标准铅溶液一定量与醋酸盐缓冲液(pH 3.5)2 mL后，加水稀释成25 mL。取本品1.0 g，置于乙管中，加乙醇23 mL溶解后，加醋酸盐缓冲液(pH 3.5)2 mL；丙管中加入与甲管相同的标准铅溶液后，再加入与乙管相同的供试液，加水使成25 mL；再在甲乙丙三管中分别加硫代乙酰胺试液各2 mL，摇匀，放置2 min，同置白纸上，自上向下透视，当丙管中显出的颜色不浅于甲管时，乙管中显出的颜色与甲管比较，不得更深(重金属含量不得超过百万分之二十)。

③ 干燥失重　取约1 g药品，置与供试品同样条件下干燥至恒重的扁形称瓶中，精密称定，平铺在扁形称量瓶中，厚度不可超过5 mm，放入烘箱在105℃干燥至恒重，然后称定重量，由减失的重量和取样量计算供试品的干燥失重。要求本品减失重量不得过2.0%。

④ 氯化物　取本品2.0 g，置具塞锥形瓶中，加水100 mL，密封，放置30 min并时时振摇，滤过，取滤液25 mL再加稀硝酸10 mL。另取标准氯化钠溶液7 mL，置50 mL纳氏比色管中，加稀硝酸10 mL，加水使成40 mL，摇匀，即得对照溶液。在供试溶液与对照溶液中，分别加入硝酸银试液1.0 mL，用水稀释使成50 mL，摇匀，在暗处放置5 min，同置黑色背景上，从比色管上方向下观察、比较，即得，(含量不得大于0.001 4%)。

(2)特殊杂质检查

① 酸度　取本品2.0 g，置具塞锥形瓶中，加水100 mL，密封，放置30 min并时时振摇，滤过；分取滤液25 mL，加酚酞指示液2滴，加入0.1 mol/L氢氧化钠滴定液1.0 mL，应显粉红色。

② 磺胺噻唑和有关芳香胺　取本品5.0 mg，加乙醇25 mL溶解后，加水3.5 mL与稀盐酸4 mL，摇匀，作为供试品溶液；另取磺胺噻唑溶液(取磺胺噻唑10 mg，加盐酸0.5 mL与水适量使溶解成100 mL)1.0 mL，加乙醇25 mL、水2.5 mL与稀盐酸4 mL，摇匀，作为对照溶液；分别置50 mL量瓶中，迅即在冰浴中冷却，各加0.25%亚硝酸钠溶液1.0 mL，混匀，放置3 min，各加入4%氨基磺酸溶液2.5 mL混匀，放置5 min，再各加0.4%二盐酸萘基乙二胺溶液1.0 mL，用水稀释至刻度，摇匀；照分光光度法，在550 nm的波长处分别测定，供试品溶液的吸收度不得大于对照溶液的吸收度。

3. 含量测定

取本品约 0.8 g，精密称定，置锥形瓶中，加盐酸溶液(1→ 2)50 mL，加热回流 30 min，放冷，移置烧杯中，锥形瓶用水适量洗净，洗液并入烧杯中，烧杯置于电磁搅拌器上，加入 2 g 溴化钾，插入铂-铂电极后，将滴定管尖端插入液面下约 2/3 处，用亚硝酸钠滴定液(0.1 mol/L)迅速滴定，随滴随搅拌，近终点时，将滴定管的尖端提出液面，用少量的水淋洗尖端，洗液并入溶液中，继续缓缓滴定，至电流计指针突然偏转，不再回复，即为滴定终点。每毫升亚硝酸钠滴定液(0.1 mol/L)相当于 40.34 mg 的酞磺胺噻唑。

(二)酞磺胺噻唑片质量分析

1. 酞磺胺噻唑片鉴别

取本品的细粉适量(约相当于酞磺胺噻唑 0.5 g)，加氨试液水 10 mL，研磨使其溶解，加水 10 mL，过滤，滤液加醋酸适量，使酞磺胺噻唑析出，滤过；沉淀加水洗净，干燥后取约 20 mg，操作详见酞磺胺噻唑鉴别方法(2)，显相同结果。

2. 酞磺胺噻唑片的剂型检查

(1)重量差异检查　检查时取药片 20 片，精密称取总重量，求得平均片重后，再分别精密称定各片的重量，每片重量与平均片重相比较，按照表 1-2-1 中的规定进行结果判定。

(2)溶出度检查　取本品，以盐酸溶液(稀盐酸 24 mL 加水至 1 000 mL，即得)为溶出介质 1 000 mL，加温使溶液温度保持在(37±0.5)℃，按各品种项下规定的转速启动仪器，计时，开动仪器运转 45 min 时，立即在规定取样点吸取溶液 10 mL，立即经 0.8 μm 微孔滤膜滤过，自取样至滤过应 30 s 内完成，滤液作为供试品溶液。取供试品溶液，测定含量，计算出每片的释放量，结果应符合规定。

(3)片剂脆碎度检查　取若干片，使总重约为 6.5 g，用吹风机吹去脱落的粉末，精密称定，置圆筒中，转动 100 次，取出，同法除去粉末，精密称定，观察有无断裂、龟裂及粉碎，结果应符合规定。

3. 含量测定

取本品 10 片，精密称定，研细，精密称取适量(约相当于酞磺胺噻唑 0.8 g)，置锥形瓶中，加盐酸溶液(1→2)50 mL，加热回流 30 min，放冷，移置烧杯中，锥形瓶用水适量洗净，洗液并入烧杯中。烧杯置于电磁搅拌器上，加入 2 g 溴化钾，插入铂-铂电极后，将滴定管尖端插入液面下约 2/3 处，用亚硝酸钠滴定液(0.1 mol/L)迅速滴定，随滴随搅拌，近终点时，将滴定管的尖端提出液面，用少量的水淋洗尖端，洗液并入溶液中，继续缓缓滴定，至电流计指针突然偏转，不再回复，即为滴定终点。每毫升亚硝酸钠滴定液(0.1 mol/L)相当于 40.34 mg 的酞磺胺噻唑。

六、复习思考题

(1)鉴别实验中熔点测定需要注意哪些操作？

(2)永停滴定法进行含量测定时为什么要先对药物加热回流？

(3)影响永停滴定实验的因素有哪些？

七、注解或注意事项

(1)永停滴定仪的铂电极在使用前可用加有少量三氯化铁的硝酸或用铬酸液浸洗活化。

(2)在亚硝酸钠滴定过程中应注意加入适量的溴化钾，加快反应速度，起到一定的催化作用，反应过程中要保持在室温 10～30℃，并将滴定管尖端插入液面下约 2/3 处，防止温度过高亚硝酸易挥发，重氮盐分解。

(3)滴定时电磁搅拌的速度不宜过快，以不产生空气旋涡为宜。

(4)检测氯离子杂质用的是比浊法，需在黑色背景下从上至下进行观察比较。

(5)使用可见分光光度法时注意进行空白校正及比色皿的配对问题。

实验二 胺类药物的鉴别、检查及含量测定

实验 2-1 对乙酰氨基酚及对乙酰氨基酚注射液的质量分析

一、目的要求

(1)熟悉对乙酰氨基酚及其注射液的质量分析的原理。

(2)通过对乙酰氨基酚及其注射液的全面分析，进一步树立全面的药品质量观。

(3)熟悉对乙酰氨基酚及其注射液中杂质检查的方法。

(4)掌握对乙酰氨基酚及其注射液含量测定的操作及有关计算。

二、实验原理

(一)鉴别

对乙酰氨基酚的结构式：

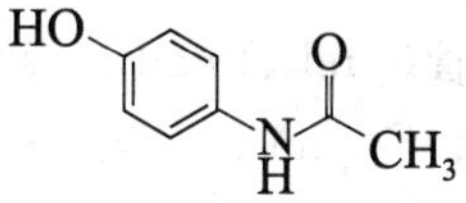

(1)分子结构中含有酚羟基，加入三氯化铁试液后能够显色。

$$对乙酰氨基酚 + FeCl_3 \longrightarrow 蓝紫色化合物$$

(2)具有潜在的芳伯氨基，一定条件下可发生重氮化-偶合反应。

在稀盐酸中加热水解生成对氨基酚，具有游离芳伯氨基结构，在酸性溶液中与亚硝酸钠试液进行重氮化-偶合反应，生成的重氮盐再与碱性 β-萘酚偶合生成红色偶氮化合物。

(3)本品的红外光吸收图谱应与对照的图谱一致。

(二)杂质检查

1. 一般杂质检查

2010 年版《中国兽药典》规定，对乙酰氨基酚检查的一般杂质包括：(1)氯化物；(2)硫酸盐；(3)干燥失重；(4)炽灼残渣；(5)重金属。

2. 特殊杂质检查

(1)乙醇溶液的澄清度与颜色　对乙酰氨基酚的生产工艺中使用铁粉作为还原剂，可能带入成品中，致使乙醇溶液产生浑浊；

中间体对氨基酚的有色氧化产物，在乙醇中显橙红色或棕色。

(2)对氨基酚及有关物质　由于本品的生产工艺路线较多，不同的生成产工艺所带入的杂质也有所不同。主要包括中间体、副产物及分解产物，例如对硝基酚、对氨基酚、对氯苯胺、对

氯苯乙酰胺、O-乙酰基对乙酰氨基酚、偶氮苯、氧化偶氮苯、苯醌和醌亚胺等。

对氨基酚在碱性条件下可与亚硝基铁氰化钠生成蓝色配位化合物，而对乙酰氨基酚无此反应的特点，与对照品比较，进行限量检查：

$$Na_2[Fe(NO)(CN)_5] + H_2O \longrightarrow Na_2[Fe(CN)_5H_2O] + NO$$

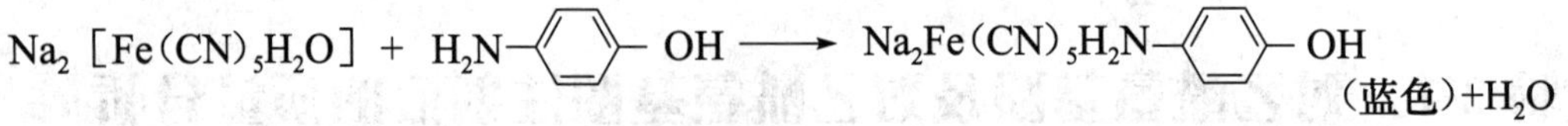

2010 年版《中国兽药典》采用 HPLC 法检查对氨基酚及其他有关物质。

(3)对氯苯乙酰胺　由于对氯苯乙酰胺的极性小，无法在同一色谱条件下一并检查，故对氯乙酰苯胺需要改变流动相来单独检查。

(4)酸度检查　在一定的 pH 条件下该药物能够稳定存在，并且还要控制其中酸性杂质的量，故应进行酸性检查，使其酸性在一定的范围内。

(三)含量测定

对乙酰氨基酚的分子结构中含有共轭双键，在 257 nm 处有最大吸收，故采用紫外-可见分光光度法测定其含量。

三、实验仪器及药品

紫外-可见分光光度计、高温炉、电子天平(0.000 1 g 精度)、高压灭菌器、水浴锅、坩埚、刻度吸管(1 mL、2 mL、5 mL、10 mL)、移液管(5 mL、10 mL)、容量瓶(100 mL、500 mL、1 000 mL)、纳氏比色管(25 mL、50 mL)、烧杯(50 mL、100 mL)、滤纸条、称量瓶、药匙、量筒(10 mL、50 mL、100 mL)、比浊用玻璃管、滤纸。

对氨基酚对照品和对乙酰氨基酚对照品、对乙酰氨基酚、对乙酰氨基酚注射液、纯化水、氯化钠、盐酸、氢氧化钠、乙醇、硝酸银、亚硝基铁氰化钠、亚硝酸钠、β-萘酚、三氯化铁、氯化钡、三氯甲烷、丙酮、甲苯、四丁基氢氧化铵、甲醇(色谱纯)、羧甲基纤维素钠、硅胶 GF_{254} 等。

四、实验准备

(一)稀盐酸

取盐酸 234 mL，加水稀释至 1 000 mL，即得。本液含 HCl 应为 9.5%～10.5%。

(二)标准氯化钠溶液

称取氯化钠 0.165 g，置 1 000 mL 量瓶中，加水适量使溶解并稀释至刻度，摇匀，作为贮备液。

临用前，精密量取贮备液 10 mL，置 100 mL 量瓶中，加水稀释至刻度，摇匀，即得(每毫升相当于 10 μg 的 Cl)。

(三)硝酸银试液

称取硝酸银 17.5 g，加水适量使溶解成 1 000 mL，摇匀，即得 0.1 mol/L 的硝酸银试液。

(四)标准硫酸钾溶液

称取硫酸钾 0.181 g,置 1 000 mL 量瓶中,加水适量使溶解并稀释至刻度,摇匀,即得(每毫升相当于 100 μg 的 SO_4)。

(五)氯化钡溶液

取氯化钡的细粉 5 g,加水使溶解成 100 mL,即得。

(六)标准铅溶液

称取硝酸铅 0.159 9 g,置 1 000 mL 容量瓶中,硝酸 5 mL 与水 50 mL 溶解后,用水稀释至刻度,摇匀,作为贮备液。

临用前,精密量取贮备液 10 mL,置 100 mL 量瓶中,加水稀释至刻度,摇匀,即得(每毫升相当于 10 μg 的 Pb)。

(七)醋酸盐缓冲液(pH 3.5)

取醋酸铵 25 g,加水 25 mL 溶解后,加 7 mol/L 盐酸溶液 38 mL,用 2 mol/L 盐酸溶液或 5 mol/L氨溶液准确调节 pH 至 3.5(电位法指示),用水稀释至 100 mL,即得。

(八)硫代乙酰胺试液

取硫代乙酰胺 4 g,加水使溶解成 100 mL,置冰箱中保存。临用前取混合液(由 1 mol/L 氢氧化钠溶液 15 mL、水 5.0 mL 及甘油 20 mL 组成)5.0 mL,加上述硫代乙酰胺溶液 1.0 mL,置水浴上加热 20 s,冷却,立即使用。

(九)碱性 β-萘酚试液

取 β-萘酚 0.25 g,加氢氧化钠溶液(1→10)10 mL 使溶解,即得。本液应临用新制。

(十)亚硝酸钠滴定液(0.1 mol/L)

配制:取亚硝酸钠 7.2 g,加无水碳酸钠(Na_2CO_3)0.10 g,加水适量使溶解成 1 000 mL,摇匀。

标定:取在 120℃干燥至恒重的基准对氨基苯磺酸约 0.5 g,精密称定,加水 30 mL 与浓氨试液 3 mL,溶解后,加盐酸(1→2)20 mL,搅拌,在 30℃以下用本液迅速滴定,滴定时将滴定管尖端插入液面下约 2/3 处,随滴随搅拌;至近终点时,将滴定管尖端提出液面,用少量水洗涤尖端,洗液并入溶液中,继续缓缓滴定,用永停法指示终点。每毫升亚硝酸钠滴定液(0.1 mol/L)相当于 17.32 mg 的对氨基苯磺酸。根据本液的消耗量与对氨基苯磺酸的取用量,算出本液浓度,即得。

如需用亚硝酸钠滴定液(0.05 mol/L)时,可取亚硝酸钠滴定液(0.1 mol/L)加水稀释制成。必要时标定浓度。

(十一)浊度标准储备液的制备

称取于 105℃干燥至恒重的硫酸肼 1.00 g,置 100 mL 量瓶中,加水适量使溶解,必要时可在40℃的水浴中温热溶解，并用水稀释至刻度，摇匀，放置4～6 h；取此溶液与等容量的10%乌洛托品溶液混合，摇匀，于25℃避光静置24 h，即得。该溶液置冷处避光保存，可在两个月内使用，用前摇匀。

（十二）浊度标准原液的制备

取浊度标准贮备液15.0 mL，置1 000 mL量瓶中，加水稀释至刻度，摇匀，取适量，置1 cm吸收池中，照紫外-可见分光光度法，在550 nm的波长处测定，其吸光度应在0.12～0.15范围内。该溶液应在48 h内使用，用前摇匀。

（十三）浊度标准液的制备

取浊度标准原液与水，按表2-1-1配制，即得。浊度标准液应临用时制备，使用前充分摇匀。

表2-1-1　浊度标准液的制备　　mL

级号	0.5	1	2	3	4
浊度标准原液	2.50	5.0	10.0	30.0	50.0
水	97.50	95.0	90.0	70.0	50.0

五、实验方法

（一）对乙酰氨基酚的质量分析

1. 鉴别

（1）本品的水溶液加三氯化铁试液，即显蓝紫色。

（2）取本品约0.1 g，加稀盐酸5 mL，置水浴中加热40 min，放冷；取0.5 mL，滴加亚硝酸钠试液5滴，摇匀，用水3 mL稀释后，加碱性β-萘酚试液2 mL，振摇，即显红色。

（3）本品的红外光吸收图谱应与对照的图谱一致。

2. 杂质检查

（1）一般杂质检查

① 氯化物　取本品2.0 g，加水100 mL，加热溶解后，冷却，滤过，取滤液25 mL（溶液如显碱性，可滴加盐酸使成中性），再加稀硝酸10 mL；溶液如不澄清，应滤过；置50 mL纳氏比色管中，加水使成约40 mL，摇匀，即得供试品溶液。另取标准氯化钠溶液5.0 mL，置于50 mL纳氏比色管中，加稀硝酸10 mL，加水使成约40 mL，摇匀，即得对照溶液。于供试溶液与对照溶液中，分别加入硝酸银试液1.0 mL，用水稀释使成50 mL，摇匀，在暗处放置5 min，同置黑色背景上，从比色管上方向下观察、比较，即得。与对照液比较，不得更浓（0.01%）。

② 硫酸盐　取氯化物项下剩余的滤液25 mL，加水溶解使成约40 mL（溶液如显碱性，可滴加盐酸使成中性）；溶液如不澄清，应滤过；置50 mL纳氏比色管中，加稀盐酸2 mL，摇匀，即得供试溶液。另取标准硫酸钾溶液1.0 mL，置50 mL纳氏比色管中，加水使成约40 mL，加稀盐酸2 mL，摇匀，即得对照溶液。于供试溶液与对照溶液中，分别加入25%氯化钡溶液5 mL，用水稀释至50 mL，充分摇匀，放置10 min，同置黑色背景上，从比色管上方向下观察、比较，即

得。供试溶液与对照液比较，不得更浓（0.02%）。

③ 干燥失重 取本品，在105℃干燥至恒重，减失重量不得过0.5%。

④ 炽灼残渣

a. 坩埚的恒重：将瓷质坩埚经700～800℃炽灼后，放冷至室温，精密称定重量，连续两次炽灼后的重量差异在0.3 mg以下。

b. 样品的炭化：取供试品1.0 g置于已炽灼至恒重的坩埚中，缓缓炽灼至完全炭化，放冷，加硫酸0.5～1 mL使湿润，低温加热至硫酸蒸汽除尽后，在700～800℃炽灼使完全灰化，移至干燥器内，放冷，精密称定后，再在700～800℃炽灼至恒重，即得。

c. 标准规定：炽灼残渣不得超过0.1%。

⑤ 重金属 取25 mL纳氏比色管三支，甲管中加标准铅溶液2 mL与醋酸盐缓冲液（pH3.5）2 mL后，加水或各品种项下规定的溶剂稀释成25 mL；取本品1.0 g，置于乙管中，加水20 mL，置水浴中加热使溶解，放冷，滤过，乙管中加入取滤液加醋酸盐缓冲液（pH 3.5）2 mL与水适量使成25 mL，丙管中加入与乙管相同的供试品，加配制供试品溶液的溶剂适量使溶解，再加与甲管同量的标准铅溶液与醋酸盐缓冲液（pH 3.5）2 mL后，用溶剂稀释成25 mL；若供试品溶液带颜色，可在甲管中滴加少量的稀焦糖溶液或其他无干扰的有色溶液，使之与乙管丙管一致；再在甲乙丙三管中分别加硫代乙酰胺试液各2 mL，摇匀，放置2 min，同置白纸上，自上而下透视，当丙管中显出的颜色不浅于甲管时，乙管中显示的颜色与甲管比较，不得更深，即含重金属不得过百万分之十。

⑥ 酸度 取本品0.10 g，加水10 mL使溶解，pH计测定，pH应为5.5～6.5。

（2）特殊杂质检查

① 乙醇溶液的澄清度与颜色 取本品1.0 g，加乙醇10 mL溶解后，溶液应澄清无色；如显浑浊，与1号浊度标准液比较，不得更浓；如显色，与棕红色2号或橙红色2号标准比色液比较，不得更深。

② 有关物质

对氨基酚及有关物质：临用新制。取本品适量，精密称定，加溶剂[甲醇-水（4∶6）]制成每毫升中约含20 mg的溶液，作为供试品溶液；另取对氨基酚对照品和对乙酰氨基酚对照品适量，精密称定，加上述溶剂溶解并制成每毫升中约含对氨基酚1 μg和对乙酰氨基酚20 μg的混合溶液，作为对照品溶液。照高效液相色谱法试验。用辛烷基硅烷键合硅胶为填充剂，以磷酸盐缓冲液（取磷酸氢二钠8.95 g，磷酸二氢钠3.9 g，加水溶解至1 000 mL，加10%四丁基氢氧化铵溶液12 mL）-甲醇（90∶10）为流动相；检测波长为245 nm，柱温为40℃；理论板数按对乙酰氨基酚峰计算不低于2 000，对氨基酚峰与对乙酰氨基酚峰的分离度应符合要求。取对照品溶液20 μL，注入液相色谱仪，调节检测灵敏度，使对氨基酚色谱峰的峰高约为满量程的10%，再精密量取供试品溶液与对照品溶液各20 μL，分别注入液相色谱仪，记录色谱图至主成分峰保留时间的4倍；供试品溶液的色谱图中如有与对照品溶液中对氨基酚保留时间一致的色谱峰，按外标法以峰面积计算，含对氨基酚不得过0.005%；其他杂质峰面积均不得大于对照品溶液中对乙酰氨基酚的峰面积（0.1%）；杂质总量不得过0.5%。

对氯苯乙酰胺：临用新制。取对氨基酚及有关物质项下的供试品溶液作为供试品溶液；另取对氯苯乙酰胺对照品适量，精密称定，加上述溶剂[甲醇-水（4∶6）]溶解并制成每毫升中约含1 μg的溶液，作为对照品溶液。照HPLC法试验，用辛烷基硅烷键合硅胶为填充剂；以磷酸盐缓冲液(取磷酸氢二钠 8.95 g,磷酸二氢钠 3.9 g,加水溶解至 1 000 mL,加 10%四丁基氢氧化铵溶液 12 mL)-甲醇(60∶40)为流动相;检测波长为 245 nm,柱温为 40℃;理论板数按对乙酰氨基酚峰计算不低于 2 000,对氯苯乙酰胺峰与对乙酰氨基酚峰的分离度应符合要求。取对照品溶液 20 μL,注入液相色谱仪,调节检测灵敏度,使对氯苯乙酰胺色谱峰的峰高约为满量程的 10%,再精密量取供试品溶液与对照品溶液各 20 μL,分别注入液相色谱仪,记录色谱图;按外标法以峰面积计算,含对氯苯乙酰胺不得过 0.005%。

3. 含量测定

取本品约 40 mg,精密称定,置 250 mL 量瓶中,加 0.4%氢氧化钠溶液 50 mL 溶解后,加水至刻度,摇匀,精密量取 5 mL,置 100 mL 容量瓶中,加 0.4%氢氧化钠溶液 10 mL,加水至刻度,摇匀,照紫外-可见分光光度法,在 257 nm 的波长处测定吸光度,按 $C_8H_9NO_2$ 的吸收系数($E_{1cm}^{1\%}$)为 715 计算,即得。

(二)对乙酰氨基酚注射液的质量分析

1. 鉴别

(1)取本品,照对乙酰氨基酚项下的鉴别(1)、(2)项试验,呈相同的反应。

(2)在含量测定项下记录的色谱图中,供试品溶液主峰的保留时间应与对照品溶液主峰的保留时间一致。

2. 杂质检查

(1)pH　应为 4.5～6.5。

(2)可见异物　一般采用灯检法。在暗室中进行。取供试品 20 支,除去容器标签,擦净容器外壁,必要时将药液转移至洁净透明的适宜容器内,置供试品于遮光板边缘处,在明视距离(指供试品至人眼的清晰观测距离,通常为 25 cm),分别在黑色和白色背景下,手持供试品颈部轻轻旋转和翻转容器使药液中可能存在的可见异物悬浮(但应避免产生气泡),轻轻翻转后立即目视检查,重复三次,总时限为 20 s。

(3)有关物质　临用新制。精密量取本品适量,用流动相稀释制成每毫升中含对氨基酚 1.25 mg 的溶液,摇匀,作为供试品溶液;精密量取 1 mL,置 100 mL 量瓶中,用流动相稀释至刻度,摇匀,作为对照溶液;另精密量取对氨基酚对照品适量,加流动相溶解并定量稀释成每毫升中含有 2.5 μg 的溶液,作为对照品溶液。照含量测定项下的色谱条件试验,检测波长为 245 nm,取对照溶液 10 μL 注入液相色谱仪,调节检测灵敏度,使主成分色谱峰的峰高约为满量程的 10%;再精密量取供试品溶液、对照溶液和对照品溶液各 10 μL,分别注入液相色谱仪,记录色谱图至主成分峰保留时间的 2 倍。供试品溶液的色谱图中如有与对氨基酚保留时间一致的色谱峰,按外标法以峰面积计算,含对氨基酚不得过标示量的 0.1%,其他各杂质峰面积的和不得大于对照溶液的主峰面积(1.0%)。

(4)无菌检查　一般采用薄膜过滤法。优先采用封闭式薄膜过滤器,也可使用一般薄膜过滤器。滤膜孔径不大于 0.45 μm,直径约为 50 mm。滤器及滤膜使用前应采用适宜的方法灭菌,使用时,应保证滤膜在过滤前后的完整性。过滤前先将少量的冲洗液过滤以润湿滤膜。若需要用冲洗液冲洗滤膜,每张滤膜每次冲洗量一般为 100 mL,且总冲洗量不得超过 1 000 mL,以免滤膜上的微生物受损伤。

该检查应由阳性对照,阴性对照及供试品检查三部分组成。

取规定量，直接过滤，或混合至含有适量稀释液的无菌容器内，混匀，立即过滤。如用封闭式滤膜过滤器，分别将 100 mL 硫乙醇酸盐流体培养基及改良马丁培养基加入相应的滤桶内。如采用一般薄膜过滤器，取出滤膜，分成 3 等份，分别置于含 50 mL 硫乙醇酸盐流体培养基及改良马丁培养基的容器中，其中一份作阳性对照用。

连续培养 14 天，培养期间应逐日观察并记录是否有菌生长。如在加入供试品后或在培养过程中，培养基出现浑浊，培养 14 天后，不能从外观上判断有无微生物生长，可取该培养液适量转种至同种新鲜培养基中，细菌培养 2 天，真菌培养 3 天，观察接种的同种新鲜培养基是否再出现浑浊；或取培养液涂片，染色，镜检，判断是否有菌。

阳性对照管应生长良好，阴性对照管不得有菌生长，否则，试验无效。

若供试品管均澄清，或虽显浑浊但经确证无菌生长，判断供试品符合规定；若供试品管中任何一管显浑浊并确证有菌生长，判供试品不符合规定。除非能充分证明试验结果无效，即生长的微生物非供试品所含。

3. 含量测定

照高效液相色谱法测定。

色谱条件与系统适用性试验：用十八烷基硅烷键合硅胶为填充剂；以 0.05 mol/L 醋酸铵溶液-甲醇(85∶15)为流动相；检测波长为 257 nm。理论板数按对乙酰氨基酚峰计算不低于 2 000，对乙酰氨基酚峰与相邻杂质峰的分离度应符合要求。

测定法：精密量取本品适量，用流动相稀释制成每毫升中含对乙酰氨基酚 0.125 mg 的溶液，精密量取 10 μL 注入液相色谱仪，记录色谱图；另取对乙酰氨基酚对照品，同法测定，按外标法以峰面积计算，即得。

六、复习思考题

简述 HPLC 中以外标法计算含量的原理及计算公式。

七、注解或注意事项

(1)有些试剂需要临用新鲜配制，做实验时应注意。

(2)紫外-可见分光光度法　应以配制供试品的同批溶剂为对照，采用 1 cm 的石英吸收池。以吸收度最大的波长作为测定波长，一般供试品的吸收度读数，以在 0.3～0.7 之间的误差较小。仪器的狭缝波带宽度应小于供试品吸收带的半宽度，否则测得的吸收度偏低。狭缝宽度的选择，应以减少狭缝宽度时供试品的吸收度不再增加为准。由于吸收池和溶剂本身可能有空白吸收，因此测定供试品的吸收度后应减去空白读数，再计算含量。

(3)可见异物检查法操作要点及注意事项

在规定条件下目视可以观测到的不溶性物质，其粒径或长度通常大于 50 μm。

用无色透明容器包装的无色供试品溶液，检查时被观察样品所在处的光照度应为 1 000～1 500 lx。

实验室检测时应避免引入可见异物。

用于本试验的供试品，应按规定随机抽样。

(4)无菌检查法操作要点及注意事项　应在 B 级洁净区的 A 级单项流空气区域内或隔离系统中进行，全过程应严格遵守无菌操作，防止微生物污染。

实验 2-2　盐酸普鲁卡因和盐酸普鲁卡因注射液的质量分析

一、目的要求

(1)了解盐酸普鲁卡因的鉴别方法。

(2)掌握盐酸普鲁卡因及注射液中存在的特殊杂质及检查方法。

(3)掌握永停滴定法指示终点的原理及操作。

(4)掌握亚硝酸钠滴定法的原理及方法。

(5)掌握注射液的含量计算方法。

二、实验原理

(一)鉴别

盐酸普鲁卡因的基本结构：

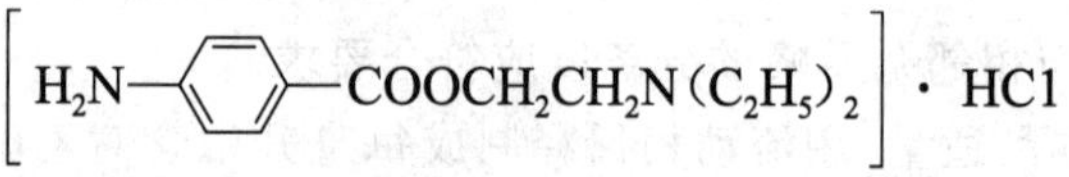

1. 盐酸普鲁卡因分子中具有芳伯氨基，可发生重氮化-偶合反应

在酸性溶液中，与亚硝酸钠进行重氮化反应，其重氮盐与碱性 β-萘酚偶合后，生成有色的偶氮染料。

2. 具有对氨基苯甲酸酯的结构

遇氢氧化钠试液即析出白色沉淀，加热变为油状物(普鲁卡因熔点 59～63℃)，继续加热则水解，产生挥发性二乙氨基乙醇，能使湿润的红色石蕊试纸变为蓝色；同时生成可溶于水的对氨基苯甲酸钠，放冷，加盐酸酸化，即生成对氨基苯甲酸的白色沉淀。

3. 氯化物的鉴别反应

普鲁卡因能与盐酸成盐，利用药物中的氯化物在硝酸酸化条件下与硝酸银反应，生成氯化银白色凝乳状沉淀；利用其与二氧化锰在加热的条件下生成的氯气能使湿润的碘化钾淀粉试纸变蓝的反应，从而鉴别。

4. 红外鉴别

普鲁卡因药物分子结构中含有苯环及相应的取代基与脂烃胺侧链，有特征的红外光谱行为。

(二)杂质检查

1. 一般杂质检查

《中国兽药典》2010 年版规定，盐酸普鲁卡因检查的一般杂质包括干燥失重、炽灼残渣、铁盐、重金属等，可考察其生产的生产工艺水平。

2. 特殊杂质检查

盐酸普鲁卡因分子结构中有酯键，可发生水解反应。特别是在注射液制备过程中受灭菌温度、时间、溶液 pH、贮藏时间以及受光线和注射液中金属离子等因素的影响,可发生水解作用,生成对氨基苯甲酸和 2-二乙氨基乙醇。经长久贮存或高温加热,对氨基苯甲酸还可进一步脱羧转化为苯胺,而苯胺又可氧化为有色物质使注射液变黄。因此要控制对氨基苯甲酸的量。

(三)含量测定

盐酸普鲁卡因分子结构中具有芳伯胺基,在酸性条件下可与亚硝酸钠定量反应生成重氮化合物,可采用永停滴定法指示终点。永停滴定法采用 2 支相同的铂电极。当在电极间加上低电压(如 50 mV),若电极在溶液中极化,则在未到滴定终点前两电极间无电流或仅有很小的电流通过,电流计指针不发生偏转或偏转后即回复到初始位置;但当到达滴定终点时,滴定液略有过剩,使电极去极化,发生如下氧化还原反应,溶液中即有电流通过,电流计指针突然偏转不再回复,即为滴定终点。

阴极: $HNO_2 + H^+ + e \longrightarrow NO + H_2O$

阳极: $NO + H_2O \longrightarrow HNO_2 + H^+ + e$

三、实验仪器及药品

紫外-可见分光光度计、高温炉、水浴锅、高压灭菌器。称量瓶、药匙、量筒(10 mL、50 mL、100 mL)、分析天平(精度 0.000 1 g)、刻度吸管(1 mL、2 mL、5 mL、10 mL)、移液管(10 mL)、容量瓶(100 mL、500 mL、1 000 mL)、纳氏比色管(25 mL、50 mL)、烧杯(50 mL、100 mL)、滤纸条、比浊用玻璃管、坩埚、滤纸。纯化水、盐酸、亚硝酸钠、β-萘酚、氢氧化钠、乙醇、过硫酸铵、30%硫氰酸铵、标准铁溶液、醋酸盐缓冲液、稀焦糖溶液、硫代乙酰胺、亚硝酸钠滴定液等。盐酸普鲁卡因对照品、对氨基苯甲酸对照品、盐酸普鲁卡因、盐酸普鲁卡因注射液。

四、实验准备

(一)稀盐酸

取盐酸 234 mL,加水稀释至 1 000 mL,即得。本液含 HCl 应为 9.5%~10.5%。

(二)标准硫酸钾溶液

称取硫酸钾 0.181 g,置 1 000 mL 量瓶中,加水适量使溶解并稀释至刻度,摇匀,即得(每毫升相当于 100 μg 的 SO_4^{2-})

(三)标准铁溶液

称取硫酸铁铵[$FeNH_4(SO_4)_2 \cdot 12H_2O$]0.863 g,置 1 000 mL 量瓶中,加水溶解后,加硫酸 2.5 mL,用水稀释至刻度,摇匀,作为贮备液。

临用前,精密量取贮备液 10 mL,置 100 mL 量瓶中,加水稀释至刻度,摇匀,即得(每毫升相当于 10 μg 的 Fe)。

(四)稀焦糖溶液

取蔗糖或葡萄糖约 5 g,置瓷坩埚中,在玻璃棒不断搅拌下,加热至呈棕色糊状,放冷,用水溶解成约 25 mL，滤过，贮于滴瓶中备用。

临用时，根据供试液色泽深浅，取适量调节使用。

(五)亚硝酸钠滴定液(0.1 mol/L)

配制：取亚硝酸钠 7.2 g，加无水碳酸钠(Na_2CO_3)0.10 g，加水适量使溶解成 1 000 mL，摇匀。

标定：取在 120℃干燥至恒重的基准对氨基苯磺酸约 0.5 g，精密称定，加水 30 mL 与浓氨试液 3 mL，溶解后，加盐酸(1→2)20 mL，搅拌，在 30℃以下用本液迅速滴定，滴定时将滴定管尖端插入液面下约 2/3 处，随滴随搅拌；至近终点时，将滴定管尖端提出液面，用少量水洗涤尖端，洗液并入溶液中，继续缓缓滴定，用永停法指示终点。每毫升亚硝酸钠滴定液(0.1 mol/L)相当于 17.32 mg 的对氨基苯磺酸。根据本液的消耗量与对氨基苯磺酸的取用量，算出本液浓度，即得。

如需用亚硝酸钠滴定液(0.05 mol/L)时，可取亚硝酸钠滴定液(0.1 mol/L)加水稀释制成。必要时标定浓度。

(六)硫代乙酰胺试液

取硫代乙酰胺 4 g，加水使溶解成 100 mL，置冰箱中保存。临用前取混合液(由 1 mol/L 氢氧化钠溶液 15 mL、水 5.0 mL 及甘油 20 mL 组成)5.0 mL，加上述硫代乙酰胺溶液 1.0 mL，置水浴上加热 20 s，冷却，立即使用。

(七)30%硫氰酸铵溶液

取硫氰酸铵 8 g，加水使溶解成 100 mL，即得。

五、实验方法

(一)盐酸普鲁卡因质量分析

1. 鉴别

(1)芳香第一胺类的鉴别反应　取盐酸普鲁卡因约 50 mg，加稀盐酸 1 mL，必要时缓缓煮沸使溶解，放冷，加 0.1 mol/L 亚硝酸钠溶液数滴，滴加碱性 β-萘酚试液数滴，生成橙黄色的沉淀。

(2)取盐酸普鲁卡因约 0.1 g，加水 2 mL 溶解后，加 10%氢氧化钠溶液 1 mL，即生成白色沉淀；加热，变为油状物；继续加热，发生的蒸气能使湿润的红色石蕊试纸变为蓝色；热至油状物消失后，放冷，加盐酸酸化，即析出白色沉淀。

(3)氯化物鉴别

① 取盐酸普鲁卡因的溶液，加稀硝酸使成酸性后，加硝酸银试液，即生成白色凝乳状沉淀；分离，沉淀加氨试液即溶解，再加硝酸，沉淀复生成。

② 取盐酸普鲁卡因少量，置试管中，加等量的二氧化锰，混匀，加硫酸湿润，缓缓加热，即发生氯气，能使湿润的碘化钾淀粉试纸显蓝色。

(4)盐酸普鲁卡因供试品的红外光吸收图谱应与对照的图谱一致。

2. 杂质检查

(1)一般杂质检查

① 干燥失重 取本品，在105℃干燥至恒重，减失重不得过0.5%。

② 炽灼残渣 取本品1.0 g，放置到已炽灼至恒重的坩埚中，精密称定，缓缓炽烧至完全炭化，放冷至室温，加硫酸0.5～1.0 mL使湿润，低温加热至硫酸蒸气除尽，于高温(500～600℃)炽灼至完全灰化，移置干燥器内，放冷至室温，精密称定后，再高温(500～600℃)炽灼至恒重，所得炽灼残渣不得过0.1%。

③ 铁盐 取炽灼残渣项下遗留的残渣，加盐酸2 mL，置水浴上蒸干，再加稀盐酸4 mL，微温溶解后，加水30 mL与过硫酸铵50 mg，置50 mL纳氏比色管中，加30%硫氰酸溶液3 mL，再加水稀释成50 mL，摇匀，得供试品溶液。另取标准铁溶液1.0 mL，置于50 mL纳氏比色管中，加水使成25 mL，加稀盐酸4 mL与过硫酸铵50 mg，用水稀释成35 mL，加30%硫氰酸溶液3 mL，再加水稀释成50 mL，摇匀，即得对照溶液。供试溶液与对照液比较，不得更深(0.001%)。

④ 重金属 取25 mL纳氏比色管三支，甲管中加标准铅溶液2 mL与醋酸盐缓冲液(pH3.5)2 mL后，加水或各品种项下规定的溶剂稀释成25 mL；取本品2.0 g，置于乙管中，加水20 mL，置水浴中加热使溶解，放冷，滤过，乙管中加入续滤液加醋酸盐缓冲液(pH3.5)2 mL与水适量使成25 mL，丙管中加入与乙管相同的供试品，加配制供试品溶液的溶剂适量使溶解，再加与甲管同量的标准铅溶液与醋酸盐缓冲液(pH3.5)2 mL后，用溶剂稀释成25 mL；若供试品溶液带颜色，可在甲管中滴加少量的稀焦糖溶液或其他无干扰的有色溶液，使之与乙管丙管一致；再在甲乙丙三管中分别加硫代乙酰胺试液各2 mL，摇匀，放置2 min，同置白纸上，自上而下透视，当丙管中显出的颜色不浅于甲管时，乙管中显示的颜色与甲管比较，不得更深，即含重金属不得过百万分之十。

(2)特殊杂质检查

① 酸度 取本品0.40 g，加水10 mL溶解后，加甲基红指示液1滴，如显红色，加氢氧化钠滴定液(0.02 mol/L)0.20 mL，应变为橙色。

② 溶液的澄清度 取本品2.0 g，加水10 mL溶解后，溶液应澄清。

③ 对氨基苯甲酸 取本品，精密称定，加水溶解并定量稀释制成每毫升中含0.2 mg的溶液，作为供试品溶液；另取对氨基苯甲酸对照品，精密称定，加水溶解并定量制成每毫升中含1 μg的溶液，作为对照品溶液。取供试品溶液1 mL与对照品溶液9 mL混合均匀，作为系统适用性试验溶液。按照高相液相色谱法试验，用十八烷基硅烷键合硅胶作为填充剂，以含0.1%庚烷磺酸钠的0.05 mol/L磷酸二氢钾溶液(用磷酸调节pH至3.0)-甲醇(68∶32)为流动相，检测波长为279 nm。取系统适用性试验溶液10 μL，注入液相色谱仪，理论板数按对氨基苯甲酸峰计算不低于2 000，盐酸普鲁卡因峰和对氨基苯甲酸峰的分离度大于2.0，取对照品溶液10 μL，注入液相色谱仪，调节检测灵敏度，使主成分峰高约为满量程的20%，精密量取供试品溶液与对照品溶液各10 μL，分别注入液相色谱仪，记录色谱图。供试品溶液色谱图中如有与对氨基苯甲酸峰保留时间一致的色谱峰，按外标法以峰面积计算，不得过0.5%。

3. 含量测定

取盐酸普鲁卡因约0.6 g，精密称定，按照永停滴定法，在15～25℃，用亚硝酸钠滴定液

(0.1 mol/L)滴定。每毫升亚硝酸钠滴定液(0.1 mol/L)相当于27.28 mg的$C_{13}H_{20}N_2O_2 \cdot HCl$。

(二)盐酸普鲁卡因注射液质量分析

1. 鉴别

(1)取本品,照盐酸普鲁卡因项下的鉴别项试验,显相同的反应。

(2)通过高效液相色谱图中,供试品溶液主峰的保留时间应与对照品主峰的保留时间一致。

(3)取本品(约相当于盐酸普鲁卡因80 mg),水浴蒸干,残渣经减压干燥,本品的红外光吸收图谱应与对照的图谱一致。

2. 检查

(1)pH应为3.5～5.0。

(2)对氨基苯甲酸(HPLC法)　精密量取本品适量,用水定量稀释制成每毫升中含盐酸普鲁卡因0.2 mg的溶液作为供试品溶液;取对氨基苯甲酸对照品,精密称定,加水溶解并定量制成每毫升中含2.4 μg的溶液,作为对照品溶液。照盐酸普鲁卡因中对氨基苯甲酸项下的方法测定,供试品溶液色谱图中如有与对氨基苯甲酸保留时间一致的色谱峰,按外标法以峰面积计算,不得过标示量的1.2%。

(3)细菌内毒素　是利用鲎试剂检测或量化由革兰氏阴性菌产生的细菌内毒素,以判断供试品中细菌内毒素是否符合规定。

取本品,可用0.06 EU/mL以上高灵敏度的鲎试剂,依法检查。每毫克盐酸普鲁卡因中含内毒素的量应小于0.20 EU。

方法:采用凝胶法。

据鲎试剂灵敏度的标示值(λ),将细菌内毒素国家标准品用细菌内毒素检查用水溶解,在涡旋混合器上混匀15 min,制成2λ,1λ,0.5λ和0.25λ四个浓度的内毒素标准溶液,每稀释一步均应在涡旋混合器上混匀30 s。取分装有0.1 mL鲎试剂溶液的10 mm乘以75 mm试管或复溶后的0.1 mL/支规格的鲎试剂原安培瓶18支,其中16管分别加入0.1 mL不同浓度的内毒素标准溶液,每一个内毒素浓度平行做4管,另外2管加入0.1 mL细菌内毒素检查用水作为阴性对照,将试管中的溶液轻轻混匀后,封闭管口,垂直放入37℃的恒温器中,保温60 min。随后将试管从恒温器中轻轻取出,缓缓倒转180°,若管内形成凝胶,并且凝胶不变形,不从管壁滑落者为阳性,未形成凝胶或形成的凝胶不坚实,变形并从管壁滑落者为阴性。鲎试剂灵敏度的测定值为λ_c。

$\lambda_c = \mathrm{antilg}(\Sigma X/4)$,$X$为反应终点浓度的对数值(lg)。反应终点浓度为系列递减的内毒素浓度中最后一个呈现阳性结果的浓度。

当λ_c在0.5λ～2λ时,鲎试剂可用于细菌内毒素的检查,并以标示灵敏度λ为该批鲎试剂的灵敏度。

3. 含量测定

照高效液相色谱法测定。色谱条件与系统适用性试验:用十八烷基硅烷键合硅胶为填充剂;以含0.1%庚烷磺酸钠的0.05 mol/mL磷酸二氢钾溶液(用磷酸调节pH至3.0)-甲醇(68∶32)为流动相;检测波长为290 nm,理论板数按盐酸普鲁卡因峰计算不低于2 000。盐酸普鲁卡因峰与相邻杂质峰的分离度应符合要求。

测定法：精密量取本品适量，用水定量稀释制成 1 mL 中含盐酸普鲁卡因 0.02 mg 的溶液，作为供试品溶液，精密量取 10 μL 注入液相色谱仪，记录色谱图；另取盐酸普鲁卡因对照品，精密称定，加水溶解并定量稀释制成每毫升中含盐酸普鲁卡因 0.02 mg 的溶液，同法测定。按外标法以峰面积计算，即得。

六、复习思考题

（1）亚硝酸钠滴定法的实验原理是什么？

（2）影响重氮化反应速度的因素有哪些？

七、注解或注意事项

（一）永停滴定操作要点

（1）仪器装置　永停酸碱滴定装置。

（2）滴定　用作重氮化法的终点指示时，调节 Rl 使加于电极上的电压约为 50 mV。取供试品适量，精密称定，置烧杯中，除另有规定外，可加水 40 mL 与盐酸溶液（1→2）15 mL，而后置电磁搅拌器上，搅拌使溶解，再加溴化钾 2 g，插入铂-铂电极后，将滴定管的尖端插入液面下约 2/3 处，用亚硝酸钠滴定液（0.05 mol/L）迅速滴定，随滴随搅拌，至近终点时，将滴定管的尖端提出液面，用少量水淋洗尖端，洗液并入溶液中，继续缓缓滴定，至电流计指针突然偏转，并不再回复，即为滴定终点。

（3）铂电极在使用前可用加有少量三氯化铁的硝酸或用铬酸液浸洗活化。

（4）滴定时电磁搅拌的速度不宜过快，以不产生空气旋涡为宜。

（二）细菌内毒素检查法要点

凝胶法是通过鲎试剂与内毒素发生凝集反应以检查内毒素的方法。规定，使鲎试剂产生的内毒素的最低浓度为鲎试剂的标示灵敏度（λ），用单位 EU/mL 表示。

用于细菌内毒素检查用水指内毒素含量小于 0.015 EU/mL 且对内毒素试验无干扰的灭菌注射用水；试验所用的器皿需经处理，除去可能存在的外源性内毒素；试验操作过程应防止微生物和内毒素的污染。

供试品溶液的 pH 应在 6.0～8.0 范围内。

实验三　酚类药物的质量分析

实验 3-1　硝氯酚的鉴别、特殊杂质检查及含量测定

一、目的要求

(1)了解硝氯酚分析的全过程,掌握硝氯酚的鉴别反应。

(2)掌握硝氯酚特殊杂质检查的基本原理及操作方法。

(3)掌握氮测定法进行硝氯酚含量测定的操作方法。

二、实验原理

(一)鉴别

硝氯酚的结构式:

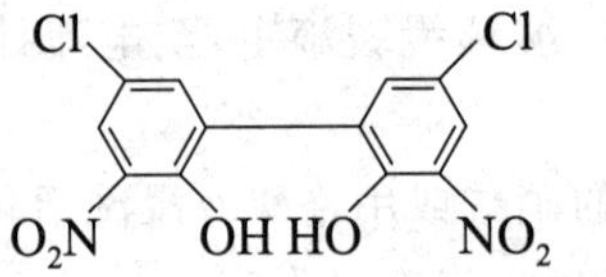

$C_{12}H_6C_{12}N_2O_6$　　345.06

硝氯酚分子结构中的联苯上具有氯、硝基、酚羟基特征官能团,可用于硝氯酚的鉴别试验。

1. 硝基的鉴别反应

硝氯酚分子中的硝基可氧化亚铁离子为铁离子,所得铁离子与氢氧化钾发生反应,所得产物为棕红色沉淀。

2. 酚羟基的鉴别反应

硝氯酚分子中的酚羟基可与铁离子发生络合反应,所得产物为红色或紫红色。

3. 氯的鉴别反应

硝氯酚分子中的氯可在碱性条件下经高温破坏,形成无机氯离子,氯离子在酸性条件下与银离子发生反应,所得产物为白色沉淀。

(二)特殊杂质检查

联苯酚和二氯联苯酚含量测定:硝氯酚生产过程中可能有未反应完全的联苯酚和二氯联苯酚带入到成品中,故其特殊杂质检查需检查联苯酚及二氯联苯酚。

(三)硝氯酚的含量测定

硝氯酚分子中含氮元素,以氮测定法测定氮元素质量,结合硝氯酚中氮的含量,通过计算得到硝氯酚的质量,进行含量测定。

三、实验仪器及药品

分析天平(精度 0.01 g 和 0.000 1 g)、马弗炉、坩埚、坩埚钳、500 mL 凯氏烧瓶、500 mL 锥形瓶、冷凝管、氮气球、乳胶管;称量瓶、药匙、量筒(10 mL、50 mL、100 mL)、刻度吸管(1 mL、2 mL、3 mL、5 mL、10 mL)、容量瓶(10 mL、50 mL、100 mL、500 mL、1 000 mL)、烧杯(50 mL、100 mL)、试管、试管夹、酒精灯、25 mL 具塞试管、滴管。

硝氯酚、硫酸亚铁、硫酸、氢氧化钾、三氯化铁、乙醇、无水碳酸钠、硝酸银、水、4-氨基安替比林、铁氰化钾、三氯甲烷、冰醋酸、锌粉、锌粒、盐酸、硫酸钾、无水硫酸钠、硫酸铜、氢氧化钠、硼酸、甲基红-溴甲酚绿。

四、实验准备

(一)盐酸、硫酸、硝酸

实验中除另有规定外,所述盐酸、硫酸、硝酸分别为浓盐酸、浓硫酸、浓硝酸,其中盐酸:含 HCl 为 36%~38%(质量分数);硫酸:含 H_2SO_4 应为 95%~98%(质量分数);硝酸:含 HNO_3 应为 69%~71%(质量分数)。

(二)三氯化铁试液

取三氯化铁 9 g,加水使溶解成 100 mL,即得。

(三)0.1 mol/L 硝酸银滴定液配制

取硝酸银 17.5 g,加水适量使溶解成 1 000 mL,摇匀,即得。

(四)碳酸钠试液

取一水合碳酸钠 12.5 g 或无水碳酸钠 10.5 g,加水使溶解成 100 mL,即得。

(五)5%硫酸亚铁溶液

取无水硫酸亚铁 5 g,加入 100 mL 水中溶解,即得。

(六)1.5 mol/L 硫酸溶液

取硫酸 90 mL 缓慢加入水中,冷却至室温,加水定容成 100 mL,即得。

(七)2 mol/L 氢氧化钾

取 11.2 g 氢氧化钾,加入 100 mL 水中溶解,即得。

(八)对照液配制

取联苯酚 50 mg,精密称定,置 100 mL 容量瓶中,加碳酸钠试液 10 mL 溶解后,加水稀释至刻度,制得联苯酚对照品溶液。精密量取 0.2 mL 上述对照品溶液,置 25 mL 具塞试管,加碳酸钠试液 1 mL,加 2% 4-氨基安替比林溶液 4 滴,摇匀,加水 5 mL 与三氯甲烷 5 mL,密塞,振摇 1 min，三氯甲烷层为对照液。

五、实验方法

(一)硝氯酚的鉴别

1. 硝基的鉴别反应

取硝氯酚约 10 mg，加新配制的 5%硫酸亚铁溶液 2 mL，加 1.5 mol/L 硫酸溶液 3 滴，摇匀，加 2 mol/L 氢氧化钾 1.5 mL，密塞，振摇，即生成棕红色沉淀。

2. 酚羟基的鉴别反应

取硝氯酚约 10 mg，加乙醇 5 mL，微热溶解后，加三氯化铁试液数滴，即显红色或紫红色。

3. 氯的鉴别反应

取硝氯酚约 50 mg，置坩埚中，加无水碳酸钠 0.5 g，混匀，将坩埚置马弗炉中约 600℃炽灼 20 min，冷却加水 10 mL，搅拌，滤过，滤液加硝酸使呈酸性，加硝酸银试液 1 mL，即生成白色沉淀。

(二)硝氯酚的特殊杂质检查

取硝氯酚约 0.10 g，置 25 mL 具塞试管中，加碳酸钠试液 2 mL，微热溶解，加水 5 mL，混匀，加 2% 4-氨基安替比林溶液 4 滴与 10%铁氰化钾溶液 4 滴，摇匀后加三氯甲烷 5 mL，密塞，振摇 1 min，三氯甲烷层应显浅黄色；若显红色，须与对照液比色，不得更深。

(三)硝氯酚的含量测定

取硝氯酚约 0.4 g，精密称定，置于 500 mL 凯氏烧瓶中，加冰醋酸 30 mL，微热溶解，加锌粉 4 g，盐酸 10 mL，置水浴中加热 2 h；放冷后，依次加入硫酸钾(或无水硫酸钠)10 g、硫酸铜粉末 0.5 g，再沿瓶壁缓缓加入硫酸 20 mL；在凯氏烧瓶口放一小漏斗并使凯氏烧瓶成 45°倾斜，直火缓缓加热，保持溶液温度在沸点以下，待泡沸停止，强热至沸腾，待溶液呈澄明的绿色后，继续加热 30 min，放冷。沿瓶壁缓缓加水 250 mL，振摇使混合，冷却后，沿瓶壁加 40%氢氧化钠溶液 75 mL，使流至瓶底自成一液层，加锌粒数粒，用氮气球连接凯氏烧瓶与冷凝管；另取 2%硼酸溶液 50 mL，置于 500 mL 锥形瓶中，加甲基红-溴甲酚绿混合指示液 10 滴；将冷凝管的下端插入硼酸溶液的液面下，轻轻摆动凯氏烧瓶，使瓶中溶液混合均匀，加热蒸馏，至馏出液总体积约为 250 mL 时，将冷凝管尖端提出液面，以蒸汽冲洗约 1 min，用水淋洗尖端后停止蒸馏；馏出液用硫酸滴定液(0.05 mol/L)滴定至溶液由蓝绿色变为灰紫色，并将滴定结果用空白试验校正。每毫升硫酸滴定液相当于 17.25 mg 的硝氯酚($C_{12}H_6C_{12}N_2O_6$)。

六、复习思考题

(1)硝氯酚的鉴别原理是什么？

(2)还有哪些方法可用于鉴别硝氯酚？

(3)将本实验中硝氯酚的含量测定方法与《中国兽药典》2010 年版附录中氮测定法进行比较，阐述为何硝氯酚在进行含量测定前需加冰醋酸、锌粒、盐酸处理？

七、注解或注意事项

(1)马弗炉在开始使用前，必须先在低温下烘烤数小时并逐渐升温至 900℃，且保持 5 h 以上，以防炉膛受潮后因温度的急剧变化而破裂；在马弗炉加热时，炉外套也会变热，应使马弗炉远离易燃物，并保持炉外易散热；使用马弗炉时应注意安全，谨防烫伤。

(2)硝氯酚含量测定操作装置如图 3-1-1 所示：

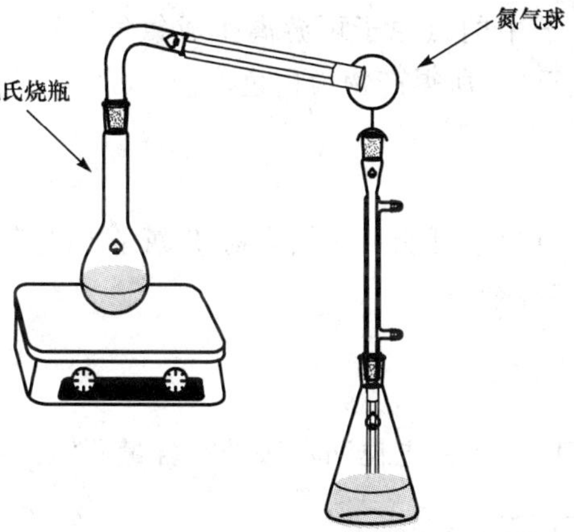

图 3-1-1 硝氯酚含量测定装置

图 3-1-1 中凯氏烧瓶与氮气球、氮气球与冷凝管间用乳胶管连接，以达到密封效果为准。

实验 3-2 氯硝柳胺的鉴别、特殊杂质检查及含量测定

一、目的要求

(1)了解氯硝柳胺分析的全过程，掌握氯硝柳胺的鉴别反应。
(2)掌握氯硝柳胺特殊杂质检查的基本原理及操作方法。
(3)掌握电位滴定测定法进行氯硝柳胺含量测定的操作方法。

二、实验原理

(一)鉴别

氯硝柳胺的结构：

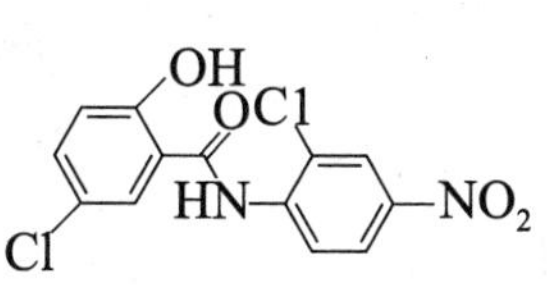

$C_{13}H_8Cl_2N_2O_4$ 327.12

氯硝柳胺分子结构中的苯环上具有氯、硝基、酚羟基特征官能团，可直接或通过转化后用于氯硝柳胺的鉴别试验。

1. 硝基的鉴别反应

氯硝柳胺分子中的硝基可被还原为氨基，经重氮化反应生成的重氮盐能与萘基乙二胺发生重氮化耦合反应，所得产物为深红色。

2. 酚羟基的鉴别反应

氯硝柳胺加热后，分子中酰胺键断开，分解生成的氯代水杨酸能与三氯化铁试液发生络合反应，所得产物为紫色。

3. 氯的鉴别反应

氯硝柳胺经灼烧后，分子中的氯原子可游离生成氯气，经氢氧化钠溶液吸收后形成氯离子，氯离子与银离子可发生反应，所得产物为白色。

(二)特殊杂质检查

氯硝柳胺在生产、储运过程中可能引入氯化物、2-氯-4-硝基苯胺、5-氯水杨酸等杂质，故其特殊杂质检查需检查上述三种杂质。

(三)含量测定

硝氯酚分子中含酰胺基团，可用电位滴定法进行含量测定。

三、实验仪器及药品

电位滴定仪、电子天平(精度 0.01 g 和 0.000 1 g)、称量瓶、药匙、量筒(10 mL、50 mL、100 mL)、刻度吸管(1 mL、2 mL、3 mL、5 mL、10 mL)、容量瓶(10 mL、50 mL、100 mL、500 mL、1 000 mL)、烧杯(50 mL、100 mL)、试管、试管夹、酒精灯、滴管、漏斗、滤纸、燃烧瓶、电位滴定仪、干燥器、50 mL 纳氏比色管。

氯硝柳胺、2-氯-4-硝基苯胺对照品、盐酸、锌粉、亚硝酸钠、氨基磺酸氨、二盐酸萘基乙二胺、三氯化铁、氢氧化钠、硝酸银、浓氨溶液(氨水)、硝酸、氯化钠、2-氯-4-硝基苯胺、甲醇、二甲基甲酰胺、甲醇钠、水(新沸放置至室温)、无水甲醇(含水量 0.2%以下)、金属钠、无水苯(含水量 0.02%以下)、基准苯甲酸、1%麝香草酚蓝的无水甲醇溶液、五氧化二磷。

四、实验准备

(一)盐酸、硫酸、硝酸

实验中除另有规定外，所述盐酸、硫酸、硝酸分别为浓盐酸、浓硫酸、浓硝酸，其中盐酸：含 HCl 为 36%～38%(质量分数)；硫酸：含 H_2SO_4 应为 95%～98%(质量分数)；硝酸：含 HNO_3 应为 69%～71%(质量分数)。

(二)亚硝酸钠试液

取亚硝酸钠 1 g，加水使溶解成 100 mL，即得。

(三)三氯化铁试液

取三氯化铁 9 g，加水使溶解成 100 mL，即得。

(四)标准氯化钠溶液

称取氯化钠 0.165 g,置 1 000 mL 量瓶中,加水适量使溶解并稀释至刻度,摇匀,作为贮备液。

临用前,精密量取贮备液 10 mL,置 100 mL 量瓶中,加水稀释至刻度,摇匀,即得(每毫升相当于 10 μg 的 Cl)。

(五)硝酸银滴定液

0.1 mol/L 硝酸银滴定液配制:取硝酸银 17.5 g,加水适量使溶解成1 000 mL,摇匀,即得。

(六)盐酸溶液(9→100)

盐酸 9.0 mL 加水使成 100 mL 的溶液,即得。

(七)氨试液

取浓氨溶液 400 mL,加水使成 1 000 mL,即得。

(八)甲醇钠滴定液(0.1 mol/L)

配制:取无水甲醇(含水 0.2%以下)150 mL,置于冰水冷却的容器中,分次加入新切的金属钠 2.5 g,待完全溶解后,加无水苯(含水 0.2%以下)适量,使成 1 000 mL,摇匀。

标定:取在五氧化二磷干燥器中减压干燥至恒重的基准苯甲酸约 0.4 g,精密称定,加无水甲醇 15 mL,加无水苯 5 mL 与 1%麝香草酚蓝的无水甲醇溶液 1 滴。

用甲醇钠液滴定至蓝色,并将滴定的结果用空白试验校正。每毫升的甲醇钠滴定液(0.1 mol/L)相当于 12.21 mg 的苯甲酸。根据甲醇钠滴定液的消耗量与苯甲酸的取用量,算出本液浓度。

本液标定时应注意防止二氧化碳的干扰和溶剂的挥发,每次临用前均应重新标定。

五、实验方法

(一)氯硝柳胺的鉴别

1. 硝基的鉴别反应

取氯硝柳胺约 50 mg,加盐酸溶液(9→100)5 mL 与锌粉 0.1 g,水浴加热 10 min,放冷,过滤;滤液中加亚硝酸钠试液 0.5 mL,摇匀,静置 10 min,加 2%氨基磺酸铵溶液 2 mL,振摇放置 10 min 后,加 0.5%二盐酸萘基乙二胺溶液 2 mL,显深红色。

2. 酚羟基的鉴别反应

取氯硝柳胺,置试管中,小火加热分解,将试管上端升华物溶于水中,加三氯化铁试液数滴,即显紫色。

3. 氯的鉴别反应

取氯硝柳胺约 20 mg,以 10%氢氧化钠溶液 5 mL 为吸收液,在燃烧瓶中燃烧进行有机破坏,待燃烧完毕,充分振摇,使生成的烟雾完全吸入吸收液中,放置 15 min,用少量水冲洗燃烧瓶瓶塞及铂丝,合并洗液及吸收液。

在上述溶液中加稀硝酸使成酸性后，滴加硝酸银试液，即生成白色凝乳状沉淀；沉淀中加氨试液即溶解，再加稀硝酸酸化后，沉淀复生成。

(二)氯硝柳胺的特殊杂质检查

1. 氯化物

取氯硝柳胺 0.50 g，加水 50 mL，煮沸，快速冷却过滤，取滤液 25 mL，加稀硝酸 10 mL，溶液若不澄清，滤过，置 50 mL 纳氏比色管中，加水使成 40 mL，摇匀得供试品溶液。另取标准氯化钠溶液 10 mL，置 50 mL 纳氏比色管中，加稀硝酸 10 mL，加水使成 40 mL，摇匀得对照溶液。在上述供试品溶液与对照溶液中，分别加入硝酸银试液 1.0 mL，用水稀释使成 50 mL，摇匀，于暗处放置 5 min，同置黑色背景上，从比色管上方向下观察、比较。

供试品溶液如有颜色，除另有规定外，可取供试品溶液两份，分置 50 mL 纳氏比色管中，一份中加硝酸银试液 1.0 mL，摇匀，放置 10 min，如显浑浊，可反复滤过，至滤液完全澄清，再加规定量的标准氯化钠溶液与水使成 50 mL，摇匀，在暗处放置 5 min，作为对照溶液；另一份中加硝酸银试液 1.0 mL 与水使成 50 mL，摇匀，在暗处放置 5 min，按上述方法与对照溶液比较不得更浓(0.04%)。

2. 2-氯-4-硝基苯胺

取氯硝柳胺 0.10 g，加甲醇 20 mL，煮沸 2 min，放冷，加盐酸溶液(9→100)使成 50 mL，过滤；取滤液 10 mL，加亚硝酸钠试液 5 滴，摇匀，放置 10 min，加 2% 氨基磺酸铵溶液 1 mL，振摇，放置 10 min，加 0.5% 二盐酸萘基乙二胺溶液 1 mL；如显色，与 2-氯-4-硝基苯胺对照品 10 μg，加甲醇 4 mL 与盐酸溶液(9→100)制成 10 mL 溶液，用同一方法处理后的颜色比较，不得更深(0.05%)。

3. 5-氯水杨酸

取氯硝柳胺 0.5 g，加水 10 mL，煮沸 2 min，冷却，过滤；滤液加三氯化铁试液数滴，不得显红色或紫色。

(三)氯硝柳胺的含量测定

取氯硝柳胺约 0.3 g，精密称定，加二甲基甲酰胺 60 mL 溶解后，照电位滴定法，用甲醇钠滴定液(0.1 mol/L)滴定，并将滴定结果用空白试验校正。每毫升甲醇钠滴定液(0.1 mol/L)相当于 32.71 mg 的 $C_{13}H_8Cl_2N_2O_4$。

六、复习思考题

(1)氯硝柳胺分子中硝基的鉴别原理是什么？

(2)氯硝柳胺中特殊杂质 2-氯-4-硝基苯胺、5-氯水杨酸可能通过哪些途径引入？

(3)氯硝柳胺含量测定中使用的甲醇钠滴定液为何要用基准苯甲酸进行标定？

七、注解或注意事项

(1)以氧瓶燃烧法对氯硝柳胺进行前处理，操作中在燃烧时要有防爆措施。

(2)氯硝柳胺含量测定中使用的二甲基甲酰胺含水量需在 0.2% 以下，滴定全过程应避免吸收水分。

实验四　酮类药物的质量分析

实验 4-1　吡喹酮的鉴别、杂质检查及含量测定

一、目的要求

(1)掌握高效液相色谱法外标法测定吡喹酮含量的方法。

(2)熟悉高效液相色谱仪的使用方法及操作。

(3)了解吡喹酮和杂质检查方法。

二、实验原理

吡喹酮的基本结构:

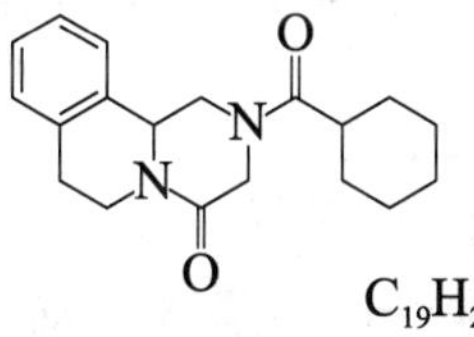

$C_{19}H_{24}N_2O_2$　321.41

(一)鉴别实验

(1)吡喹酮为异喹啉类化合物,其化学结构中含有苯环共轭体系,在 264 nm 和 272 nm 处有最大吸收。

(2)KBr 压片法广泛用于红外定性分析和结构分析,通过称量压片质量也可方便的用于常量组分的定量分析。选择固体样品绘制红外光谱,然后进行光谱解析,查对标准 Sadtler 红外光谱图。

(二)检查

1. 酸度

吡喹酮在中性乙醇中呈酸性。

2. 有关物质

吡喹酮为化学合成类抗寄生虫药,其在合成过程中会产生中间体杂质等结构,如主要杂质B,结构为 2-(环己甲酰基)-2,3,6,7,四氢-4-吡嗪并[2,1-a]异喹啉-4-酮,有紫外吸收,利用不同杂质的色谱行为不同,采用高效液相色谱法测定有关物质,利用自身对照品,将记录的色谱图中杂质峰与对照溶液主峰面积比较,从而判定有关物质是否在规定的限度范围内。

3. 干燥失重

本实验中采用常压恒温干燥法。本法适用于受热稳定及水分易干除的药物。

(三)含量测定

通过高效液相色谱仪对吡喹酮和特殊杂质进行色谱分离，用紫外吸收检测器，于波长 210 nm 处检测吡喹酮的峰面积，利用外标法计算其含量。

三、实验仪器及药品

高效液相色谱、色谱柱、紫外分光光度计、红外光谱仪、电子天平(精度 0.01 g、0.000 1 g 和 0.000 01 g)、刻度吸管(0.5 mL、1 mL、5 mL、10 mL)、移液管(5 mL)、容量瓶(50 mL、100 mL、200 mL、1 000 mL)、烧杯(50 mL、100 mL、200 mL)、滴管、称量瓶、药匙、量筒(10 mL、50 mL、200 mL)。

吡喹酮、乙醇(分析纯)、甲基红、氢氧化钠、乙腈(色谱纯)、乙酸、超纯水、纯化水。

四、实验准备

(一)甲基红指示液

取甲基红 0.1 g，加 0.05 mol/L 氢氧化钠溶液 7.4 mL 使溶解，再加水稀释至 200 mL，即得。

(二)中性乙醇

取 95%乙醇 100 mL，加入甲基红指示液，用 0.1 mol/L 的盐酸滴定液滴定至显粉红色，即得。

(三)氢氧化钠溶液(0.01 mol/L)

取氢氧化钠 0.4 g 溶于水，加水稀释至 1 000 mL，即得。

(四)流动相配制

乙腈-水(60∶40)为流动相，用 0.45 μm 有机滤膜抽滤，超声脱气 20 min。

五、实验方法

(一)鉴别

(1)取本品，加乙醇制成每毫升中含 0.5 mg 的溶液，按照紫外-可见分光光度法测定，在 264 nm 与 272 nm 的波长处有最大吸收。

(2)称量 2 mg 纯样于玛瑙研钵，称入 600 mg KBr 粉末，在振动球磨机中研磨 2～5 min 混匀；戴上口罩和手套或指套，从干燥箱中取出备用的压片模具、漏斗，将模膛装在底座上，底模装入模膛(注意抛光面向上)，用漏斗转入 100～300 mg 样品于模心，防止粉末附着在模心的边缘，还应用干刮刀将模具中的样品刮平，并使其中心略高出，然后将柱塞轻轻地放在样品上转动两三次以使样品分布均匀，再将柱塞极缓慢地取出，随后将顶模面轻轻放入模心(抛光面向下)，将柱塞置于其上，并在柱塞进入模膛的部位套以 O 型橡皮圈加以真空密封；将模具与真空管路连接，装在液压机柱塞间，抽真空 2 min，拧出液压机通气螺丝，关闭释气阀，然后缓缓泵压至 10T 保持 2 min，切断真空源并用双手开启释气阀将压力极其缓慢（>10 s）而均匀的撤出。除去模具底座，小心倒置模具（防止柱塞掉下），套上脱模圈，用液压机将压片轻轻推出模心；用刀片揭取压片，装入 KBr 压片夹；以 KBr 空白片（同上制备）为参比装入红外样品光路，接通电源即可扫描（最好预热 30 min）；谱图的剖析与鉴定。

（二）吡喹酮杂质检查

1. 酸度

取本品 0.05 g，加中性乙醇（对甲基红指示液显中性）15 mL 溶解后，加甲基红指示液 1 滴与 0.01 mol/L 氢氧化钠溶液 0.10 mL，应显黄色。

2. 有关物质

取本品 20 mg，置 100 mL 量瓶中，加流动相溶解并稀释至刻度，摇匀，作为供试品溶液；精密量取适量，用流动相定量稀释制成每毫升中含 2 μg 的溶液，作为对照溶液。照含量测定项下的色谱条件，取对照溶液 10 μL 注入液相色谱仪，调节检测灵敏度，使主成分色谱峰的峰高约为满量程的 20%，再精密量取供试品溶液与对照溶液各 20 μL，分别注入液相色谱仪，记录色谱图至主成分峰保留时间的 4 倍。供试品溶液的色谱图中如有杂质峰，各杂质峰面积的和不得大于对照溶液主峰面积（1.0 %）。

3. 干燥失重

取吡喹酮适量，在 105℃ 干燥至恒重，减失重量不得超过 0.5%。

4. 炽灼残渣

取吡喹酮 1.0 g 置于已炽灼至恒重的坩埚中，精密称定，缓缓炽灼至完全炭化，放冷；加硫酸 0.5～1.0 mL 使湿润，低温加热至硫酸蒸汽除尽后，在 700～800℃ 炽灼使完全灰化，移置干燥器内，放冷，精密称定后，再在 700～800℃ 炽灼至恒重，遗留残渣不得超过原吡喹酮质量的 0.1%。

5. 重金属

取炽灼残渣法遗留的残渣，加硝酸 0.5 mL，蒸干，至氧化氮蒸气除尽后（或取吡喹酮一定量，缓缓炽灼至完全炭化，放冷，加硫酸 0.5～1.0 mL，使恰湿润，用低温加热至硫酸除尽后，加硝酸 0.5 mL，蒸干，至氧化氮蒸气除尽后，放冷，在 500～600℃ 炽灼使完全灰化），放冷，加盐酸 2 mL，置水浴上蒸干后加水 15 mL，滴加氨试液至对酚酞指示液显微粉红色，再加醋酸盐缓冲液（pH 3.5）2 mL，微热溶解后，移置纳氏比色管中，加水稀释成 25 mL，作为乙管；另取配制吡喹酮溶液的试剂，置瓷皿中蒸干后，加醋酸盐缓冲溶液（pH 3.5）2 mL 与水 15 mL，微热溶解后移至纳氏比色管中，加标准铅溶液一定量，再用水稀释成 25 mL，作为甲管，再在甲、乙两管中分别加硫代乙酰胺试液各 2 mL，摇匀，放置 2 min，同置白纸上，自上向下透视，乙管中显出的颜色与甲管比较，不得更深。

（三）含量测定

（1）色谱条件和系统适用性试验　用十八烷基硅烷键合硅胶为填充剂，内径为 4.6 mm，粒径为 5 μm 色谱柱；以乙腈-水（60∶40）为流动相；检测波长为 210 nm。理论板数按吡喹酮峰计算不低于 3 000。

(2)测定法　取本品约 50 mg,精密称定,置 100 mL 量瓶中,加流动相适量,振摇使溶解,用流动相稀释至刻度,摇匀。精密量取 5 mL,至 50 mL 量瓶中,用流动相稀释至刻度,摇匀,精密量取 20 μL,注入高效液相色谱仪,记录色谱图;另取吡喹酮对照品,同法测定。按照外标法以峰面积计算供试品中吡喹酮的含量。

六、复习思考题

对比流动相中含有缓冲盐和不含缓冲盐时使用时的注意事项。

实验五　巴比妥类药物的质量分析

实验5-1　苯巴比妥片的鉴别及含量测定

一、目的要求

(1)掌握苯巴比妥的鉴别原理及方法。

(2)掌握高效液相色谱法测定苯巴比妥片含量的原理、方法、操作要点及注意事项。

二、实验原理

巴比妥类药物的基本结构式：

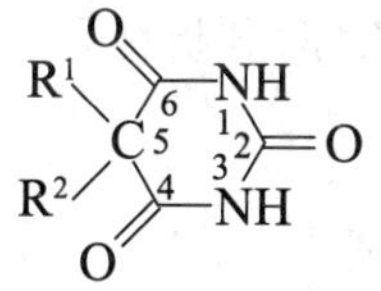

其中，环状丙二酰脲和1,3-二酰亚胺基团是巴比妥类药物的母核部分，它决定了巴比妥类药物有别于其他类药物的特性；取代基部分的不同(C_5 上 R^1、R^2 取代基不同)，构成了不同的巴比妥类药物，具有不同的理化性质，据此可以区别各类巴比妥药物。

(一)鉴别实验

苯巴比妥分子结构中具有苯环，母核中具有丙二酰脲特征官能团，可用作苯巴比妥的鉴别试验。

1. 苯环取代基反应

硫酸亚硝酸钠反应：苯巴比妥与硫酸亚硝酸钠反应生成橙黄色产物，并随即转变为橙红色，不含苯环取代基的巴比妥不显色。因此，可用于区别苯巴比妥和其他不含苯环取代基的巴比妥类药物。反应式：

$$\text{苯巴比妥} \xrightarrow{\text{亚硝酸钠}-\text{硫酸}} \text{橙黄色} \rightarrow \text{橙红色}$$

2. 丙二酰脲的鉴别

(1)银盐反应　丙二酰脲中氮原子上氢呈酸性，在适宜的碱性条件下，可与硝酸银反应生成可溶性的银盐，继续加银盐溶液，则产生难溶性二银盐白色沉淀。反应式：

$$5,5\text{-}\text{取代巴比妥类药物}+\text{硝酸银} \xrightarrow{\text{碳酸钠}} \text{一银盐} \xrightarrow{\text{硝酸银}} \text{二银盐(白色)}\downarrow$$

(2)铜盐反应　酰脲类分子中含有-CONHCONHCO-的结构，与铜盐产生双缩脲的颜色反应，与吡啶和硫酸铜溶液作用，显紫堇色(Zwikker反应)。反应式：

$$\text{巴比妥类药物}+\text{铜吡啶试液} \xrightarrow{\text{吡啶}} \text{紫色-蓝色}\downarrow$$

(3)利用苯巴比妥具有紫外吸收的特点，采用高效液相色谱法，利用保留时间的一致性来鉴别药物。

(二)含量测定

苯巴比妥片剂中加入了赋形剂、稳定剂等药用辅料，以银-玻璃电极作为电极系统的电位滴定法易产生平行误差，对其中苯巴比妥含量测定干扰较大；而高效液相色谱法具有分离能力强，回收率好，结果灵敏度高的优点，故《中国兽药典》2010年版采用高效液相色谱法检测。

三、实验仪器及药品

高效液相色谱仪、色谱柱、紫外分光光度计、称量瓶、药匙、量筒(10 mL、50 mL、100 mL)、电子天平(精度 0.01 g、0.000 1 g 和 0.000 01 g)、刻度吸管(1 mL、2 mL、5 mL、10 mL)、容量瓶(10 mL、50 mL、100 mL、500 mL、1 000 mL)、烧杯(50 mL、100 mL)、试管、试管夹、酒精灯、研钵、平头微量进样器。

苯巴比妥片、苯巴比妥对照品、甲醛(分析纯)、亚硝酸钠(分析纯)、硫酸(分析纯)、纯化水、无水碳酸钠(分析纯)、硝酸银(分析纯)、氯化钠(基准物质)、糊精(分析纯)、碳酸钙(分析纯)、荧光黄(分析纯)、甲醇(分析纯)、无水乙醇(分析纯)、乙醚(分析纯)、氢氧化钠(分析纯)、甲基红指示剂、乙腈(色谱纯)、铜吡啶试液。

四、实验准备

(一)稀硫酸

取硫酸 57 mL，加水稀释至 1 000 mL，即得。

(二)甲醛试液

取甲醛 40 mL 溶液，加水定容至 100 mL，摇匀，即得。

(三)无水碳酸钠试液

取无水碳酸钠 10.5 g，加水使溶解成 100 mL，即得。

(四)0.1 mol/L 硝酸银滴定液

配制：取硝酸银 17.5 g，加水适量使溶解成 1 000 mL，摇匀。

标定：取在 110℃ 干燥至恒重的基准氯化钠约 0.2 g，精密称定，加水 50 mL 使溶解，再加糊精溶液(1→50)5 mL、碳酸钙 0.1 g 与荧光黄指示液 8 滴，用本液滴定至浑浊液由黄绿色变为微红色。每毫升硝酸银滴定液(0.1 mol/L)相当于 5.844 mg 氯化钠。根据本液消耗量与氯化钠用量，算出本液浓度，即得。

如需用硝酸银滴定液(0.01 mol/L)时，可取硝酸银滴定液(0.1 mol/L)在临用前加水稀释制成。

(五)吡啶溶液(1→10)

取吡啶 1.0 mL，加水使成 10 mL 的溶液，即得。

(六)铜吡啶试液

取硫酸铜 4 g,加水 90 mL 溶解后,加吡啶 30 mL,即得。本液应临用新制。

五、实验方法

(一)鉴别

取苯巴比妥片研细,取细粉适量(约相当于苯巴比妥 0.1 g),加无水乙醇 10 mL,充分振摇,过滤,滤液置水浴上蒸干,残渣备用。

1. 苯环取代基反应

取上述残渣适量(约相当于苯巴比妥 10 mg),加硫酸 2 滴与亚硝酸钠约 5 mg,混合均匀,即显橙黄色,随即转橙红色。

2. 丙二酰脲的鉴别反应

(1)取上述残渣适量(约相当于苯巴比妥 0.1 g),加碳酸钠试液 1 mL 与水 10 mL,振摇 2 min,过滤,滤液中逐滴加入硝酸银试液,即生成白色沉淀,振摇,沉淀即溶解;继续滴加过量的硝酸银试液,沉淀不再溶解。

(2)取上述残渣适量(约相当于苯巴比妥 50 mg),加吡啶溶液(1→10)5 mL,溶解后加铜吡啶试液 1 mL,即显紫色或生成紫色沉淀。

3. 保留时间

在含量测定项下记录的色谱图中,供试品溶液主峰的保留时间应与对照品溶液主峰的保留时间一致。

(二)检查

(1)有关物质　取本品细粉适量,加流动相溶解并稀释成每毫升中约含苯巴比妥 1 mg 的溶液,滤过,取续滤液作为供试品溶液;精密量取 1 mL,置 200 mL 量瓶中,用流动相稀释到刻度,摇匀,作为对照液。照高效液相色谱法,苯巴比妥峰与相邻杂质峰分离度符合要求。取对照品溶液 5 μL 注入液相色谱仪,调节检测灵敏度,使主成分色谱峰的峰高约为满量程的 15%;精密量取供试品溶液与对照品溶液各 5 μL,分别注入液相色谱仪,记录色谱图至主成分峰保留时间的 3 倍,供试品溶液色谱图中如有杂质峰,单个杂质峰面积不得大于对照溶液主峰面积(0.5%),各杂质峰面积的和不得大于对照溶液主峰面积的 2 倍(1.0%)。

(2)含量均匀度　取本品 1 片,置 50 mL(30 mg 规格)或 25 mL(15 mg 规格)量瓶中,加流动相适量,照含量测定下的方法,自“超声处理 20 min”起,依法测定,应符合规定。

(3)溶出度　取本品,照溶出度测定法(浆法),以水 900 mL 为溶出介质,转速为 50r/min,经 45 min 时,取溶液滤过,精密量取续滤液适量,加硼酸氯化钾缓冲液(pH 9.6)定量稀释成每毫升中含 5 μg 的溶液,摇匀;另取苯巴比妥对照品适量,精密称定,加上述缓冲液溶解并定量稀释制成每毫升中含 5 μg 的溶液。取上述两种溶液,照紫外-可见分光光度法,在240 nm的波长处分别测定吸光度,计算每片的溶出量,限度为标示量的 75%,应符合规定。

(4)重量差异和脆碎度等应符合片剂一般规定。

(三)含量测定

照高效液相色谱法测定,含苯巴比妥应为标示量的93.0%～107.0%。

1. 色谱条件与系统适用性试验

以辛烷基硅烷键合硅胶为填充剂;乙腈-水(30∶70)为流动相;检测波长为220 nm。理论板数按苯巴比妥峰计算不低于2 000,苯巴比妥与相邻色谱峰的分离度应符合要求。

2. 对照品溶液的制备

取苯巴比妥对照品适量,精密称定,加流动相溶解并定量稀释制成每毫升中约含0.060 mg的溶液,摇匀,即得。

3. 测定法

取本品20片,精密称定,研细,精密称取适量(约相当于苯巴比妥30 mg),置50 mL量瓶中,加流动相适量,超声处理20 min,放冷,用流动相稀释至刻度,摇匀,滤过,精密量取滤液1 mL,置10 mL量瓶中,用流动相稀释至刻度,摇匀,作为供试品溶液。分别精密量取供试品溶液和对照品10 μL,注入液相色谱仪,记录色谱图。按外标法以峰面积计算,即得。

六、复习思考题

(1)苯巴比妥的银盐鉴别反应的原理是什么?

(2)银盐反应试验时,在样品溶解过程中加碳酸钠试液的作用是什么?可否多加?为什么?

(3)本实验中苯巴比妥片的含量测定为什么用液相色谱法?能否用紫外分光光度法,为什么?

(4)本实验中苯巴比妥片的含量测定选用外标法定量,和内标法的区别是什么?

七、注解或注意事项

1. 注意事项

(1)无水碳酸钠会吸收空气中的二氧化碳,使含量下降,使用前应新鲜配制。

(2)硝酸银滴定液应新鲜配制。

(3)银电极在使用前需要使用稀硝酸浸洗1～2 min,再用水冲洗干净后使用。

2. 注解

(1)高效液相色谱仪操作要点

① 流动相中有机溶剂需使用色谱纯级或相当于或高于该级别的流动相,水应为新鲜制备的高纯水,可用超纯纯水器制得或用双重蒸馏水。流动相在使用前用0.45 μm或更细的滤膜过滤。

② 流动相使用前要脱气,超声波超声20～30 min。

③ 实验前用流动相平衡色谱仪系统至基线平稳;冲洗色谱柱前应注意排空系统内气泡;实验结束,必须马上冲洗色谱柱,避免过夜,以防色谱柱被污染。

(2)供试品用流动相配制成溶液,定量测定时,对照品液和供试品溶液均应分别配制两份。溶液均应经0.45 μm滤膜滤过后注入色谱仪,以防溶液进入液相色谱仪后堵塞色谱柱、污染检测器。

(3)供试品溶液需要避光保存的,实验过程中避光操作。

实验六 生物碱类药物的鉴别及含量测定

实验 6-1 硫酸阿托品及硫酸阿托品注射液的质量分析

一、目的要求

(1)了解硫酸阿托品的鉴别方法。

(2)掌握硫酸阿托品及硫酸阿托品注射液中存在的特殊杂质及检查方法。

(3)掌握酸性染料比色法的基本原理和操作。

(4)熟悉紫外分光光度计的使用方法及硫酸阿托品含量的计算方法。

二、实验原理

(一)鉴别实验

硫酸阿托品的基本结构:

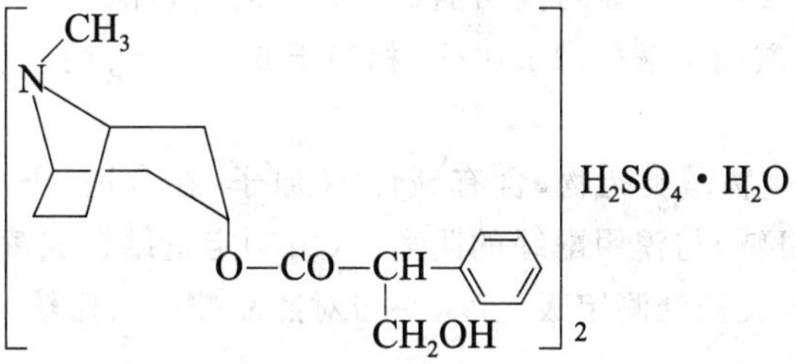

$(C_{17}H_{23}NO_3)_2 \cdot H_2SO_4 \cdot H_2O = 694.84$

本品为(±)α-(羟甲基)苯乙酸 8-甲基-8-氮杂双环[3.2.1]-3-辛酯硫酸盐一水合物。按干燥品计算,含$(C_{17}H_{23}NO_3)_2 \cdot H_2SO_4$ 不得少于 98.5%。

(1)本品的红外光吸收图谱应与对照的图谱一致。

(2)本品显托烷生物碱类的鉴别反应。硫酸阿托品属于托烷类药物具有莨菪酸结构,能够发生 Vitaili 反应。托烷类生物碱的酯键易水解生成莨菪酸。莨菪酸与发烟硝酸共热得黄色的莨菪酸三硝基衍生物,冷后,加醇制氢氧化钾溶液或固体氢氧化钾作用转变成醌型产物,呈深紫色。

(3)本品的水溶液显硫酸盐的鉴别反应。硫酸阿托品可与氯化钡溶液反应,生成 $BaSO_4$ 的白色沉淀,该沉淀在盐酸或硝酸中均不溶解。本品亦可与醋酸铅溶液反应生成 $PbSO_4$ 的白色沉淀,该沉淀在醋酸铵溶液或氢氧化钠溶液中溶解。本品溶液,加盐酸,不生成白色沉淀(与硫代硫酸盐区别)。

(二)杂质检查

1. 一般杂质检查

一般杂质检查主要进行酸度、干燥失重、炽灼残渣的检查。原理详见“实验 1-1 阿司匹林一般杂质的检查”。

2. 特殊杂质检查

(1)莨菪碱　阿托品由左旋体莨菪碱经消旋化制得，无旋光性。若消旋化不完全，则莨菪碱成为旋光性杂质(莨菪碱是毒性较大的一种物质)。利用旋光度测定法可以区别或检查阿托品的纯杂程度。

(2)有关物质　硫酸阿托品由阿托品成盐而得，除合成法外，也可由茄科植物中含量较多的 *L*-莨菪碱在稀碱性溶液中消旋来制备。与一定试剂反应产生沉淀硫酸阿托品制备过程中可能带入杂质(如颠茄碱等)。利用高效液相色谱法测定主成分峰和杂质峰的面积，计算可得阿托品的纯杂程度。

(三)含量测定

1. 非水滴定法

阿托品为碱性较强的一元碱，硫酸阿托品的化学结构式可简写为$(BH^+)_2 \cdot SO_4^-$，硫酸酸性强，硫酸盐被滴定至硫酸氢盐。用高氯酸滴定时的反应式为：$(BH^+)_2 \cdot SO_4^- + HClO_4 \rightarrow (BH^+) \cdot ClO_4 + (BH^+) \cdot HSO_4^-$

由反应方程式可知，1 mol 硫酸阿托品消耗 1 mol 的高氯酸，无水硫酸阿托品的分子量为 694.84，所以 1 mL 高氯酸滴定液(0.1 mol/L)相当于 67.68 mg 的$(C_{17}H_{23}NO_3)_2 \cdot H_2SO_4$。

2. 酸性染料比色法

硫酸阿托品属托烷生物碱类药物，含有碱性 N 原子，在合适 pH 条件下，可生成阳离子，硫酸阿托品的阳离子(BH^+)与溴甲酚绿的阴离子(In^-)定量结合成黄色离子对($BH^+ \cdot In^-$)。用氯仿提取后在 420 nm 波长处测定吸光度，并与对照品按同法比较，求得其含量。

$$BH^+ + In^- \xrightleftharpoons{pH4.6} BH^+ \cdot In^-$$

$BH^+ \cdot In^-$在氯仿中呈黄色，最大吸收波长为 420 nm。

三、实验仪器及药品

实验仪器：高效液相色谱仪、紫外分光光度计、红外分光光度计、电子天平(精度 0.01 g)、分析天平(精度 0.000 1 g)、旋光计、干燥器或烘干箱、高温炉、水浴锅、漩涡混合仪、恒温仪、研钵、坩埚、滤膜过滤器、分液漏斗、移液管、锥形瓶、具塞试管、称量瓶、量筒、试管、试管架等。

药品：硫酸阿托品对照品及供试品；纯化水、发烟硝酸、乙醇、固体氢氧化钾、氯化钡、盐酸、硝酸、醋酸铅、醋酸、醋酸铵、三氯甲烷、邻苯二甲酸氢钾、溴甲酚绿、氢氧化钠、甲基红、鲎试剂、乙腈(色谱纯试剂)；内毒素工作标准品、细菌内毒素检查用水；硫乙醇酸盐流体培养基、改良马丁培养基、无菌检验用稀释液及冲洗液(0.1%蛋白胨水溶液或 pH7.0 氯化钠-蛋白胨缓冲液)。

（除特殊说明外，以上试剂均采用分析纯试剂。）

四、实验准备

（一）氯化钡试液

取氯化钡的细粉 5 g，加水使溶解成 100 mL，即得。

（二）醋酸铅试液

取醋酸铅 10 g，加新沸过的冷水溶解后，滴加醋酸使溶液澄清，再加新沸过的冷水使成 100 mL，即得。

（三）醋酸铵试液

取醋酸铵 10 g，加水使溶解成 100 mL，即得。

（四）氢氧化钠试液

取氢氧化钠 4.3 g，加水使溶解成 100 mL，即得。

（五）甲基红指示液

取甲基红 0.1 g，加 0.05 mol/L 氢氧化钠溶液 7.4 mL 使溶解，再加水稀释至 200 mL，即得。

（六）溴甲酚绿溶液

取溴甲酚绿 50 mg 与邻苯二甲酸氢钾 1.021 g，加 0.2 mol/L 氢氧化钠溶液 6.0 mL 使溶解，再加水稀释至 100 mL，摇匀，必要时滤过。

（七）结晶紫指示液

取结晶紫 0.5 g，加冰醋酸 100 mL 使溶解，即得。

（八）高氯酸滴定液（0.1 mol/L）

配制：取无水冰醋酸（按含水量计算，每 1 g 水需要加醋酐的体积为 5.22 mL）750 mL，加入高氯酸（70%～72%）8.5 mL，摇匀，在室温下缓慢滴加醋酐 23 mL，边加边摇，加完后再振摇均匀，放冷，加无水冰醋酸适量使成 1 000 mL，摇匀，放置 24 h。若所测供试品易乙酰化，则须用水分测定法测定本液的含水量，再用水和醋酐调节至本液的含水量 0.01%～0.2%。

标定：取在 105℃干燥至恒重的基准邻苯二甲酸氢钾约 0.16 g，精密称定，加无水冰醋酸 20 mL 使溶解，加结晶紫指示液 1 滴，用本液缓缓滴定至蓝色，并将滴定的结果用空白试液校正。每毫升高氯酸滴定液（0.1 mol/L）相当于 20.42 mg 的邻苯二甲酸氢钾。根据本液的消耗量与邻苯二甲酸氢钾的取用量，算出本液的浓度，即得。

本液也可以用二氧六环配制。取高氯酸（70%～72%）8.5 mL，加异丙醇 100 mL 溶解后，再加二氧六环稀释至 1 000 mL。标定时，取在 105℃干燥至恒重的基准邻苯二甲酸氢钾约 0.16 g，精密称定，加丙二醇 25 mL 与异丙醇 5 mL，加热使溶解，放冷，加二氧六环 30 mL 与甲基橙-二甲苯蓝 FF 混合指示剂数滴，用本液滴定至由绿色变为蓝灰色，并将滴定结果用空白试验校正，即得。

（九）氢氧化钠滴定液（0.02 mol/L）

配制：取氢氧化钠适量，加水振摇使溶解成饱和溶液，冷却后，置聚乙烯塑料瓶中，静置数日，澄清后备用。取澄清的氢氧化钠饱和溶液 5.6 mL，加新沸过的冷水使成 1 000 mL，摇匀。配制成 0.1 mol/L 的氢氧化钠滴定液。

标定：取在 105℃干燥至恒重的基准邻苯二甲酸氢钾约 0.6 g，精密称定，加新沸过的冷水 50 mL，振摇，使其尽量溶解；加酚酞指示液 2 滴，用本液滴定，在接近终点时，应使邻苯二甲酸氢钾完全溶解，滴定至溶液呈粉红色。每毫升氢氧化钠滴定液（0.1 mol/L）相当于 20.42 mg 的邻苯二甲酸氢钾，根据本液的消耗量与邻苯二甲酸氢钾的取用量，算出本液的浓度。

如需用氢氧化钠滴定液（0.02 mol/L）时，可取氢氧化钠滴定液（0.1 mol/L）加新沸过的冷水稀释制成。必要时，可用盐酸滴定液（0.02 mol/L）标定浓度。

（十）硫乙醇酸盐流体培养基

酪胨（胰酶水解）15.0 g，酵母浸出粉 5.0 g，葡萄糖 5.0 g，氯化钠 2.5 g，*L*-胱氨酸 0.5 g，新配制的 0.1%刃天青溶液 1.0 mL，硫乙醇酸钠 0.5 g（或硫乙醇酸 0.3 mL），琼脂 0.75 g，水 1 000 mL。

除葡萄糖和刃天青溶液外，取上述成分混合，微温溶解，调节 pH 为弱碱性，煮沸，滤清，加入葡萄糖和刃天青溶液，摇匀，调节 pH 使灭菌后为 7.1±0.2。分装至适宜的容器中，其装量与容器高度的比例应符合培养结束后培养基氧化层（粉红色）不超过培养基深度的 1/2，灭菌。在供试品接种前，培养基氧化层的高度不得超过培养基深度的 1/5，否则，需经 100℃水浴加热至粉红色消失（不超过 20 min），迅速冷却，只限加热一次，并防止被污染。

硫乙醇酸盐流体培养基置 30～35℃培养。

（十一）改良马丁培养基

胨 5.0 g，磷酸氢二钾 1.0 g，酵母浸出粉 2.0 g，硫酸镁 0.5 g，葡萄糖 20.0 g，水 1 000 mL。除葡萄糖外，取上述成分混合，微温溶解，调节 pH 约为 6.8，煮沸，加入葡萄糖溶解后，摇匀，滤清，调节 pH 使灭菌后为 6.4±0.2，分装，灭菌。

改良马丁培养基置 23～28℃培养。

（十二）0.1%蛋白胨水溶液

取蛋白胨 1.0 g，加水 1 000 mL，微温溶解，滤清，调节 pH 至 7.1±0.2，分装，灭菌。

(十三)pH 7.0 氯化钠-蛋白胨缓冲液

取磷酸二氢钾 3.56 g,磷酸氢二钠 7.23 g,氯化钠 4.30 g,蛋白胨 1.0 g,加水 1 000 mL,微温溶解,滤清,分装,灭菌。

五、实验方法

(一)硫酸阿托品质量分析

1. 鉴别

(1)托烷生物碱类的鉴别反应　取供试品约 10 mg,加发烟硝酸 5 滴,置水浴上蒸干,得黄色的残渣,放冷,加乙醇 2～3 滴湿润,加固体氢氧化钾一小粒,即显深紫色。

(2)本品的水溶液显硫酸盐的鉴别反应

① 取供试品溶液,滴加氯化钡试液,即生成白色沉淀;分离,沉淀在盐酸或硝酸中均不溶解。

② 取供试品溶液,滴加醋酸铅试液,即生成白色沉淀;分离,沉淀在醋酸铵试液或氢氧化钠试液中溶解。

③ 取供试品溶液,加盐酸,不生成白色沉淀(与硫代硫酸盐区别)。

(3)本品的红外光吸收图谱应与对照的图谱一致。

2. 杂质检查

(1)一般杂质检查

① 酸度　取本品 0.5 g,加水 10 mL 溶解后,加甲基红指示液 1 滴,如显红色,加氢氧化钠滴定液(0.02 mol/L)0.15 mL,应变为黄色。

② 干燥失重　取本品,在 120℃干燥 4 h,减失重量不得过 5.0%。

③ 炽灼残渣

坩埚的恒重:将瓷质坩埚经 700～800℃炽灼后,放冷至室温,精密称定重量,连续两次炽灼后的重量差异在 0.3 mg 以下。

样品的炭化:取供试品 1.0 g,置于已炽灼至恒重的坩埚中,缓缓炽灼至完全炭化,放冷,加硫酸 0.5～1 mL 使湿润,低温加热至硫酸蒸汽除尽后,在 700～800℃炽灼使完全灰化,移至干燥器内,放冷,精密称定后,再在 700～800℃炽灼至恒重,即得。

结果:炽灼残渣不得超过 0.1%。

(2)特殊杂质检查

① 莨菪碱　取本品,按干燥品计算,加水制成每毫升中含 50 mg 的溶液,旋光度不得过 −0.40°。

② 有关物质　取本品,加水制成每毫升中含硫酸阿托品 0.5 mg 的溶液,作为供试品溶液;精密量取供试品溶液 1 mL,置 100 mL 量瓶中,用水稀释至刻度,摇匀,作为对照溶液。照高效液相色谱法测定。用十八烷基硅烷键合硅胶为填充剂,以 0.05 mol/L 磷酸二氢钾溶液(内含 0.002 5 mol/L 庚烷磺酸钠)-乙腈(84∶16)(用氢氧化钠试液调 pH 为 5.0)为流动相,检测波长为 225 nm;阿托品峰与相邻杂质峰间的分离度应符合要求。精密量取对照溶液 20 μL注入液相色谱仪,调节检测灵敏度,使主峰的峰高约为满量程的 20%;再精密量取供

试品溶液与对照溶液各 20 μL 注入液相色谱仪，记录色谱图至主成分峰保留时间的 2 倍。供试品溶液色谱图中如显杂质峰（除溶剂峰外），各杂质峰面积之和不得大于对照溶液主峰面积（1.0%）。

3. 含量测定

取本品约 0.5 g，精密称定，加冰醋酸与醋酐各 10 mL 溶解后，加结晶紫指示液 1～2 滴，用高氯酸滴定液（0.1 mol/L）滴定至溶液显纯蓝色，并将滴定的结果用空白试验校正。每毫升高氯酸滴定液（0.1 mol/L）相当于 67.68 mg 的 $(C_{17}H_{23}NO_3)_2 \cdot H_2SO_4$。

（二）硫酸阿托品注射液质量分析

1. 注射液检测

详见实验 2-2 中注射液检查项目。

2. 鉴别

（1）取本品适量，（约相当于硫酸阿托品 5 mg），置水浴上蒸干，残渣显托烷生物碱类的鉴别反应。

（2）本品显硫酸盐的鉴别反应。

3. 检查

（1）pH　用 pH 计测定 pH 应为 3.5～5.5。

（2）有关物质　取本品，加水稀释制成每毫升中含硫酸阿托品 0.5 mg 的溶液，作为供试品溶液；精密量取 3 mL，置 100 mL 量瓶中，用水稀释至刻度，摇匀，作为对照溶液；照硫酸阿托品有关物质项下的方法测定，供试品溶液色谱图中如有杂质峰，除相对主峰保留时间 0.17 前的溶剂峰外，各杂质峰面积的和不得大于对照溶液主峰面积（3.0%）。

（3）细菌内毒素　取本品，按照细菌内毒素检查法利用鲎试剂来检测细菌内毒素，每毫升硫酸阿托品中内含毒素的量应小于 25 EU。

本法系利用鲎试剂来检测或量化由革兰氏阴性菌产生的细菌内毒素，以判断供试品中细菌内毒素的限量是否符合规定的一种方法。细菌内毒素的量用内毒素单位（EU）表示，1 EU 与 1 个内毒素国际单位（IU）相当。细菌内毒素国家标准品系自大肠埃希菌提取精制而成，用于标定、复核、仲裁鲎试剂灵敏度和标定细菌内毒素工作标准品的效价。细菌内毒素工作标准品系以细菌内毒素国家标准品为基准标定其效价，用于试验中的鲎试剂灵敏度复核、干扰试验及各种阳性对照。细菌内毒素检查用水系指内毒素含量小于 0.015 EU/mL（用于凝胶法）或 0.005 EU/mL（用于光度测定法）且对内毒素试验无干扰作用的灭菌注射用水。试验所用的器皿需经处理，以去除可能存在的外源性内毒素。耐热器皿常用干热灭菌法（250℃、30 min 以上）去除，也可采用其他确证不干扰细菌内毒素检查的适宜方法。若使用塑料器械，如微孔板和与微量加样器配套的吸头等，应选用标明无内毒素并且对试验无干扰的器械。本试验操作过程应防止微生物和内毒素的污染。

① 供试品溶液的制备　某些供试品需进行复溶、稀释或在水性溶液中浸提制成供试品溶液。一般要求供试品溶液的 pH 在 6.0～8.0 的范围内。对于过酸、过碱或本身有缓冲能力的供试品，需调节被测溶液（或其稀释液）的 pH，可使用酸、碱溶液或适宜的缓冲液调节 pH。酸或碱溶液须用细菌内毒素检查用水在已去除内毒素的容器中配制。缓冲液必须经过验证不含内毒素和干扰因子。

② 确定最大有效稀释倍数(MVD) 最大有效稀释倍数是指在试验中供试品溶液被允许达到稀释的最大倍数(1→MVD),在不超过此稀释倍数的浓度下进行内毒素限值的检测。用以下公式来确定 MVD:

$$\mathrm{MVD} = cL/\lambda$$

式中:L 为供试品的细菌内毒素限值;c 为供试品溶液的浓度,当 L 以 EU/mL 表示时,则 c 等于 1.0 mL/mL,当 L 以 EU/mg 或 EU/U 表示时,c 的单位需为 mg/mL 或 U/mL。如供试品为注射用无菌粉末或原料药,则 MVD 取 1,可计算供试品的最小有效稀释浓度 $c=\lambda/L$;λ 为在凝胶法中鲎试剂的标示灵敏度(EU/mL),或是在光度测定法中所使用的标准曲线上最低的内毒素浓度。

本实验采用凝胶法检查硫酸阿托品注射液中细菌内毒素。凝胶法系通过鲎试剂与内毒素产生凝集反应的原理来检测或半定量内毒素的方法。

③ 鲎试剂灵敏度复核试验 在本检查法规定的条件下,使鲎试剂产生凝集的内毒素的最低浓度即为鲎试剂的标示灵敏度,用 EU/mL 表示。当使用新批号的鲎试剂或试验条件发生了任何可能影响检验结果的改变时,应进行鲎试剂灵敏度复核试验。

根据鲎试剂灵敏度的标示值(λ),将细菌内毒素国家标准品或细菌内毒素工作标准品用细菌内毒素检查用水溶解,在漩涡混合仪上混匀 15 min,然后制成 2λ、λ、0.5λ 和 0.25λ 四个浓度的内毒素标准溶液,每稀释一步均应在漩涡混合仪上混匀 30 s。取分装有 0.1 mL 鲎试剂溶液的 10 mm×75 mm 试管或复溶后的 0.1 mL/支规格的鲎试剂原安瓿 18 支,其中 16 管分别加入 0.1 mL 不同浓度的内毒素标准溶液,每一个内毒素浓度平行做 4 管;另外 2 管加入 0.1 mL 细菌内毒素检查用水作为阴性对照。将试管中溶液轻轻混匀后,封闭管口,垂直放入(37±1)℃的恒温器中,保温(60±2) min。

将试管从恒温器中轻轻取出,缓缓倒转 180°,若管内形成凝胶,并且凝胶不变形、不从管壁滑脱者为阳性;未形成凝胶或形成的凝胶不坚实、变形并从管壁滑脱者为阴性。保温和拿取试管过程应避免受到振动造成假阴性结果。

当最大浓度 2λ 管均为阳性,最低浓度 0.25λ 管均为阴性,阴性对照管为阴性,试验方为有效,按下式计算反应终点浓度的几何平均值,即为鲎试剂灵敏度的测定值(λ_c)。

$$\lambda_c = \mathrm{antilg}(\Sigma X / 4)$$

式中:X 为反应终点浓度的对数值(lg)。反应终点浓度是指系列递减的内毒素浓度中最后一个呈阳性结果的浓度。当 λ_c 在 $0.5\lambda \sim 2\lambda$(包括 0.5λ 和 2λ)时,方可用于细菌内毒素检查,并以标示灵敏度 λ 为该批鲎试剂的灵敏度。

④ 干扰试验 按表 6-1-1 制备溶液 A、B、C 和 D,使用的供试品溶液应为未检验出内毒素且不超过最大有效稀释倍数(MVD)的溶液,按鲎试剂灵敏度复核试验项下操作。

表 6-1-1 凝胶法干扰试验溶液的制备

编号	内毒素浓度/被加入内毒素的溶液	稀释用液	稀释倍数	所含内毒素的浓度	平行管数
A	无/供试品溶液	—	—	—	2

续表 6-1-1

编号	内毒素浓度/被加入内毒素的溶液	稀释用液	稀释倍数	所含内毒素的浓度	平行管数
B	2λ/供试品溶液	供试品溶液	1	2λ	4
			2	1λ	4
			4	0.5λ	4
			8	0.25λ	4
C	2λ/检查用水	检查用水	1	2λ	4
			2	1λ	4
			4	0.5λ	4
			8	0.25λ	4
D	无/检查用水	—	—	—	2

注:A 为供试品溶液;B 为干扰试剂系列;C 鲎试剂标示灵敏度的对照系列;D 为阴性对照。

只有当溶液 A 和阴性对照溶液 D 的所有平行管都为阴性,并且系列溶液 C 的结果在鲎试剂灵敏度复核范围内时,试验方为有效。按下式计算系列溶液 C 和 B 的反应终点浓度的几何平均值(E_s 和 E_t):

$$E_s = \mathrm{antilg}(\Sigma X_s / 4)$$

$$E_t = \mathrm{antilg}(\Sigma X_t / 4)$$

式中:X_s 和 X_t 分别为系列溶液 C 和溶液 B 的反应终点浓度的对数值(lg)。

当 E_s 在 0.5λ～2λ(包括 0.5λ 和 2λ)及 E_t 在 0.5 E_s～2 E_s(包括 0.5E_s 和 2E_s)时,认为供试品在该浓度下无干扰作用。若供试品溶液在小于 MVD 的稀释倍数下对试验有干扰,应将供试品溶液进行不超过 MVD 的进一步稀释,再重复干扰试验。

⑤ 检查法

a. 凝胶限度试验　按表 6-1-2 制备溶液 A、B、C 和 D。使用稀释倍数为 MVD 并且已经排除干扰的供试品溶液来制备溶液 A 和 B。按鲎试剂灵敏度复核试验项下操作。

表 6-1-2　凝胶限度试验溶液的制备

编号	内毒素浓度/被加入内毒素的溶液	平行管数
A	无/供试品溶液	2
B	2λ/供试品溶液	2
C	2λ/检查用水	2
D	无/检查用水	2

注:A 为供试品溶液;B 为供试品阳性对照;C 为阳性对照;D 为阴性对照。

结果判断:保温(60±2)min 后观察结果。若阴性对照溶液 D 的平行管均为阴性,供试品阳性对照溶液 B 的平行管均为阳性,阳性对照溶液 C 的平行管均为阳性,试验有效。

若溶液 A 的两个平行管均为阴性,判定供试品符合规定;若溶液 A 的两个平行管均为阳性,判定供试品不符合规定。若溶液 A 的两个平行管中的一管为阳性,另一管为阴性,需进行复试。复试时,溶液 A 需做 4 支平行管,若所有平行管均为阴性,判定供试品符合规定;否则判定供试品不符合规定。

b. 凝胶半定量试验　本方法系通过确定反应终点浓度来量化供试品中内毒素的含量。按表 6-1-3 制备溶液 A、B、C 和 D。按鲎试剂灵敏度复核试验项下操作。

结果判断：若阴性对照溶液 D 的平行管均为阴性，供试品阳性对照溶液 B 的平行管均为阳性，系列溶液 C 的反应终点浓度的几何平均值在 $0.5\lambda \sim 2\lambda$ 之间，试验有效。

系列溶液 A 中每一系列平行管的终点稀释倍数乘以 λ，为每个系列的反应终点浓度，所有平行管反应终点浓度的几何平均值即为供试品溶液的内毒素浓度[按公式 $c_E = \text{antilg}(\sum X/2)$]。如果检验时采用的是供试品的稀释液，则计算原始溶液内毒素浓度时要将结果乘以稀释倍数。如试验中供试品溶液的所有平行管均为阴性，应记为内毒素浓度小于 λ(如果检验的是稀释过的供试品，则记为小于 λ 乘以供试品进行半定量试验的初始稀释倍数)。如果供试品溶液的所有平行管均为阳性，应记为内毒素的浓度大于或等于最大的稀释倍数乘以 λ。若内毒素浓度小于规定的限值，判定供试品符合规定。若内毒素浓度大于或等于规定的限值，判定供试品不符合规定。

表 6-1-3　凝胶半定量试验溶液的制备

编号	内毒素浓度/被加入内毒素的溶液	稀释用液	稀释倍数	所含内毒素的浓度	平行管数
A	无/供试品溶液	检查用水	1	—	2
			2	—	2
			4	—	2
			8	—	2
B	2λ/供试品溶液		1	2λ	2
C	2λ/检查用水	检查用水	1	2λ	2
			2	1λ	2
			4	0.5λ	2
			8	0.25λ	2
D	无/检查用水	—	—	—	2

注：A 为不超过 MVD 并且通过干扰试验的供试品溶液。从通过干扰试验的稀释倍数开始用检查用水稀释至 1 倍、2 倍、4 倍和 8 倍，最后的稀释倍数不得超过 MVD。B 为 2λ 浓度标准内毒素的溶液 A(供试品阳性对照)。C 为鲎试剂标示灵敏度的对照系列。D 为阴性对照。

(4)无菌检查　取规定量，直接过滤，或混合至含适量稀释液的无菌容器内，混匀，立即过滤。如供试品具有抑菌作用或含防腐剂，须用冲洗液冲洗滤膜，冲洗次数一般不少于三次。冲洗后，如用封闭式薄膜过滤器，分别将 100 mL 硫乙醇酸盐流体培养基及改良马丁培养基加入相应的滤筒内。如采用一般薄膜过滤器，取出滤膜，将其分成 3 等份，分别置于含 50 mL 硫乙醇酸盐流体培养基及改良马丁培养基容器中，其中一份做阳性对照用。

结果判断：阳性对照管应生长良好，阴性对照管不得有菌生长。否则，试验无效。

若供试品管均澄清，或虽显浑浊但经确证无菌生长，判供试品符合规定；若供试品管中任何一管显浑浊并确证有菌生长，判供试品不符合规定，除非能充分证明试验结果无效，即生长的微生物非供试品所含。当符合下列至少一个条件时方可判试验结果无效：①无菌检查试验所用的设备及环境的微生物监控结果不符合无菌检查法的要求。②回顾无菌试验过程，发现有可能引起微生物污染的因素。③供试品管中生长的微生物经鉴定后，确证是因无菌试验中所使用的物品和(或)无菌操作技术不当引起的。

试验若经确认无效，应重试。重试时，重新取同量供试品，依法检查，若无菌生长，判供试品符合规定；若有菌生长，判供试品不符合规定。

4. 含量测定

精密量取本品适量(约相当于硫酸阿托品 2.5 mg)，置 50 mL 量瓶中，用水稀释至刻度，摇匀，作为供试品溶液；另取硫酸阿托品对照品约 25 mg，精密称定，置 25 mL 量瓶中，用水溶解并稀释至刻度，摇匀；精密量取 5 mL，置 100 mL 量瓶中，用水稀释至刻度，摇匀，作为对照品溶液。精密量取供试品溶液与对照品溶液各 2 mL，分别置预先精密加入三氯甲烷 10 mL 的分液漏斗中，各加溴甲酚绿溶液 2.0 mL，振摇提取 2 min 后，静置使分层，分取澄清的三氯甲烷液，照紫外-可见分光光度法，在 420 nm 的波长处分别测定吸光度，计算，并将结果乘以 1.027，即得。

六、复习思考题

(1)简述硫酸阿托品几种鉴别方法的原理和操作。

(2)试述酸性染料比色法的原理。

(3)酸性染料比色法的主要条件有哪些？实验中如何控制？

七、注解或注意事项

(1)实验中，应严格控制水相 pH 并保证离子对化合物能定量提取进入氯仿层。

(2)振摇提取时既要能定量地将离子对化合物提入氯仿层，又要防止乳化和少量水混入氯仿层，因此，需小心充分振摇，并使静置分层后再分取氯仿，同时可在分液漏斗颈部放置少许脱脂棉以吸附氯仿中少量水分。

实验七 杂环类药物的质量分析

实验 7-1 氯羟吡啶的质量分析

一、目的要求

(1)掌握氯羟吡啶的鉴别原理与方法。

(2)掌握氯羟吡啶中存在的特殊杂质及其检查方法。

(3)掌握紫外分光光度法测定含量的原理与方法。

二、实验原理

(一)鉴别实验

氯羟吡啶的结构式:

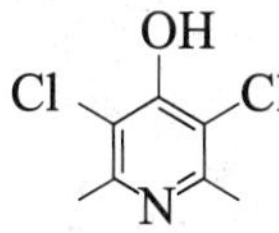

1. 紫外分光光度法鉴别

氯羟吡啶分子结构中具有共轭系统,在紫外区 249 nm 处有最大吸收波长,在 235 nm 处有最小吸收波长,且二者吸光度的比值在 1.50～1.58 范围,故可利用其吸收光谱特征对其进行鉴别。

2. 氯元素鉴别反应

氯羟吡啶的吡啶环上连有氯原子,利用高温有机破坏,将其分子中的有机氯转化为无机氯离子,再利用氯化物在硝酸酸性条件下与硝酸银反应生成氯化银白色沉淀;氯离子与二氧化锰发生氧化还原反应生成氯气,氯气遇碘化钾淀粉试纸变蓝。

(二)杂质检查

1. 氯羟吡啶中一般杂质检查

(1)氯化物检查　药物中微量的氯化物在硝酸酸性条件下与硝酸银反应,生成氯化银的胶体微粒而显白色浑浊,与一定量的标准氯化钠溶液在相同条件下产生的氯化银浑浊程度比较,判定供试品中氯化物是否符合限量规定。

(2)砷盐检查法　砷为有毒杂质,须严格控制其限量。常用下列三种方法:古蔡(Gutzeit)法、二乙基二硫代氨基甲酸银法(简称 Ag-DDC 法)、白田道夫法。本实验用古蔡(Gutzeit)法,即是利用金属锌与酸作用产生新生态的氢,新生态的氢再与药物中微量砷盐反应生成具挥发性的砷化氢气体,此气体遇溴化汞试纸产生黄色至棕色的砷斑,再与同条件下一定量标准砷溶液所生成的砷斑比较,判断砷盐的含量。

(3)干燥失重　药品在规定的条件下,干燥后所减失的量,主要有加热干燥和干燥剂干燥。用减失的重量和取样量计算供试品的干燥失重,以百分率表示。干燥失重中的恒重是指供试品连续两次干燥或炽灼后称重差异在0.3 mg以下的重量,干燥至恒重的第二次及其以后各次称重均应在规定条件下继续干燥1 h后进行。

(4)炽灼残渣　有机药物经炽灼炭化,再加硫酸湿润,低温加热至硫酸蒸气除尽,再于高温(700～800℃)炽灼至完全灰化,使有机物质破坏分解变为挥发性物质逸出,而残留的非挥发性无机杂质(多为金属的氧化物或无机盐类)成为硫酸盐。

(5)重金属　重金属是指在弱酸性(pH 3～3.5)溶液中,能与硫代乙酰胺或硫化钠作用生成硫化物的金属杂质。在药品生产中铅杂质较为常见,且易蓄积中毒,故检查时以铅为代表。根据实验条件不同可分为四种检查方法:第一种方法适用于能溶于水、稀酸或乙醇的药物中的重金属限量检查方法;第二种方法适用于供试品需灼烧破坏,取炽灼残渣项下的遗留残渣,经处理后在酸性溶液中显色的药物中的重金属限量检查;第三种方法适用于溶于碱而不溶于稀酸或在稀酸中生成沉淀药物中的重金属限量检查方法;第四种方法适用于重金属限量低,用纳氏比色管难于观察比较的供试品,用微孔滤膜滤过,使重金属硫化物沉淀富集于滤膜上形成色斑,常用于有色溶液或重金属限量低的药品检验。

本实验采用第一法,其原理为硫代乙酰胺在弱酸性(pH 3.5醋酸盐缓冲液)条件下水解,产生硫化氢,硫化氢与微量重金属离子生成黄色到棕黑色的硫化物混悬液,再与一定量标准铅溶液经同法处理后所呈颜色比较。

2. 特殊杂质检查

有关物质:原料合成过程中引入的杂质与药物的分子结构不同,其极性也有显著差异。利用薄层色谱分析时硅胶对不同极性物质的吸附力大小差异,引起展开距离差异,及含量不同斑点大小和颜色深浅不同进行有关物质的控制。

(三)含量测定

氯羟吡啶的基本结构含有共轭双键因此有明显的紫外特征吸收峰,在249 nm的波长处为最大吸收峰,因此在此波长处进行测定。根据朗伯-比尔定律$A=E_{1cm}^{1\%}cl$,若l和吸光系数$E_{1cm}^{1\%}$已知,即可根据测得的A求出被测物的浓度,进而算出药物含量。按照氯羟吡啶的吸收系数($E_{1cm}^{1\%}$)为429计算,即得。

三、实验仪器及药品

电子天平(精度0.01 g和0.000 01 g)、高温炉、红外光谱仪、紫外分光光度计、紫外观察仪、烘箱、古蔡氏法检砷装置、层析缸、纳氏比色管(50 mL)、称量瓶、药匙、量筒(10 mL、50 mL、100 mL)、刻度吸管(1 mL、2 mL、3 mL、5 mL、10 mL)、移液管(1 mL、2 mL、5 mL、10 mL)、容量瓶(100 mL、500 mL、1 000 mL)、烧杯(50 mL、100 mL)、锥形瓶(50 mL)、试管(10 mL)。

甲醇、氢氧化钠、硝酸、硝酸银、氨水、氯化钠、硫酸、醋酸铵、硝酸铅、醋酸、硫代乙酰胺、浓氨溶液、酚酞、盐酸、氯化亚锡、无砷锌粒、碘化钾、三氧化二砷、溴化汞试纸、甲苯、纯化水、三乙胺、无水碳酸钠、甘油。

四、实验准备

(一)稀盐酸

取盐酸 234 mL,加水稀释至 1 000 mL,摇匀,即得。

(二)氢氧化钠溶液 1 mol/L

称取 4.0 g 的 NaOH 固体,加水溶解,定容 100 mL,摇匀,即得。

(三)标准铅溶液的制备

称取硝酸铅 0.159 9 g,置 1 000 mL 量瓶中,加硝酸 5 mL 与水 50 mL 溶解后,用水稀释至刻度,摇匀,作为贮备液。

临用前,精密量取贮备液 10 mL,置 100 mL 量瓶中,加水稀释至刻度,摇匀,即得(每毫升相当于 10 μg 的 Pb)。

(四)标准氯化钠溶液

称取氯化钠 0.165 g,加水溶解,定容 1 000 mL,摇匀,即得。

(五)标准砷溶液

称取三氧化二砷 0.132 g,置 1 000 mL 量瓶中,加 20%氢氧化钠溶液 5 mL 溶解后,用适量的稀硫酸中和,再加稀硫酸 10 mL,定容摇匀,作为贮备液。

临用前,精密量取储备液 10 mL,置 1 000 mL 量瓶中,加稀硫酸 10 mL,用水稀释至刻度,摇匀,即得(每毫升相当于 1 μg 的 A_S)

(六)硝酸银试液

称取硝酸银 17.5 g,加水溶解,定容 1 000 mL,摇匀,即得。

(七)硫代乙酰胺试液

称取硫代乙酰胺 4 g,加水溶解,定容 100 mL,摇匀,置冰箱中保存。

临用前取混合液(由 1 mol/L 氢氧化钠溶液 15 mL、水 5.0 mL 及甘油 20 mL 组成) 5.0 mL,加上述硫代乙酰胺溶液 1.0 mL,置水浴上加热 20 s,冷却,立即使用。

(八)酸性氯化亚锡试液

称取氯化亚锡 20 g,置 50 mL 量瓶中,加盐酸适量溶解,摇匀,即得。本液配成后 3 个月即不可使用。

(九)稀硝酸

取硝酸 105 mL,加水稀释至 1 000 mL,即得。

(十)醋酸盐缓冲液(pH 3.5)

称取醋酸铵 25 g,加水 25 mL 溶解后,加 7 mol/L 盐酸溶液 38 mL,用 2 mol/L 盐酸溶液或 5 mol/L 氨溶液准确调节 pH 至 3.5(电位法指示),用水稀释至 100 mL,即得。

(十一)氨试液

取浓氨溶液 400 mL,置 1 000 mL 量瓶中,摇匀,即得。

(十二)碘化钾试液

取碘化钾 16.5 g,置 100 mL 量瓶中,加水适量溶解,定容摇匀,即得。本液应临用新制。

(十三)醋酸铅溶液

称取醋酸铅 10 g,加新沸过的冷水溶解后,滴加醋酸使溶液澄清,再加新沸过的冷水使成 100 mL,即得。

(十四)醋酸铅棉花

取脱脂棉,浸入醋酸铅试液-水(1∶1)的混合液,浸湿后,挤压除去过多的溶液,并使疏松,在 100℃以下干燥,置玻璃瓶中密封保存(可长期保存)。醋酸铅试液有毒,禁止用手取棉花,要用镊子夹取棉花。

(十五)氢氧化钠(0.5 mol/L)

称取 2.0 g 的 NaOH 固体,加水溶解,定容 100 mL,摇匀,即得。

(十六)酚酞指示液

称取酚酞 1 g,加乙醇溶解,定容 100 mL,摇匀,即得。

五、实验方法

(一)鉴别

(1)取本品约 0.15 g,精密称定,置 100 mL 量瓶中,加甲醇 50 mL 和 0.5 mol/L 氢氧化钠溶液 5 mL,振摇使溶解,用甲醇稀释至刻度,摇匀;精密量取 10 mL,置 100 mL 量瓶中,加 0.5 mol/L氢氧化钠溶液 1.5 mL,用甲醇稀释至刻度,摇匀;精密量取 10 mL,置 100 mL 量瓶中,用甲醇稀释至刻度,摇匀,用紫外-可见分光光度计全波长扫描测定溶液。图谱应在249 nm 的波长处有最大吸收,在 235 nm 的波长处有最小吸收,且在 249 nm 与 235 nm 波长处的吸收度比值应为 1.50~1.58。

(2)取本品照《中国兽药典》2010 年版一部附录 28 页的红外分光光度法进行试验,测得的红外光吸收图谱应与对照的图谱一致。

(3)取本品约 50 mg,置坩埚中,加无水碳酸钠 0.5 g,混合,在 600℃炽灼 20 min 后,放冷,加水 10 mL,搅拌滤过,滤液加稀硝酸,再滴加硝酸银,生成白色凝乳状沉淀,分离沉淀,加氨试液即溶解，再加稀硝酸又生成沉淀；取供试品约 50 mg，加二氧化锰混匀，加硫酸润湿，加热，产生氯气，能使湿润的碘化钾淀粉试纸显蓝色。

(二)杂质检查

1. 一般杂质检查

(1)氯化物检查　取本品 0.10 g，加 1 mol/l 氢氧化钠 5 mL，小心加热使溶解，加水25 mL，加稀硝酸使呈弱酸性，过滤，滤过，滤液用水稀释至 50 mL，取 25 mL，再加稀硝酸10 mL。另取标准氯化钠溶液 2.5 mL，置 50 mL 纳氏比色管中，加稀硝酸 10 mL，加水使成40 mL，摇匀，即得对照溶液。在供试溶液与对照溶液中，分别加入硝酸银试液 1.0 mL，用水稀释使成 50 mL，摇匀，在暗处放置 5 min，同置黑色背景上，从比色管上方向下观察、比较，即得，(含量不得大于 0.05%)。

(2)干燥失重　取约 1 g 药品，置与供试品同样条件下干燥至恒重的扁形称瓶中，精密称定，平铺在扁形称量瓶中，厚度不可超过 5 mm，放入烘箱在 105℃ 干燥至恒重，然后称定重量，用减失的重量和取样量计算供试品的干燥失重。要求本品减失重量不得过 0.5%。

(3)炽灼残渣　取本品 1.0～2.0 g，置已炽灼至恒重的坩埚中，精密称定，缓缓炽灼至完全炭化，放冷；加硫酸 0.5～1 mL 使湿润，低温加热至硫酸蒸气除尽，在 700～800℃ 炽灼至完全灰化，移置干燥器内，放冷，精密称定后，再在 700～800℃ 炽灼至恒重，炽灼残渣不得过 0.3%。

(4)重金属检重　取炽灼残渣项下遗留的残渣，加硝酸 0.5 mL，蒸干，至氧化氮蒸汽除尽后(或取供试品一定量，缓缓炽灼至完全炭化，放冷，加硫酸 0.5～1.0 mL 使恰湿润，用低温加热至硫酸除尽后，加硝酸 0.5 mL 蒸干，至氧化氮蒸汽除尽后，放冷，在 500～600℃ 炽灼使完全灰化)，放冷，加盐酸 2 mL，置水浴上蒸干后加水 15 mL，滴加氨试液至酚酞指示液显微粉红色，再加醋酸盐缓冲液(pH3.5)2 mL，微热溶解后，移置纳氏比色管中，加水稀释成 25 mL，作为乙管；另取配制供试品溶液的试剂，置瓷皿中蒸干后，加醋酸盐缓冲液(pH 3.5)2 mL 与水 15 mL，微热溶解后，移置纳氏比色管中，加标准铅溶液一定量，再用水稀释成 25 mL，作为甲管；再在甲乙两管中分别加硫代乙酰胺试液各 2 mL，摇匀，放置 2 min，同置白纸上，自上向下透视，乙管中显出的颜色与甲管比较，不得更深(重金属含量不得过 20×10^{-6})。

(5)砷盐　取本品 1.0 g，加氢氧化钙 1.0 g，混合，加水少量，搅拌均匀，干燥后，先用小火烧灼使炭化，再在 500～600℃ 炽灼使完全灰化，放冷，加盐酸 5 mL 与水 23 mL 使溶解，取 2 mL 溶液加入古蔡氏法检砷装置 A 瓶中，加盐酸 5 mL 与水 21 mL，再加碘化钾试液 5 mL 与酸性氯化亚锡试液 5 滴，室温放置 10 min，加锌粒 2 g，立即将装妥的导气管 C 密塞于 A 瓶上，并将 A 瓶置 25～40℃ 水浴中反应 45 min，取出溴化汞试纸，得药品砷斑。标准品砷斑制备，精密量取标准砷溶液 2 mL，置 A 瓶中，加盐酸 5 mL 与水 21 mL，再加碘化钾试液 5 mL 与酸性氯化亚锡试液 5 滴，室温放置 10 min，加锌粒 2 g，立即将装妥的导气管 C 密塞于 A 瓶上，并将 A 瓶置 25～40℃ 水浴中反应 45 min，取出溴化汞试纸，即得标准品砷斑。两个砷斑进行比较，药品的砷斑不得大于对照品的，颜色不得深于对照品的(0.000 2%)。

2. 特殊杂质检查

有关物质：取本品 0.10 g，置 10 mL 量瓶中，加甲醇约 5 mL，混匀，加氢氧化钠溶液(1→50)2 mL，超声处理使完全溶解，用甲醇稀释至刻度，摇匀，作为供试品溶液；精密量取适量，用甲醇定量稀释制成每1 mL中含0.1 mg的溶液，作为对照溶液。运用薄层色谱法，吸取供试品溶液5 μL，点于硅胶GF_{254}薄层板[以甲苯-甲醇-三乙胺(3∶4∶3)预展开，取出后晾干]上，以甲苯-甲醇-三乙胺(3∶2∶5)为展开剂，展开，晾干。吸取对照溶液5 μL，点于同一薄层板上，再以甲苯-甲醇-三乙胺(3∶4∶3)为展开剂，展开，晾干，置紫外光灯(254 nm)下检视。供试品溶液如显杂质斑点，不得多于1个，与对照溶液的主斑点比较，不得更深(1.0%)。

(三)含量测定

取本品约0.15 g，精密称定，置100 mL量瓶中，加甲醇50 mL和0.5 mol/L氢氧化钠溶液5 mL，振摇使溶解，用甲醇稀释至刻度，摇匀；精密量取10 mL，置100 mL量瓶中，加0.5 mol/L氢氧化钠溶液1.5 mL，用甲醇稀释至刻度，摇匀；精密量取10 mL，置100 mL量瓶中，用甲醇稀释至刻度，摇匀。运用紫外-可见分光光度法，在249 nm的波长处测定吸光度，按药物的吸收系数($E_{1cm}^{1\%}$)为429计算，即得。取0.5 mol/L氢氧化钠溶液0.2 mL，加甲醇至100 mL，作为空白对照溶液。

六、复习思考题

(1)紫外分光光度法的原理是什么？

(2)影响薄层板分析的因素有哪些？

(3)砷盐的测定方法有哪些？

七、注解或注意事项

(1)砷盐检查时注意整个装置的密闭性。

(2)紫外法含量测定时注意吸收度值应在0.2～0.8范围内。

(3)紫外法含量测定时注意进行空白校正和比色皿配对。

实验7-2　盐酸左旋咪唑的质量分析

一、目的要求

(1)掌握盐酸左旋咪唑鉴别的原理及操作方法。

(2)掌握盐酸左旋咪唑中存在的特殊杂质的检查原理及操作方法。

(3)掌握电位滴定法指示终点的原理及操作方法。

二、实验原理

(一)鉴别实验

盐酸左旋咪唑的结构式：

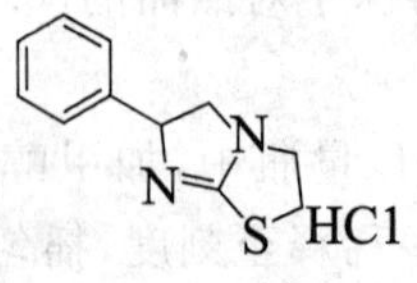

1. 显色反应

盐酸左旋咪唑可在碱性条件下加热水解，生成产物在碱性条件下可以与亚硝基铁氰化钠显红色。

2. 氯离子鉴别反应

盐酸左旋咪唑为盐酸盐，有氯离子，在硝酸酸性条件下与硝酸银反应生成氯化银白色沉淀；氯离子与二氧化锰发生氧化还原反应生成氯气，氯气遇碘化钾淀粉试纸变蓝。

3. 红外光谱鉴别

盐酸左旋咪唑有明显的红外吸收官能团，可以用红外谱图对照法进行鉴别。

(二)杂质检查

1. 盐酸左旋咪唑中一般杂质检查

(1)干燥失重　药品在规定的条件下，干燥后所减失的量，主要有加热干燥和干燥剂干燥。用减失的重量和取样量计算供试品的干燥失重，以百分率表示。干燥失重中的恒重是指供试品连续两次干燥或炽灼后称重差异在 0.3 mg 以下的重量，干燥至恒重的第二次及其以后各次称重均应在规定条件下继续干燥 1 h 后进行。

(2)炽灼残渣　有机药物经炽灼炭化，再加硫酸湿润，低温加热至硫酸蒸气除尽，再于高温(700～800℃)炽灼至完全灰化，使有机物质破坏分解变为挥发性物质逸出，而残留的非挥发性无机杂质(多为金属的氧化物或无机盐类)成为硫酸盐。

2. 特殊杂质检查

(1)溶液的澄清度　该项主要检查不溶物杂质，在制备过程中，为提取左旋咪唑，让其与双苯甲酰基酒石酸生成盐而析出，分离后加入氢氧化钠溶液，分解出左旋咪唑。若水解不完全则会引入不溶性杂质，而盐酸左旋咪唑为盐类可在水中溶解。利用盐酸左旋咪唑和特殊杂质溶解行为的差异，由一定量盐酸左旋咪唑在水溶液中应澄清来加以控制上述不溶物杂质。

(2)酸度　盐酸左旋咪唑制备过程中有加碱水解和加酸成盐过程，因此对 pH 影响较大，用 pH 计测定控制药物酸性杂质、碱性杂质。

(3)吸光度　盐酸左旋咪唑在制备过程中引入的杂质在 310 nm 有紫外吸收，而盐酸左旋咪唑在 214 处有吸收，通过 310 nm 测定杂质紫外吸光度值来限制杂质的含量。

(4)2-亚氨基噻唑烷衍生物　盐酸左旋咪唑在制备和储存中易引入 2-亚氨基噻唑烷类衍生物，这类杂质可以与硝酸银反应生成白色沉淀，利用比浊法对这类杂质含量进行限定。

(5)2,3-二氢-6-苯基咪唑[2,1-b]噻唑盐酸盐　杂质与药物结构上的差异，使其极性具有显著差异，引起硅胶的吸附作用力差异较大，可以用硅胶薄层色谱法进行鉴别，根据斑点的大小和颜色的深浅进行杂质含量限定。

(三)含量测定

本品为盐酸盐，具有酸性，可用氢氧化钠中和测定其含量。终点判断用电位滴定仪指示。电位滴定时用玻璃电极为指示电极，其电极电位随溶液中被分析成分的离子浓度的变化而变化；饱和甘汞电极(玻璃套管内装氯化钾的饱和无水甲醇溶液)为参比电极，其电极电位固定不变。

三、实验仪器及药品

电子天平(精度 0.01 g 和 0.000 01 g)、高温炉、紫外分光光度计、紫外观察仪、电位滴定仪、烘箱、红外光谱仪、层析缸、硅胶 G 薄层板、pH 计、碱式滴定管(50 mL)、纳氏比色管(50 mL)、称量瓶、药匙、量筒(10 mL、50 mL、100 mL)、刻度吸管(1 mL、2 mL、3 mL、5 mL、10 mL)、移液管(1 mL、2 mL、5 mL、10 mL)、容量瓶(100 mL、500 mL、1 000 mL)、烧杯(50 mL、100 mL)、锥形瓶(50 mL)、试管(10 mL)、坩埚、水浴锅、滤纸、酒精灯、三脚架。

基准无水碳酸钠、基准邻苯二甲酸氢钾、2,3-二氢-6-苯基咪唑[2,1-b]噻唑盐酸盐(对照品)甲基红、溴甲酚绿、甲醇、酚酞、盐酸、氢氧化钠、亚硝基铁氰化钠、硝酸、硝酸银、碘、二氧化锰、硫酸肼、乌托品、硫酸、乙醇、氨试液、氯化钠、甲苯、冰醋酸、纯化水。

四、实验准备

(一)盐酸甲醇滴定液(0.2 mol/L)

取浓盐酸溶液 20 mL,置 1 000 mL 量瓶中,加甲醇定容摇匀,即得。

标定:取在 270～300℃干燥至恒重的基准无水碳酸钠约 1.50 g,精密称定,加水 50 mL 使溶解,加甲基红-溴甲酚绿混合指示液 10 滴,用本液滴定至溶液由绿色转变为紫红色时,煮沸 2 min,冷却至室温,继续滴定至溶液由绿色变为暗紫色。每毫升盐酸甲醇滴定液(0.05 mol/L)相当于 10.60 mg 的无水碳酸钠。根据本液的消耗量与无水碳酸钠的取用量,算出本液的浓度,即得。

(二)氢氧化钠滴定液(0.1 mol/L)

称取氢氧化钠适量,加水振摇使溶解成饱和溶液,冷却后,置聚乙烯塑料瓶中,静置数日,澄清后备用。

取澄清的氢氧化钠饱和溶液 5.6 mL,加新沸过的冷水使成 1 000 mL,摇匀即得。

标定:取在 105℃干燥至恒重的基准邻苯二甲酸氢钾约 0.60 g,精密称定,加新煮沸冷水 50 mL,使尽量溶解,加酚酞 2 滴,用本液滴定,在近滴定终点时,滴定至溶液显粉色,应使邻苯二甲酸氢钾完全溶解。每毫升氢氧化钠滴定液(0.1 mol/L)相当于 20.42 mg 的邻苯二甲酸氢钾,根据本液的消耗量与邻苯二甲酸氢钾的取用量,算出本液的浓度,即得。

(三)浊度标准贮备液的制备

称取硫酸肼 1.00 g,置 100 mL 量瓶中,加水适量使溶解,必要时可在 40℃的水浴中温热溶解,加水定容摇匀,放置 4～6 h;取此溶液与等容量的 10%乌托品溶液混合,摇匀,于 25℃避光静置 24 h,即得。本液置冷处避光保存可在两个月内使用,用前摇匀。

(四)浊度标准原液

取浊度标准贮备液 15.0 mL,置 1 000 mL 量瓶中,加水定容摇匀,取适量,置 1 cm 吸收池中,用紫外-可见分光光度法测定,在 550 nm 的波长处测定,其吸光度应在 0.12～0.15 范围内。本液应在 48 h 内使用,用前摇匀。

(五)2号浊度标准液

取浊度标准贮备液10 mL,置100 mL量瓶中,加水定容摇匀,即得。

(六)亚硝基铁氰化钠试液

称取亚硝基铁氰化钠1 g,加水使溶解成20 mL,即得。

(七)氨试液

取浓氨溶液400 mL,置1 000 mL量瓶中,加水定容摇匀,即得。

(八)硝酸银试液

称取硝酸银17.5 g,置100 mL量瓶中,加水定容摇匀,即得。

(九)稀硝酸

取硝酸105 mL,加水稀释至1 000 mL,即得。

(十)标准氯化钠溶液

称取氯化钠0.165 g,加水溶解,定容1 000 mL,摇匀,即得。

五、实验方法

(一)鉴别

(1)取本品约60 mg,加水20 mL溶解后,加氢氧化钠试液2 mL,煮沸10 min,放冷,加亚硝基铁氰化钠试液数滴,即显红色;放置后,颜色渐渐变浅。

(2)取本品进行红外吸收光谱测定,测得的红外光吸收图谱应与对照的图谱一致。

(3)取本品约50 mg,加水10 mL,加稀硝酸,再滴加硝酸银,生成白色凝乳状沉淀,分离沉淀加氨试液即溶解,再加稀硝酸又生成沉淀。取供试品约50 mg,加二氧化锰混匀,加硫酸润湿,加热,产生氯气,能使湿润的碘化钾淀粉试纸显蓝色。

(二)杂质检查

1. 一般杂质检查

(1)溶液的澄清度　取本品2.0 g,加新沸并冷至20～25℃的水50 mL,溶解后,溶液应澄清;如显浑浊,与2号浊度标准液比较,不得更浓。

(2)酸度　取溶液的澄清度项下的溶液,用pH计测定,pH应为3.5～5.0。

(3)吸光度　取本品,加盐酸甲醇滴定液(0.2 mol/L)制成每毫升中含1 mg的溶液,用紫外-可见分光光度法在310 nm的波长处测定,吸光度不得过0.20。

(4)干燥失重　取约1 g药品,置与供试品同样条件下干燥至恒重的扁形称瓶中,精密称定,平铺在扁形称量瓶中,厚度不可超过5 mm,放入烘箱在105℃干燥至恒重,然后称定重量,用减失的重量和取样量计算供试品的干燥失重。要求本品减失重量不得过0.5%。

(5)炽灼残渣　取本品 1.0～2.0 g,置已炽灼至恒重的坩埚中,精密称定,缓缓炽灼至完全炭化,放冷;加硫酸 0.5～1 mL 使湿润,低温加热至硫酸蒸气除尽,在 700～800℃炽灼至完全灰化,移置干燥器内,放冷,精密称定后,再在 700～800℃炽灼至恒重,炽灼残渣不得过 0.1%。

2. 特殊杂质检查

(1)2-亚氨基噻唑烷衍生物　取本品 50 mg,加稀乙醇 10 mL 与水 25 mL 使溶解,再加氨试液 5 mL,置 50℃水浴中加热 5 min,加硝酸银试液 2 mL,加水适量使成 50 mL,摇匀,置 50℃水浴中继续加热 10 min;如显浑浊,与对照液(取标准氯化钠溶液 2 mL,加水稀释成约 40 mL 后,加硝酸 1 mL 与硝酸银试液 1 mL,再加水适量使成 50 mL,摇匀,在暗处放置 5 min)比较,不得更浓。

(2)2,3-二氢-6-苯基咪唑[2,1-b]噻唑盐酸盐:取本品,加甲醇制成每毫升中含 0.10 g 的溶液,作为供试品溶液。另取 2,3-二氢-6-苯基咪唑[2,1-b]噻唑盐酸盐对照品,加甲醇制成每毫升中含 0.50 mg 的溶液,作为对照品溶液。薄层色谱法测定,吸取上述两种溶液各 5 μL,分别点于同一硅胶 G 薄层板上,用甲苯-甲醇-冰醋酸(45∶8∶4)为展开剂,展开,晾干,置碘蒸气中显色。供试品溶液如显与对照品溶液相应的杂质斑点,其颜色与对照品溶液的主斑点比较,不得更深(0.5%)。

3. 含量测定

取本品约 0.2 g,精密称定,加乙醇 30 mL 溶解,将溶液烧杯置于电磁搅拌器上,浸入电极,搅拌,并自滴定管中分次滴加滴定液,开始时每次加入较多的量,搅拌,记录电位;至将近终点前,则应每次加入少量,搅拌,记录电位,至突跃点已过,仍加入几次滴定液,并记录电位。用氢氧化钠滴定液(0.1 mol/L)滴定,并将滴定的结果用空白试验校正。每毫升氢氧化钠(0.1 mol/L)相当于 24.08 mg 的 $C_{11}H_{12}N_2S \cdot HCl$。

六、复习思考题

(1)电位滴定仪使用有哪些注意事项?

(2)含量测定时能否用指示剂指示滴定终点?

(3)特殊杂质有哪些?其检查原理是什么?

七、注解或注意事项

(1)比浊实验注意比色管要配对,且观察时要在黑色背景下由上向下观察比较。

(2)含量测定时注意进行空白实验校正,防止结果偏大。

(3)使用薄层色谱时注意点样斑点不应过大。

实验 7-3　阿苯达唑及阿苯达唑片的质量分析

一、目的要求

(1)了解阿苯达唑的鉴别原理与方法。

(2)掌握阿苯达唑中存在的杂质及检查原理和操作方法。

(3)掌握非水滴定法的原理及操作方法。

二、实验原理

(一)鉴别实验

阿苯达唑的结构式：

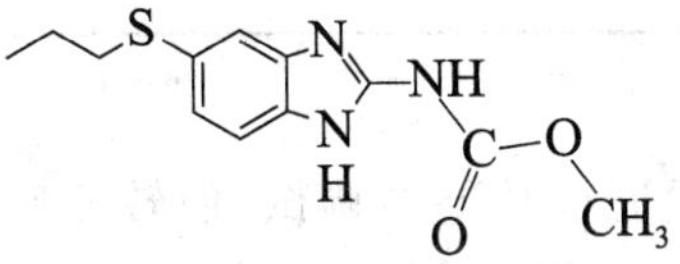

1. 硫原子鉴别反应

阿苯达唑结构中具有硫原子，加热灼烧能形成硫化氢气体释放，此气体可使醋酸铅试纸显黑色。

2. 沉淀反应

阿苯达唑结构中含有胺，能与碘化铋钾试液反应生成红棕色沉淀。

3. 紫外分光光度法

阿苯达唑分子结构中具有共轭系统，在紫外区 295 nm 处有最大吸收波长，在 277 nm 处有最小吸收波长，可利用其吸收光谱特征对其进行鉴别。

4. 红外光谱鉴别

阿苯达唑有明显的红外吸收官能团，可以用红外谱图对照法进行鉴别。

(二)检查

1. 一般杂质检查

(1)干燥失重　药品在规定的条件下，干燥后所减失的量，主要有加热干燥和干燥剂干燥。用减失的重量和取样量计算供试品的干燥失重，以百分率表示。干燥失重中的恒重是指供试品连续两次干燥或炽灼后称重差异在 0.3 mg 以下的重量，干燥至恒重的第二次及其以后各次称重均应在规定条件下继续干燥 1 h 后进行。

(2)炽灼残渣　有机药物经炽灼炭化，再加硫酸湿润，低温加热至硫酸蒸气除尽，再于高温(700～800℃)炽灼至完全灰化，使有机物质破坏分解变为挥发性物质逸出，而残留的非挥发性无机杂质(多为金属的氧化物或无机盐类)成为硫酸盐。

(3)铁盐检查　药物中微量铁盐的存在可能会加速药物的氧化和降解，因此需要控制其存在量。铁盐在盐酸酸性溶液中与硫氰酸盐作用生成红色可溶性的硫氰酸铁络合离子，与一定量标准铁溶液用同法处理后进行比色，来控制杂质含量。

2. 特殊杂质检查

(1)有关物质检查　杂质与药物结构上的差异，使其极性具有显著差异，硅胶对其的吸附作用力差异较大，可以用硅胶薄层色谱法进行鉴别，根据斑点的大小和颜色的深浅进行杂质含量限定。

3. 阿苯达唑片的剂型检查

(1)重量差异检查　检查时取药片 20 片，精密称取总重量，再分别精密称取各片的重量。将每片重量与平均片重相比较，超出重量差异限度的药片不得多于 2 片，并不得有 1 片超出限度的 1 倍，见表 7-3-1。

表 7-3-1　重量差异检查(阿苯达唑)

平均片重或标示片重/g	重量差异限度/%
0.30 以下	±7.5
0.30～1.0 以下	±5
1.0 及 1.0 以上	±2

(2)溶出度检查

篮法：测定前，应对仪器装置进行必要的调试，使转篮底部距溶出杯的内底部 25 mm±2 mm。分别量取经脱气处理的溶出介质，置于各溶出杯内，实际量取的体积与规定体积的偏差应不超过±1%，待溶出介质温度恒定在 37℃±0.5℃后，取供试品 6 片，分别投入 6 个干燥的转篮内，将转篮降入溶出杯中，注意供试品表面上不要有气泡，按各品种项下规定的转速启动仪器，计时；至规定的时间(实际取样时间与规定时间的差异不得过±2%)，吸取溶出液适量(取样位置应在转篮顶端至液面的中点，距溶出杯内壁不小于 10 mm 处；须多次取样时，所量取溶出液的体积之和应在溶出介质的 1%之内，如超过总体积的 1%时，应及时补充相同体积的温度为 37℃±0.5℃的溶出介质，或在计算时加以校正)，立即用适当的微孔滤膜过滤，自取样至滤过应在 30 s 内完成。取澄清滤液，照该品种规定的方法测定，计算每片的溶出量。

结果判断，符合下述条件之一者，可判为符合规定：

① 6 片中，每片的溶出量按标示量计算，均不低于规定限度(Q)。

② 6 片中，有 1～2 片低于 Q，但不低于 Q-10%，且其平均溶出量不低于 Q。

③ 6 片中，有 1～2 片低于 Q，其中仅有 1 片低于 Q-10%，但不低于 Q-20%，且其平均溶出量不低于 Q 时，应另取 6 片复试；初、复试的 12 片中，有 1～3 片低于 Q，其中仅 1 片低于 Q-10%，但不低于 Q-20%，且其平均溶出量不低于 Q。

以上结果判断中的 10%、20%是指相对于标示量的百分率(%)。

(3)片剂脆碎度检查　片剂脆碎度检查法是检查片剂在脆碎度检查仪圆筒中滚动 100 次后减失重量的百分数，用于检查非包衣片剂的脆碎度及其物理强度，如压碎强度等。片重为 0.65 g 或 0.65 g 以下取若干片，使其总重约为 6.5 g；片重大于 0.65 g 者取 10 片。用吹风机吹去脱落粉末，精密称定，置片剂脆碎度检查仪圆筒中，转动 100 次。取出，同法除去粉末，精密称重，减失重量不得过 1%，且不得检出断裂、龟裂及粉碎的片。该试验一般仅做一次。减失重量超过 1%，应复检 2 次，3 次平均减失重量不得过 1%，并不得检出断裂、龟裂及粉碎的片。

(三)含量测定

本品含氮原子，具有碱性，但其碱性较弱，用普通酸碱滴定时突跃不明显，难以判定终点，因此需用非水滴定法进行酸碱滴定来进行测定含量。非水滴定法是在非水溶剂中进行滴定的方法，常用溶剂为冰醋酸，滴定剂为高氯酸，指示剂用结晶紫，当溶液显绿色时到达滴定终点。再根据高氯酸消耗量计算药物含量。

三、实验仪器及药品

片剂脆碎度测定仪、片剂溶出仪、红外光谱仪、紫外分光光度计、紫外观察仪、电子天平(精度 0.01 g 和 0.000 01 g)、高温炉、烘箱、水浴锅、硅胶薄层板、层析缸、纳氏比色管(50 mL)、称量瓶、药匙、酒精灯、量筒(10 mL、50 mL、100 mL)、酸式滴定管(50 mL)、刻度吸管(1 mL、2 mL、3 mL、5 mL、10 mL)、移液管(1 mL、2 mL、5 mL、10 mL)、容量瓶(100 mL、500 mL、1 000 mL)、烧杯(50 mL、100 mL)、锥形瓶(50 mL)、试管(10 mL)、漏斗、滤纸、研钵、坩埚、醋酸铅试纸。

基准邻苯二甲酸氢钾、硫酸、碘化铋钾、氢氧化钠、无水乙醇、冰醋酸、盐酸、过硫酸铵、硫酸铁铵、硫氰酸铵、三氯甲烷、乙醚、结晶紫、高氯酸、醋酐。

四、实验准备

(一)高氯酸滴定液(0.1 mol/L)

配制:取无水冰醋酸(按含水量计算,每克水加醋酐 5.22 mL)750 mL,加入高氯酸(70%~72%)8.5 mL,摇匀,在室温下缓缓滴加醋酐 24 mL,边加边摇,加完后再振摇均匀,放冷,加无水冰醋酸使成 1 000 mL,摇匀,放置 24 h。

标定:使用基准邻苯二甲酸氢钾标定高氯酸滴定液,结晶紫为指示剂。取在 105℃干燥至恒重的基准邻苯二甲酸氢钾约 0.16 g,精密称定,加无水冰醋酸 20 mL 使溶解,加结晶紫指示液 1 滴,用本液缓缓滴定至蓝色,并将滴定的结果用空白试验校正。1 mL 高氯酸滴定液(0.1 mol/L)相当于 20.42 mg 的邻苯二甲酸氢钾,根据本液的消耗量与邻苯二甲酸氢钾的取用量,算出本液的浓度。由于冰醋酸的膨胀系数较大,所以若滴定样品和标定高氯酸滴定液时的温度差别超过 10℃时,重新进行标定,若未超过 10℃时,应对温度引起体积的改变进行校正。

(二)盐酸(0.1 mol/L)

取浓盐酸溶液 9 mL,加水稀释至 1 000 mL,摇匀,即得。

(二)氢氧化钠(0.1 mol/L)

称取氢氧化钠 4 g,加水溶解,定容 1 000 mL,摇匀,即得。

(三)标准铁溶液

称取硫酸铁铵 0.863 g,加水溶解后,加硫酸 2.5 mL,定容 1 000 mL,摇匀,作为贮备液。临用前,精密量取贮备液 10 mL,置 100 mL 量瓶中,加水稀释至刻度,摇匀,即得。

(四)碘化铋钾试液

称取碘化钾 16.5 g,加水溶解,定容 1 000 mL,摇匀,即得。本液应临用新制。

(五)结晶紫指示液

称取结晶紫 0.5 g,加冰醋酸 100 mL 使溶解,即得。

五、实验方法

(一)阿苯达唑质量分析

1. 鉴别

(1)取本品约 0.1 g,置试管底部,管口放一湿润的醋酸铅试纸,加热灼烧试管底部,产生的气体能使醋酸铅试纸显黑色。

(2)取本品约 0.1 g,溶于微温的稀硫酸中,滴加碘化铋钾试液,即生成红棕色沉淀。

(3)取本品 10 mg,精密称定,置 100 mL 量瓶中,加冰醋酸 5 mL 溶解后,加乙醇稀释至刻度,摇匀,精密量取 5 mL,置 50 mL 量瓶中,用乙醇稀释至刻度,摇匀,用紫外-可见分光光度法全波长扫面测定,在 295 nm 的波长处有最大吸收,在 277 nm 的波长处有最小吸收。

(4)取本品进行红外吸收光谱测定,测得的红外光吸收图谱应与对照的图谱一致。如发现在 1 380 cm^{-1} 处的吸收峰与对照的图谱不一致时,可取本品适量溶于无水乙醇中,置水浴上蒸干,减压干燥后测定。

2. 杂质检查

(1)一般杂质检查

① 干燥失重　取约 1 g 药品,置与供试品同样条件下干燥至恒重的扁形称瓶中,精密称定,平铺在扁形称量瓶中,厚度不可超过 5 mm,放入烘箱在 105℃ 干燥至恒重,然后称定重量,用减失的重量和取样量计算供试品的干燥失重。要求本品减失重量不得过 0.5%。

② 炽灼残渣　取本品 1.0～2.0 g,置已炽灼至恒重的坩埚中,精密称定,缓缓炽灼至完全炭化,放冷;加硫酸 0.5～1 mL 使湿润,低温加热至硫酸蒸气除尽,在 700～800℃ 炽灼至完全灰化,移置干燥器内,放冷,精密称定后,再在 700～800℃ 炽灼至恒重,炽灼残渣不得过 0.2%。

③ 铁盐　取炽灼残渣项下遗留的残渣,加盐酸 2 mL,置水浴上蒸干,再加稀盐酸 4 mL,微温溶解后,加水 30 mL 与过硫酸铵 50 mg,加 30% 硫氰酸铵溶液 3 mL,再加水适量,稀释成 50 mL,摇匀制成样品溶液;取标准铁溶液 3.0 mL,加水溶解使成 25 mL,移置 50 mL 纳氏比色管中,加稀盐酸 4 mL 与过硫酸铵 50 mg。用水稀释使成 35 mL 后,加 30% 硫氰酸铵溶液 3 mL,再加水适量,稀释成 50 mL,摇匀,制成对照液,两者比较,样品溶液不得更深(0.003%)。

(2)特殊杂质检查

有关物质:取本品适量,加三氯甲烷-冰醋酸(9∶1)溶解并制成每毫升中含 10.0 mg 的溶液,作为供试品溶液;精密量取适量本品,加三氯甲烷-冰醋酸(9∶1)分别稀释成每毫升中含 100 μg 和 20 μg 的溶液作为对照溶液(1)和(2)。薄层色谱法试验,吸取上述三种溶液各 5 μL,分别点于同一硅胶 G 薄层板上,以三氯甲烷-乙醚-冰醋酸(30∶7∶3)为展开剂,展开,晾干,立即置紫外光灯(254 nm)下检视。对照溶液(2)应显一个明显斑点,供试品溶液如显杂质斑点,其荧光强度与对照溶液(1)的主斑点比较,不得更强(1.0%)。

3. 含量测定

取本品约 0.2 g,精密称定,加冰醋酸 20 mL 溶解后,加结晶紫指示液 1 滴,用高氨酸滴定液(0.1 mol/L)滴定至溶液显绿色,并将滴定的结果用空白试验校正。每毫升高氯酸滴定液(0.1 mol/L)相当于 26.53 mg 的 $C_{12}H_{15}N_3O_2S$。

(二)阿苯达唑片的质量分析

1. 鉴别

(1)取本品的细粉适量(约相当于阿苯达唑 0.2 g),加乙醇 30 mL,置水浴上加热使阿苯达唑溶解,滤过,滤液置水浴上蒸干,残渣照阿苯达唑项下的鉴别(1)、(2)项试验,显相同的反应。

(2)取本品 20 片,精密称定,研细,精密称取适量(约相当于阿苯达唑 20 mg),置 100 mL 量瓶中,加冰醋酸 10 mL,振摇使阿苯达唑溶解,加乙醇稀释至刻度,摇匀,滤过,精密量取续滤液 5 mL,置 100 mL 量瓶中,用乙醇稀释至刻度,摇匀,用紫外-可见分光光度法全波长扫描测定,在 295 nm 的波长处有最大吸收,在 277 nm 波长处有最小吸收。

2. 检查

(1)重量差异检查　检查时取药片 20 片,精密称取总重量,求得平均片重后,再分别精密称定各片的重量,每片重量与平均片重相比较,按照重量差异项下表中的规定进行结果判定。

(2)溶出度检查　先调试仪器装置,取本品 6 片,以 0.1 mol/L 盐酸溶液 900 mL 为溶出介质,转速为 75r/min,经 45 min 时,取溶液滤过,精密量取续滤液适量,用 0.1 mol/L 氢氧化钠溶液稀释制成每毫升中约 10 μg 的溶液,作为供试品溶液;另取阿苯达唑对照品 20 mg,精密称定,置 100 mL 量瓶中,加 2%盐酸甲醇溶液 5 mL,振摇使溶解,用 0.1 mol/L 盐酸稀释至刻度,摇匀,精密量取 5 mL,置 100 mL 量瓶中,用 0.1 mol/L 氢氧化钠稀释至刻度,摇匀,作为对照品溶液,用紫外分光光度法在 308 nm 的波长处分别测定吸光度,计算每片溶出量。限度为标示量的 65%,应符合规定。

(3)片剂脆碎度检查　取若干片,使总重约为 6.5 g,用吹风机吹去脱落的粉末,精密称定,置圆筒中,转动 100 次,取出,同法除去粉末,精密称定,观察有无断裂、龟裂及粉碎,结果应符合规定。

3. 含量测定

取本品 20 片,精密称定,研细,精密称取适量(约相当于阿苯达唑 20 mg),置 100 mL 量瓶中,加冰醋酸 10 mL,振摇使阿苯达唑溶解,加乙醇稀释至刻度,摇匀,滤过,精密量取续滤液 5 mL,置 100 mL 量瓶中,加乙醇稀释至刻度,摇匀,用紫外-可见分光光度测定在 295 nm 的波长处测定吸光度,按药物的吸收系数($E_{1cm}^{1\%}$)为 444 计算,即得。

六、复习思考题

(1)能否用普通酸碱滴定法测定阿苯达唑原料药物含量?

(2)阿苯达唑片的含量测定能否用非水滴定法?

(3)鉴别时碘化铋钾显色的原理是否与生物碱与碘化铋钾显色的原理相同?

七、注解或注意事项

(1)铁盐检测为比色法,注意平行操作,比色时应在白色底色下观察。

(2)非水滴定测含量时注意要对溶剂进行除水,滴定时注意终点的观察。

(3)紫外法含量测定时,注意药物浓度的配置,要求吸收度最好在 0.2~0.8 范围内。注意提前开启仪器,稳定光源。

实验八 畜禽常用抗生素药物的质量分析

实验8-1 青霉素钠的含量测定

一、目的要求

(1)掌握高效液相色谱法外标法测定青霉素钠含量的方法。

(2)熟悉高效液相色谱仪的结构、使用方法和操作。

二、实验原理

青霉素钠为β-内酰胺类抗生素,其结构中含有苯乙酰氨基,在紫外区有吸收,采用高效液相色谱法外标法,与对照品溶液主峰面积比较,经计算确定供试品的含量。苯乙酸(PAA)和6-氨基青霉烷酸(6-APA)是青霉素(PG)的有关物质,使用高效液相色谱法可对其进行分离(图8-1-1),从而可消除它们对含量测定的干扰。

三、实验仪器及药品

高效液相色谱仪(紫外检测器或二极管阵列检测器)、分析天平(量程为10^{-5})、酸度计、色谱柱(填料C_{18})、称量瓶或称量纸、称量勺、容量瓶(50 mL)、量筒。

磷酸二氢钾(分析纯)、磷酸(分析纯)、甲醇(色谱纯)、超纯水。

青霉素系统适用性试验对照品、青霉素对照品、青霉素钠供试品。

四、实验准备

(一)流动相A

0.5 mol/L磷酸二氢钾溶液(用磷酸调节pH至3.5)-甲醇-水(10∶30∶60)。

(二)流动相B

0.5 mol/L磷酸二氢钾溶液(用磷酸调节pH至3.5)-甲醇-水(10∶50∶40)。

(三)流动相

流动相A-流动相B(70∶30)。

五、实验方法

《中国兽药典》2010年版规定,按干燥品计算,含$C_{16}H_{17}N_2NaO_4S$不得少于96.0%。

1. 色谱条件与系统适用性试验

用十八烷基硅烷键合硅胶为填充剂,以流动相A-流动相B(70∶30)为流动相;检测波长为 225 nm；取青霉素系统适用性试验对照品适量，加水溶解稀释制成每 1 mL 中含约 1 mg 的溶液，取 20 μL 注入液相色谱仪，记录的色谱图应与标准图谱一致。

2. 对照品溶液的制备

取青霉素对照品约 50 mg，精密称定，置 50 mL 量瓶中，加水溶解并定量稀释至刻度，即得。

3. 供试品溶液的制备

取青霉素钠供试品约 50 mg，精密称定，置 50 mL 量瓶中，加水溶解并定量稀释至刻度，即得。

4. 测定法

分别精密量取对照品溶液与供试品溶液各 20 μL，注入高效液相色谱仪，记录色谱图，按外标法以峰面积计算，其结果乘以 1.065 8，即为供试品中 $C_{16}H_{17}N_2NaO_4S$ 的含量。

5. 计算

$$含量=\frac{A_{供}\times W_{供}\times 对照品含量\times\frac{1}{50}}{A_{对}\times W_{供}\times\frac{1}{50}\times(1-干燥失重)}\times 100\%$$

式中：$A_{供}$ 和 $A_{对}$ 分别为供试品和对照品溶液的峰面积；

$W_{供}$ 和 $W_{对}$ 分别为供试品和对照品称样量。

六、复习思考题

(1)流动相中有缓冲液时，在使用仪器过程中应注意什么？

(2)含量测定中按外标法以峰面积计算，为什么结果还要乘以 1.065 8？

七、注解或注意事项

(1)色谱系统稳定后首先进行青霉素系统适用性试验对照品，该对照品在此色谱系统中与标准图谱一致时方可进行下一步实验。由于使用色谱柱不同或流动相配制略有差别，各色谱峰的保留时间会存在差别，亦可继续实验。

(2)为了使色谱系统达到系统适用性试验要求，除色谱柱固定相种类、流动相组分、检测器类型不得改变外，其余如色谱柱内径、长度、载体粒径，流动相流速、混合流动相各组分的比例、柱温、进样量、检测器灵敏度等，均可适当改变。其中，调整流动相组分比例时，以组分比例较低者(小于或等于 50%)相对于自身的改变量不超过±30%，且相对于总量的改变量不超过±10%为限，如 30%相对改变量的数值超过总量的 10%时，则改变量以总量的±10%为限。

(3)高效液相法测得的结果是湿品含量，根据质量标准要求，如检查产品是否符合《中国兽药典》要求，还应测定干燥失重或水分以计算供试品折干后的含量。

(4)图 8-1-1 使用色谱柱为 Waters XBridge C18，5 μm，4.6×150 mm。如进行含量测定实验应使用中国食品药品检定研究院提供的系统适用性试验对照品进样，并于其提供的该批次标准品的标准图谱比较(图 8-1-2)。

(5)有青霉素过敏史者不得参加本实验，并应在实验前做好必要的准备，以防事故发生。

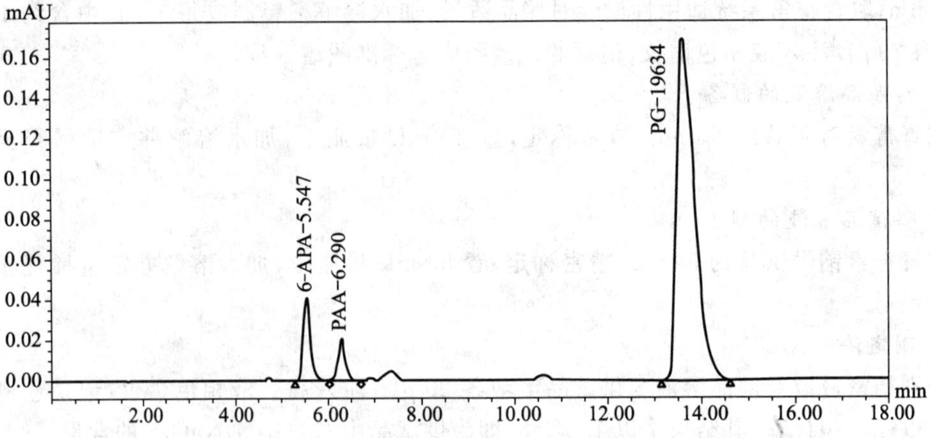

图 8-1-1　青霉素含量测定系统适用性对照品图谱

色谱柱：SHISEIDO C18 5 μm 4.6 mm×250 mm

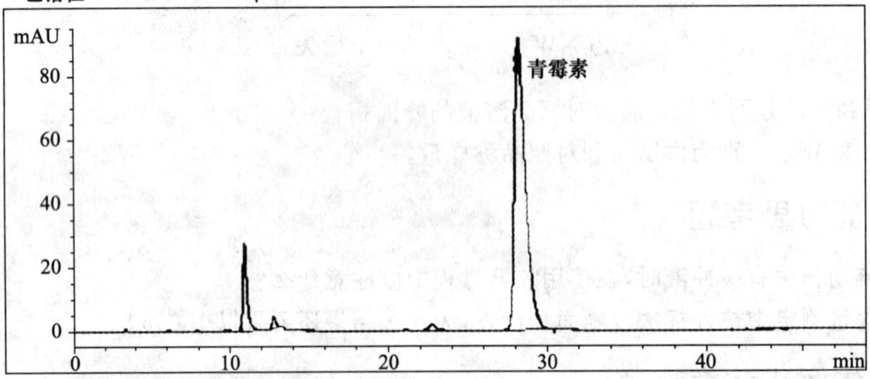

图 8-1-2　青霉素含量测定系统适用性对照品标准图谱

实验 8-2　硫酸头孢喹肟及硫酸头孢喹肟注射液的鉴别、特殊杂质检查及含量测定

一、目的要求

(1)掌握高效液相色谱法外标法测定头孢喹肟含量的方法。

(2)掌握高效液相色谱法外标法和面积归一化法测定头孢喹肟及制剂有关物质的方法。

(3)熟悉高效液相色谱仪的结构、使用方法和操作。

(4)熟悉红外光谱仪的结构、使用方法和操作。

二、实验原理

(一)鉴别

1. 高效液相鉴别

相同物质在同一色谱系统中，保留时间是一致的。通过供试品与头孢喹肟对照品主峰保留时间比较，如一致，可判断为头孢喹肟。

2. 红外光谱法

分子吸收红外光后，振动能增加。不同化合物中的同种基团，振动频率一般比较接近。在红外光谱图中同种基团吸收峰的位置大致相同，可以利用基团特征吸收峰的位置、强度等对化合物进行鉴别，同种化合物的红外吸收图谱基本相同。

3. 硫酸盐鉴别

(1) $SO_4^{2-} + BaCl_2 \rightarrow 2Cl^- + BaSO_4 \downarrow$ 白色

(2) $SO_4^{2-} + Pb(Ac)_2 \rightarrow 2Ac^- + PbSO_4 \downarrow$ 白色

$PbSO_4 + 4OH^- \rightarrow SO_4^{2-} + 2H_2O + PbO_2^{2-}$

$PbSO_4 + 2CH_3COO^- \rightarrow SO_4^{2-} + (CH_3COO)_2Pb$

(二)有关物质

(1)硫酸头孢喹肟有关物质实验采用主成分自身对照法，将供试品溶液稀释成1/200(0.5%)，1/50(2%)，3/100(3%)，3种浓度的对照溶液，用对照溶液主峰面积与杂质峰面积相比较，确定杂质的含量。

(2)硫酸头孢喹肟注射液有关物质实验采用峰面积归一化法，测定各色谱峰的峰面积和色谱图上除溶剂峰以外的总色谱峰面积，计算各杂质峰面积占总峰面积的百分率。

(三)含量测定

头孢喹肟为β-内酰胺类抗生素，其结构中含有噻唑、四氢喹啉等，在紫外区有吸收，采用高效液相外标法，与对照品溶液主峰面积比较，经计算确定供试品的含量。

三、实验仪器及药品

高效液相色谱仪(紫外检测器或二极管阵列检测器)、酸度计、色谱柱(填料 C_{18})、红外分光光度计、分析天平(量程为 10^{-5})、超声波振荡器、粉末压片机、干燥器、容量瓶(25 mL、100 mL、1 000 mL)、移液管(1 mL、2 mL、3 mL、5 mL、100 mL)、量筒、称量瓶或称量纸、称量勺。

溴化钾(分析纯)、氯化钡(分析纯)、盐酸(分析纯)、硝酸(分析纯)、醋酸铅(分析纯)、醋酸铵(分析纯)、氢氧化钠(分析纯)、一水合高氯酸钠(分析纯)、磷酸(分析纯)、乙腈(色谱纯)、三乙胺(分析纯)、超纯水。

头孢喹肟对照品、硫酸头孢喹肟供试品、硫酸头孢喹肟注射液供试品。

四、实验准备

(一)氯化钡试液

取氯化钡的细粉 5 g，加水使溶解成 100 mL，即得。

(二)醋酸铅试液

取醋酸铅 10 g，加新沸过的冷水溶解后，滴加醋酸使溶解澄清，再加新沸过的冷水使成 100 mL，即得。

(三)醋酸铵试液

取醋酸铵 10 g,加水使溶解成 100 mL,即得。

(四)氢氧化钠试液

取氢氧化钠 4.3 g,加水使溶解成 100 mL,即得。

(五)流动相

取一水合高氯酸钠 3.45 g,加水 1 000 mL 使溶解,加磷酸 12 mL 和乙腈 90 mL,用三乙胺调节 pH 至 3.6。

(六)稀盐酸

取盐酸 234 mL,加水稀释至 1 000 mL,即得。本液含 HCl 应为 9.5%~10.5%。

五、实验方法

(一)头孢喹肟的鉴别、特殊杂质检查及含量测定

1. 鉴别

(1)在含量测定项下记录的色谱图中,供试品溶液主峰的保留时间与对照品溶液主峰的保留时间一致。

(2)本品的红外光吸收图谱应与对照品的图谱一致。

取硫酸头孢喹肟供试品约 1~1.5 mg,置玛瑙研钵中,加入干燥的溴化钾细粉约 200~300 mg(与供试品的比约为 200∶1)作为分散剂,充分研磨混匀,置于直径 13 mm(或适宜大小)的压片模具中,使铺展均匀,抽真空约 2 min,加压至 0.8×10^{6} kPa(约 8~10 T/cm^{2}),保持压力 2 min,撤去压力并放气后取出制成的供试片,目视检测,片子应呈透明状,其中供试品分布应均匀,并无明显颗粒状供试品,同时用溴化钾制备空白片,置红外分光光度计中测定。同法测定硫酸头孢喹肟对照品。比较供试品与对照品光谱,首先对比谱带的有与无,然后是各谱带的相对强弱。若供试品的光谱图与对照品的光谱图一致,通常可判定两化合物为同一物质。若两光谱图不同,则可判定两化合物不同。

(3)本品的水溶液显硫酸盐的鉴别反应。

a. 取供试品溶液,滴加氯化钡试液,即生成白色沉淀;分离,沉淀在盐酸或硝酸中均不溶解。

b. 取供试品溶液,滴加醋酸铅试液,即生成白色沉淀;分离,沉淀在醋酸铵试液或氢氧化钠试液中溶解。

c. 取供试品溶液,加盐酸,不生成白色沉淀。

2. 有关物质

《兽药质量标准汇编》(2006—2011 年)硫酸头孢喹肟质量标准中有关物质规定:2,3-环己基吡啶与头孢喹肟相对保留时间约为 0.20。2,3-环己基吡啶峰面积不得过对照溶液①的主峰面积(2.0%);其他各单一杂质峰面积不得过对照溶液②的主峰面积(0.5%);各杂质峰面积

的和不得过对照溶液③的主峰面积(3.0%)。

(1)色谱条件与系统适用性试验　用十八烷基硅烷键合硅胶为填充剂。取一水合高氯酸钠 3.45 g,加水 1 000 mL 使溶解,加磷酸 12 mL 和乙腈 90 mL,用三乙胺调节 pH 至 3.6 为流动相;检测波长为 270 nm。记录色谱图,头孢喹肟与头孢噻肟的分离度应大于 1.0。

(2)溶液制备

分离度测定溶液:取头孢噻肟约 25 mg,加流动相 100 mL 使溶解,另取头孢喹肟约 25 mg,置 25 mL 量瓶中,精密加入上述头孢噻肟溶液 1 mL,用流动相稀释至刻度,摇匀,即得。

供试品溶液的制备:精密称取供试品约 25 mg,置 100 mL 的量瓶中,加水溶解并稀释至刻度,摇匀,即得。

对照溶液的制备:精密量取供试品溶液 2 mL,置 100 mL 的量瓶中,用水稀释至刻度,摇匀,作为对照溶液①。

精密量取供试品溶液 1 mL,置 200 mL 的量瓶中,用水稀释至刻度,摇匀,作为对照溶液②。

精密量取供试品溶液 3 mL,置 100 mL 的量瓶中,用水稀释至刻度,摇匀,作为对照溶液③。

空白溶液的制备:即溶解供试品使用的水。

(3)测定法　分别精密量取空白溶液、对照溶液①、②、③及供试品溶液 20 μL,注入液相色谱仪,记录色谱图。

3. 含量测定

《兽药质量标准汇编》(2006—2011 年)硫酸头孢喹肟质量标准中规定,按无水物计算,含 $C_{23}H_{24}N_6O_5S_2$ 不得少于 80.0%。

(1)色谱条件与系统适用性试验　用十八烷基硅烷键合硅胶为填充剂。取一水合高氯酸钠 3.45 g,加水 1 000 mL 使溶解,加磷酸 12 mL 和乙腈 90 mL,用三乙胺调节 pH 至 3.6 为流动相;检测波长为 270 nm。记录色谱图,头孢喹肟与头孢噻肟的分离度应大于 1.0。

(2)溶液的配制

分离度测定溶液:取头孢噻肟约 25 mg,加流动相 100 mL 使溶解,另取头孢喹肟约 25 mg,置 25 mL 量瓶中,精密加入上述头孢噻肟溶液 1 mL,用流动相稀释至刻度,摇匀,即得。

对照品溶液的制备:取硫酸头孢喹肟对照品适量(约相当于头孢喹肟 50 mg),精密称定,置 100 mL 量瓶,加流动相溶解并稀释至刻度,摇匀;精密量取 5 mL,置 25 mL 量瓶,加流动相稀释至刻度,摇匀,即得。

供试品溶液的制备:取硫酸头孢喹肟供试品适量(约相当于头孢喹肟 50 mg),精密称定,置 100 mL 量瓶,加流动相溶解并稀释至刻度,摇匀;精密量取 5 mL,置 25 mL 量瓶,加流动相稀释至刻度,摇匀,即得。

(3)测定法　分别精密量取对照品溶液与供试品溶液各 20 μL,注入高效液相色谱仪,记录色谱图,按外标法以峰面积计算,即得。

(4)计算

$$含量=\frac{A_{供}\times W_{对}\times 对照品含量\times\frac{1}{100}\times\frac{5}{25}}{A_{对}\times W_{供}\times\frac{1}{100}\times\frac{5}{25}\times(1-水分)}\times 100\%$$

式中:$A_{供}$ 和 $A_{对}$ 分别为供试品和对照品溶液的峰面积;

$W_{供}$ 和 $W_{对}$ 分别为供试品和对照品称样量。

(二)头孢喹肟注射液的鉴别、特殊杂质检查及含量测定

1. 鉴别

(1)在含量测定项下记录的色谱图中,供试品溶液主峰的保留时间与对照品溶液主峰的保留时间一致。

(2)取摇匀后的供试品 2 mL,加水 5 mL,稀盐酸 1 mL,混匀,置超声浴中超声 10 min,弃去有机层,水层显硫酸盐的鉴别反应(见硫酸头孢喹肟鉴别(3)项试验)。

2. 有关物质

《兽药质量标准汇编》(2006—2011 年)硫酸头孢喹肟注射液质量标准中有关物质规定:含 2,3-环己基吡啶应不得过 3.0%,其他单一杂质不得过 0.5%,杂质总量应不得过 4.0%。

(1)色谱条件与系统适用性试验 用十八烷基硅烷键合硅胶为填充剂。取一水合高氯酸钠 3.45 g,加水 1 000 mL 使溶解,加磷酸 12 mL 和乙腈 90 mL,用三乙胺调节 pH 至 3.6 为流动相;检测波长为 270 nm。记录色谱图,头孢喹肟与头孢噻肟的分离度应大于 1.0。

(2)溶液的配制

分离度测定溶液:取头孢噻肟约 25 mg,加流动相 100 mL 使溶解,另取头孢喹肟约 25 mg,置 25 mL 量瓶中,精密加入上述头孢噻肟溶液 1 mL,用流动相稀释至刻度,摇匀,即得。

供试品溶液的制备:取摇匀后的硫酸头孢喹肟注射液 1 mL,加入流动相 25 mL,置超声浴中超声 5 min,弃去有机层,取水层滤过,即得。

空白溶液的制备:即溶解供试品使用的流动相。

(3)测定法 分别精密量取空白溶液及供试品溶液的续滤液 10 μL,注入液相色谱仪,记录色谱图。2,3-环己基吡啶与头孢喹肟相对保留时间约为 0.20。按峰面积归一化法计算,即得。

3. 含量测定

《兽药质量标准汇编》(2006—2011 年)硫酸头孢喹肟注射液质量标准中规定,含头孢喹肟($C_{23}H_{24}N_6O_5S_2$)应为标示量的 90.0%～105.0%。

(1)色谱条件与系统适用性试验 用十八烷基硅烷键合硅胶为填充剂。取一水合高氯酸钠 3.45 g,加水 1 000 mL 使溶解,加磷酸 12 mL 和乙腈 90 mL,用三乙胺调节 pH 至 3.6 为流动相;检测波长为 270 nm。记录色谱图,头孢喹肟与头孢噻肟的分离度应大于 1.0。

(2)溶液的配制

分离度测定溶液:取头孢噻肟约 25 mg,加流动相 100 mL 使溶解,另取头孢喹肟约 25 mg,置 25 mL 量瓶中,精密加入上述头孢噻肟溶液 1 mL,用流动相稀释至刻度,摇匀,即得。

对照品溶液的制备:取硫酸头孢喹肟对照品适量(约相当于头孢喹肟 50 mg),精密称定,置 100 mL 量瓶,加流动相溶解并稀释至刻度,摇匀;精密量取 5 mL,置 25 mL 量瓶,加流动相稀释至刻度,摇匀,即得。

供试品溶液的制备:精密量取摇匀后的硫酸头孢喹肟注射液(约相当于头孢喹肟 50 mg)适量,精密加入流动相 100 mL,置超声浴中超声 5 min,弃去油层,滤过;精密量取续滤液 5 mL,置 25 mL 量瓶中,加流动相稀释至刻度,摇匀,即得。

(3)测定法 分别精密量取对照品溶液与供试品溶液各 10 μL,注入液相色谱仪,记录色谱图。按外标法以峰面积计算,即得。

(4)计算

$$标示量=\frac{A_{供}\times W_{对}\times 对照品含量\times 对照品稀释}{A_{对}\times 供试品取样量\times 供试品稀释\times 规格}\times 100\%$$

式中:$A_{供}$ 和 $A_{对}$ 分别为供试品和对照品溶液的峰面积;

$W_{对}$ 为对照品称样量。

六、复习思考题

(1)硫酸头孢喹肟和硫酸头孢喹肟注射液的有关物质检查方法不同,哪种方法相对准确一些?

(2)硫酸头孢喹肟注射液含量测定方法中“精密量取摇匀后的硫酸头孢喹肟注射液适量(约相当于头孢喹肟 50 mg),精密加入流动相 100 mL”,为什么不采用“精密量取摇匀后的硫酸头孢喹肟注射液适量(约相当于头孢喹肟 50 mg),置 100 mL 量瓶中,加流动相溶解并稀释至刻度”的方法?

七、注解或注意事项

(1)《中国兽药典》中规定,“精密量取”系指量取体积的准确度应符合国家标准中对该体积移液管的精密度要求。即在质量标准中如出现“精密量取”、“精密移取”、“精密加入”应使用标定过的移液管进行取样,因此硫酸头孢喹肟注射液含量测定中应使用 100 mL 的移液管加入流动相。

(2)《中国兽药典》中规定,“精密称定”系指称取重量应准确至所取重量的千分之一,因此硫酸头孢喹肟及硫酸头孢喹肟注射液含量测定中,对照品应使用十万分之一的分析天平进行称量。

(3)《中国兽药典》中分离度定义为用于评价待测组分与相邻共存物或难分离物质之间的分离程度,是衡量色谱系统效能的关键指标。除另有规定,待测组分与相邻共存物之间的分离度应大于 1.5。在硫酸头孢喹肟及硫酸头孢喹肟注射液含量测定中分离度达到 1.0 即可。

(4)《中国兽药典》2010 年版规定,采用外标法时,通常取各品种项下的对照品溶液,连续进样 5 次,其峰面积测量值的相对标准偏差应不大于 2.0%,用以评价色谱系统响应值的重复性能。

实验 8-3 头孢噻呋钠的含量测定

一、目的要求

(1)掌握高效液相色谱法外标法测定硫酸头孢噻呋钠含量的方法。

(2)熟悉高效液相色谱仪的结构、使用方法和操作。

二、实验原理

头孢噻呋钠为β-内酰胺类抗生素,其结构中含有噻唑、呋喃羰基等,在紫外区有吸收,采用高效液相色谱法外标法,与对照品溶液主峰面积比较,经计算确定供试品的含量。

三、实验仪器及药品

高效液相色谱仪(紫外检测器或二极管阵列检测器)、色谱柱(填料 C_{18})、酸度计、分析天平(量程为十万分之一)、称量瓶或称量纸、称量勺、容量瓶(50 mL、100 mL)、移液管(5 mL)。

醋酸铵(分析纯)、10%四丁基氢氧化铵(分析纯)、冰醋酸(分析纯)、纯化水、甲醇(色谱纯)、四氢呋喃(色谱纯)。

头孢噻呋对照品、头孢噻呋钠供试品。

四、实验准备

(一)醋酸铵溶液

取醋酸铵 3.95 g,加 10%四丁基氢氧化铵溶液 67 mL,加水至 700 mL,用冰醋酸调节 pH 至 6.6～6.8。

(二)流动相

醋酸铵溶液-甲醇-四氢呋喃(70∶20∶11)。

五、实验方法

《中国兽药典》2010 年版规定,按无水物计算,含头孢噻呋($C_{19}H_{17}N_5O_7S_3$)不得少于 85.0%。

1. 色谱条件与系统适用性试验

用十八烷基硅烷键合硅胶为填充剂;以醋酸铵溶液(取醋酸铵 3.95 g,加 10%四丁基氢氧化铵溶液 67 mL,加水至 700 mL,用冰醋酸调节 pH 至 6.6～6.8)-甲醇-四氢呋喃(70∶20∶11)为流动相;检测波长为 254 nm。理论板数按头孢噻呋峰计算不低于 1 500。

2. 溶液的配制

对照品溶液的制备　取头孢噻呋对照品适量(约相当于头孢噻呋 0.1 g),精密称定,加 0.05 mol/L 醋酸铵溶液溶解并稀释制成每 1 mL 中含 0.1 mg 的溶液,摇匀,即得。

供试品溶液的制备　取头孢噻呋供试品适量(约相当于头孢噻呋 0.1 g),精密称定,加 0.05 mol/L 醋酸铵溶液溶解并稀释制成每 1 mL 中含 0.1 mg 的溶液,摇匀,即得。

3. 测定法

分别精密量取对照品溶液与供试品溶液各 20 μL,注入高效液相色谱仪,记录色谱图,按外标法以峰面积计算出供试品中 $C_{19}H_{17}N_5O_7S_3$ 的含量。

4. 计算

$$含量=\frac{A_{供}\times W_{对}\times 对照品含量\times 对照品稀释}{A_{对}\times W_{供}\times 供试品稀释\times(1-水分)}\times 100\%$$

式中:$A_{供}$ 和 $A_{对}$ 分别为供试品和对照品溶液的峰面积;

$W_{供}$ 和 $W_{对}$ 分别为供试品和对照品称样量。

六、复习思考题

中国兽医药品监察所提供的头孢噻呋对照品说明书中提供信息为“本对照品为盐酸头孢

噻呋，按 $C_{19}H_{17}N_5O_7S_3$ 计，含量为 87.3%。使用前不需干燥处理。”问按照头孢噻呋含量测定的要求，应称取对照品约多重？

七、注解或注意事项

(1)理论板数用于评价色谱柱的分离效能。由于不同物质在同一色谱柱上的色谱行为不同，采用理论板数作为衡量柱效能的指标时，应指明测定物质，一般为待测组分或内标物质的理论板数。头孢噻呋含量测定中理论板数按头孢噻呋峰计算不低于 1 500，如未达到此要求应更换色谱柱重新实验。

(2)头孢噻呋含量测定为外标法，由于微量注射器不易精确控制进样量，应采用定量环或自动进样器进样。

(3)实验结束后，应立即清洗色谱柱，以保证色谱柱的寿命，反相色谱柱用过含酸、碱或盐的流动相时，应先用水冲洗，再用 10% 甲醇冲洗、保存。

(4)高效液相法测得的结果是湿品含量，根据质量标准要求，如检查产品是否符合兽药典要求，还应测定水分以计算供试品折干后的含量。

实验 8-4 苄星氯唑西林乳房注入剂的鉴别及含量测定

一、目的要求

(1)掌握高效液相色谱法外标法测定苄星氯唑西林乳房注入剂含量的方法。

(2)熟悉高效液相色谱仪的结构、使用方法和操作。

(3)掌握相对密度测定法的操作。

(4)熟悉红外分光光度仪的结构、使用方法和操作。

二、实验原理

1. 鉴别

红外光谱法：分子吸收红外光后，振动能增加。不同化合物中的同种基团，振动频率一般比较接近。在红外光谱图中同种基团吸收峰的位置大致相同，可以利用基团特征吸收峰的位置、强度等对化合物进行鉴别。同种化合物的红外吸收图谱基本相同。本实验需将制剂经离心、洗涤、干燥处理后，压片进行检查。

2. 含量测定

苄星氯唑西林为 β-内酰胺类抗生素，其结构中含有异噁唑甲酰氨基、氯苯基等，在紫外区有吸收，采用高效液相色谱法外标法，与对照品溶液主峰面积比较，经计算确定供试品的含量。

三、实验仪器及药品

高效液相色谱仪（紫外检测器或二极管阵列检测器）、色谱柱（填料 C_{18}）、红外分光光度计、粉末压片机、分析天平（量程为十万分之一）、酸度计、超声波振荡器、圆周振荡器、离心机、量筒、移液管（5 mL）、容量瓶（50 mL）、比重瓶、一次性过滤器（或滤纸、漏斗）、注射器、称量瓶或称量纸、称量勺、减压干燥器。

甲苯（分析纯）、溴化钾（分析纯）、氢氧化钠（分析纯）、磷酸二氢钠（分析纯）、乙腈（色谱纯)、磷酸(分析纯)。

氯唑西林对照品、苄星氯唑西林乳房注入剂供试品。

四、实验准备

(一)流动相

0.1 mol/L 磷酸二氢钠溶液-乙腈(3∶1),用磷酸调节 pH 至 4.6±0.2。

(二)稀释液

取磷酸二氢钠 3.45 g,加水溶解并稀释至 500 mL,取此液 450 mL,加乙腈 300 mL 混匀,用磷酸或 1 mol/L 氢氧化钠调节 pH 至 6.4。

五、实验方法

(一)鉴别

取本品适量(约相当于氯唑西林 0.5 g),置离心管中,加甲苯 25 mL,混合,离心,弃去甲苯层,残余物用甲苯 25 mL 分别洗涤 4 次,每次加入甲苯后振摇 30 s,取残余物以硅胶为干燥剂减压干燥,取干燥后残余物约 1～1.5 mg,置玛瑙研钵中,加入干燥的溴化钾细粉约 200～300 mg(与供试品的比约为 200∶1)作为分散剂,充分研磨混匀,置于直径 13 mm(或适宜大小)的压片模具中,使铺展均匀,抽真空约 2 min,加压至 0.8×10^{6} kPa(约 8～10 T/cm^{2}),保持压力 2 min,撤去压力并放气后取出制成的供试片,目视检测,片子应呈透明状,其中供试品分布应均匀,并无明显颗粒状供试品,同时用溴化钾制备空白片,置红外分光光度计中测定。同法测定苄星氯唑西林对照品。比较供试品与对照品光谱,首先对比谱带的有与无,然后是各谱带的相对强弱。若供试品的光谱图与对照品的光谱图一致,通常可判定两化合物为同一物质。若两光谱图不同,则可判定两化合物不同。

(二)含量测定

《兽药国家标准》(化学药品、中药卷第一册)苄星氯唑西林乳房注入剂质量标准中规定,含苄星氯唑西林以氯唑西林($C_{19}H_{18}ClN_3O_5S$)计,应为标示量的 90.0%～110.0%。

1. 色谱条件与系统适用性试验

用十八烷基硅烷键合硅胶为填充剂;以 0.1 mol/L 磷酸二氢钠溶液-乙腈(3∶1),用磷酸调节 pH 至 4.6±0.2 为流动相;检测波长 220 nm;柱温 40℃;理论板数按氯唑西林计算不低于 3 000。

2. 溶液的配制

(1)对照品溶液的制备　取氯唑西林对照品适量,用稀释液溶解并定量稀释制成每毫升中含氯唑西林 0.1 mg 的溶液,即得。

(2)供试品溶液的制备　取本品适量(约相当于含氯唑西林 50 mg),精密称定,置 50 mL 量瓶中,加稀释液 30 mL,振摇 30 min,超声处理 1 min,用稀释液溶解并稀释至刻度,摇匀,过滤,精密量取续滤液适量,用稀释液定量稀释制成每毫升中含氯唑西林 0.1 mg 的溶液,摇匀,即得。

3. 测定法

分别精密量取对照品溶液与供试品溶液各 10 μL，注入液相色谱仪，记录色谱图；按外标法以峰面积计算供试品中 $C_{19}H_{18}ClN_3O_5S$ 的含量。另取本品，同时测其相对密度，将供试品量换算成 mL 数，计算，即得。

4. 计算

$$标示量=\frac{A_{供}\times W_{对}\times 对照品含量\times 对照品稀释\times 供试品相对密度}{A_{对}\times W_{供}\times 供试品稀释\times 规格}\times 100\%$$

式中：$A_{供}$ 和 $A_{对}$ 分别为供试品和对照品溶液的峰面积；

$W_{供}$ 和 $W_{对}$ 分别为供试品和对照品称样量。

六、复习思考题

(1)苄星氯唑西林乳房注入剂的规格为 10 mL:50 万单位和 250 mL:1 250 万单位，问含量测定中供试品的取样量应为多少？

(2)《中国兽药典》2010 年版中规定相对密度应在 20℃时测定，在苄星氯唑西林乳房注入剂含量测定中同时测其相对密度是否必须控制在 20℃进行实验？

七、注解或注意事项

(1)红外分光光度计实验室的温度应控制在 15～30℃，相对湿度应小于 65%，适当通风换气，以免积累过量的二氧化碳和有机溶剂蒸气。

(2)记录供试品光谱时，双光束仪器的参比光路应置相应的空白对照物(溴化钾片)；单光束仪器应先进行空白背景扫描，扫描供试品后扣除背景吸收，即得供试品光谱。

(3)在含量测定时，应同时测定苄星氯唑西林乳房注入剂的相对密度，如不同时测定，温湿度和气压的变化对供试品的相对密度有影响，导致测定结果不准确。

(4)相对密度测定，在室温略低于 20℃的条件下，取洁净、干燥并精密称定重量的比重瓶，装满供试品后，插入中心有毛细孔的瓶塞，用滤纸将从塞孔溢出的液体擦干，精密称定，减去比重瓶的重量，求得供试品的重量后，将供试品倾去，洗净比重瓶，装满新沸过的冷水后，插入中心有毛细孔的瓶塞，用滤纸将从塞孔溢出的水擦干，精密称定，减去比重瓶的重量，按下式计算，即得。

$$供试品的相对密度=\frac{供试品与瓶重-空瓶重}{水与瓶重-空瓶重}$$

实验 8-5 阿莫西林、克拉维酸钾注射液的鉴别、特殊杂质检查及含量测定

一、目的要求

(1)掌握高效液相色谱法峰面积归一化法测定阿莫西林、克拉维酸钾注射液有关物质的方法。

(2)掌握高效液相色谱法外标法测定阿莫西林、克拉维酸钾注射液含量的方法。

(3)掌握相对密度测定法的操作。

(4)熟悉高效液相色谱仪的结构、使用方法和操作。

二、实验原理

(一)鉴别

采用高效液相色谱法鉴别,相同物质在同一色谱系统中,保留时间是一致的,与对照品主峰保留时间比较,如均一致,可判断为阿莫西林及克拉维酸。

(二)有关物质

采用高效液相色谱法的峰面积归一化法,测定各峰的面积和色谱图上除溶剂峰以外的总色谱峰面积,计算各杂质峰面积占总峰面积的百分率。

(三)含量测定

阿莫西林为β-内酰胺类抗生素,其结构中含有酚羟基,克拉维酸钾为β-内酰胺酶抑制剂,其结构中含有发色基团,均在紫外区有吸收,采用高效液相外标法,与对照品溶液主峰面积比较,经计算确定供试品的含量。

三、实验仪器及药品

高效液相色谱仪(紫外检测器或二极管阵列检测器)、色谱柱(Waters Spherisorb ODS-2,4.6×50 mm,5 μm 或等效色谱柱;用十八烷基硅烷键合硅胶为填充剂 30 cm×3.9 mm,10 μm)、分析天平(精度 0.000 01 g)、酸度计、圆周振荡器、容量瓶(100 mL、250 mL、500 mL)、滤膜(0.45 μm 或滤纸、漏斗)、玻璃棒、比重瓶、量筒(1 000 mL)、烧杯(2 000 mL)。

磷酸二氢钠(分析纯)、纯化水、磷酸(分析纯)、甲醇(色谱纯)、乙醇(分析纯)。

阿莫西林对照品、克拉维酸对照品、阿莫西林、克拉维酸钾注射液供试品。

四、实验准备

(一)流动相 A

0.1 mol/L 磷酸盐缓冲液(pH 4.15):取磷酸二氢钠 12 g,加水 1 000 mL,搅拌至完全溶解。用 0.85 mol/L 磷酸溶液调节 pH 至 4.15±0.05,即得。

(二)流动相 B

0.1 mol/L 磷酸盐缓冲液(pH 4.15)-甲醇(75∶25)。

(三)0.1 mol/L 磷酸盐缓冲液(pH 4.0)

取一水磷酸二氢钠 27.6 g,加水 2 000 mL,用磷酸调节 pH 至 4.0±0.05,滤过,即得。

(四)流动相

0.1 mol/L 磷酸盐缓冲液(pH 4.0)-甲醇(95∶5)。

五、实验方法

(一)鉴别

在含量测定项下记录的色谱图中,供试品的阿莫西林峰和克拉维酸峰的保留时间应分别与对照品溶液阿莫西林峰和克拉维酸峰的保留时间一致。

(二)有关物质

《兽药质量标准汇编》(2006—2011 年)阿莫西林、克拉维酸钾注射液质量标准中有关物质规定:单个杂质不得大于 2.0%,总杂质不得大于 5.0%。

1. 色谱条件与系统适用性试验

用十八烷基硅烷键合硅胶为填充剂(Waters Spherisorb ODS-2,4.6 mm×50 mm);流动相 A 为 0.1 mol/L 磷酸盐缓冲液(pH 4.15),流动相 B 为 0.1 mol/L 磷酸盐缓冲液(pH 4.15)-甲醇(75∶25);流速约为每分钟 1.5 mL,按下表(表 8-5-1)进行梯度洗脱;检测波长 230 nm。克拉维酸峰的保留时间约为 1.1 min,阿莫西林峰的保留时间约为 2.8 min,理论板数按阿莫西林峰计算不低于 1 000,拖尾因子应小于 2.0。

表 8-5-1 阿莫西林、克拉维酸钾注射液有关物质检查梯度洗脱表

时间/min	流动相 A/%	流动相 B/%
0.0	98	2
2.0	96	4
10.0	0	100
19.0	0	100
20	98	2

2. 溶液的配制

供试品溶液的制备 取供试品约 125 mg(取样前强力振摇 10 min),置 100 mL 量瓶中,加水 50 mL,强力振摇 15 min,用水稀释至刻度,摇匀,滤过,即得。

3. 测定法

精密量取供试品溶液 20 μL,注入液相色谱仪,记录色谱图。供试品溶液色谱图中如有杂质峰,按峰面积归一化法计算,计算保留时间大于阿莫西林峰的杂质量。

(三)含量测定

《兽药质量标准汇编》(2006—2011 年)阿莫西林、克拉维酸钾注射液质量标准中规定,含阿莫西林($C_{16}H_{19}N_3O_5S$)计,应为标示量的 90.0%~110.0%;含克拉维酸钾以克拉维酸($C_8H_9NO_5$)计,应为标示量的 90.0%~110.0%。

1. 色谱条件与系统适用性试验

用十八烷基硅烷键合硅胶为填充剂(30 cm×3.9 mm,10 μm);以 0.1 mol/L 磷酸盐缓冲液(pH 4.0)-甲醇(95∶5)为流动相,流速为每分钟 1.0 mL,柱温 25℃,检测波长为 216 nm。

克拉维酸峰和阿莫西林峰理论板数应不低于 1 500，克拉维酸峰的保留时间为 2～4 min，阿莫西林峰的保留时间为 4～8 min。

2. 溶液的配制

对照品溶液的制备　取阿莫西林对照品约 40 mg，克拉维酸钾对照品约 10 mg，精密称定，置 250 mL 量瓶中，加水-乙醇(95：5)溶液使溶解，并稀释至刻度，用 0.45 μm 的滤膜过滤，即得。

供试品溶液的制备　取摇匀后的供试品 0.5 g，精密称定，置 500 mL 量瓶中，加入乙醇 25 mL，振摇使供试品分散，再加水 25 mL，振摇 10 min，用水稀释至刻度，用 0.45 μm 的滤膜过滤，即得。

3. 测定法

分别精密量取对照品溶液与供试品溶液各 20 μL，注入液相色谱仪，记录色谱图。另取供试品，同时测定相对密度，将供试品量换算成 mL 数，按外标法以峰面积计算，即得。

4. 计算

$$\text{标示量}=\frac{A_{供}\times W_{对}\times \text{对照品含量}\times \frac{1}{250}\times \text{供试品相对密度}}{A_{对}\times W_{供}\times \frac{1}{500}\times \text{规格}}\times 100\%$$

式中：$A_{供}$ 和 $A_{对}$ 分别为供试品和对照品溶液的峰面积；

$W_{供}$ 和 $W_{对}$ 分别为供试品和对照品称样量。

六、复习思考题

(1)如因操作不当而使系统中混入了气泡，将对测定有何影响？如何排除这些气泡。

(2)试述反相高效液相色谱法的定义，高效液相色谱法中常用的定量方法有哪几种？

七、注解或注意事项

(1)含量测定时，对照品溶液和供试品溶液均应分别配制两份，对照品溶液和供试品溶液每份至少重复进样 2 次，并求得平均值。

(2)供试品溶液在注入高效液相色谱仪前，一般应用适宜孔径(0.45 μm)的滤膜过滤。

(3)流动相使用的水应为新鲜制备的纯化水，流动相需抽滤和脱气。

(4)拖尾因子用于评价色谱峰的对称性，为保证分离效果和测量精度，应检查待测峰的拖尾因子是否符合各品种项下的规定。在阿莫西林、克拉维酸钾注射液有关物质检查中规定拖尾因子应小于 2.0。

实验 8-6　盐酸大观霉素的鉴别、特殊杂质检查及含量测定

一、目的要求

(1)了解盐酸大观霉素的鉴别方法。

(2)掌握盐酸大观霉素中存在的特殊杂质及检查方法。

(3)掌握抗生素微生物检定法——管碟法和浊度法的操作。

二、实验原理

(一)鉴别实验

1. 红外光谱法

分子吸收红外光后,振动能增加。不同化合物中的同种基团,振动频率一般比较接近。在红外光谱图中同种基团吸收峰的位置大致相同,可以利用基团特征吸收峰的位置、强度等对化合物进行鉴别,同种化合物的红外吸收图谱基本相同。《中国兽药典》2010 年版要求与对照的图谱一致,对照图谱见图 8-6-1 或图 8-6-2。

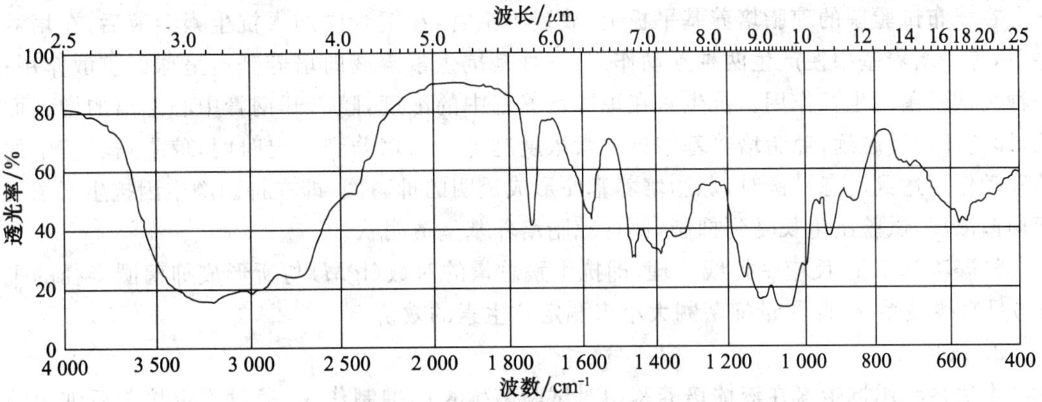

图 8-6-1 盐酸大观霉素红外光吸收图谱(光栅型仪器)

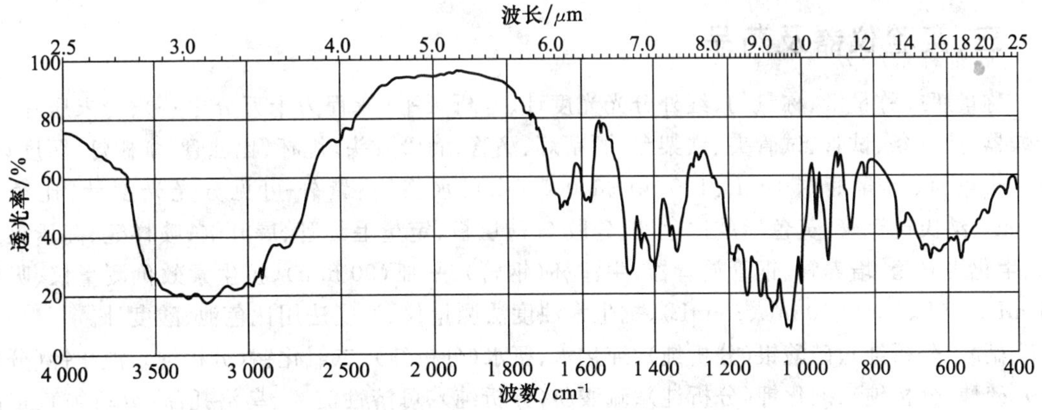

图 8-6-2 盐酸大观霉素红外光吸收图谱(傅立叶型仪器)

2. 氯化物反应

大观霉素属于碱性水溶性抗生素,能与酸(盐酸、硫酸等)成盐,利用药物中的氯化物在硝酸酸化条件下与硝酸银反应,生成氯化银白色凝乳状沉淀;及与二氧化锰在加热的条件下生成的氯气能使湿润的碘化钾淀粉试纸变蓝的反应,从而鉴别。

(二)特殊杂质检查

1. 溶液的澄清度与颜色

溶液的澄清度与颜色可显示其精制程度和降解变化情况,本品在有效期内的溶液应澄清无色。

2. 有关物质

盐酸大观霉素中有4个主要杂质:放线菌胺、大观霉素酸、二氢化大观霉素、二羟基大观霉素,它们均含有还原性基团可与高锰酸钾发生氧化反应后显色。检查项中对照溶液的浓度为供试品浓度的1%,供试品如显杂质斑点,其颜色与对照溶液所显主斑点比较,不得更深,即杂质的量不得过主成分(大观霉素)的1%。

(三)含量测定

1. 管碟法

在摊布试验菌的琼脂培养基平板上,放置小钢管,在钢管内加入抗生素溶液后,在培养条件下,琼脂培养基中便产生两种互动作用:一种是抗生素溶液向培养基内呈球面扩散作用;另一种为试验菌的生长作用。抗生素在琼脂培养基中的浓度,随离开钢管中心距离的增大而降低,即离开钢管越远,琼脂培养基中抗生素浓度越低。当培养到一定时间,琼脂培养基中的两种互动作用达到动态平衡时,琼脂培养基便形成透明的抑菌圈,即在抑菌圈中因抗生素浓度高于抑菌浓度,试验菌生长受到抑制,此处琼脂培养基呈透明状。

管碟法基于量-反应平行线原理,即抗生素总量的对数($\lg M$)与所形成抑菌圈半径的平方(r^2)呈直线关系,依此测量抑菌圈大小来测定抗生素的效价。

2. 浊度法

本法系利用抗生素在液体培养基中对试验菌生长的抑制作用,通过测定培养后细菌浊度值的大小,比较标准品与供试品对试验菌生长抑制的程度,以测定供试品效价的一种方法。

三、实验仪器及药品

称量瓶或称量纸、称量勺、红外分光光度计、分析天平(量程为十万分之一)、粉末压片机、干燥器、滤纸条、试管、试管夹、铁架台、酒精灯、滴管、滴管胶头、烧杯、比浊管、伞棚灯、照度计、鼓风干燥机、容量瓶(50 mL、100 mL、1 000 mL)、水浴锅、紫外-可见分光光度计、比色皿(1 cm)、纳氏比色管、黄色标准比色液、硅胶G薄层板、定量毛细管、展开缸、喷样壶、高压灭菌锅、生化培养箱、培养管、钢管放置器、牛津杯(钢管)、平皿(90 mm)、抗生素效价测量仪、吸管(1 mL、2 mL、5 mL、10 mL、25 mL)、抗生素浊度法测量仪、浊度法用比色池、酸度计。

硝酸(分析纯)、硝酸银(分析纯)、纯化水、氨水(分析纯)、二氧化锰(分析纯)、溴化钾(分析纯)、硫酸(分析纯)、碘化钾(分析纯)、硫酸肼(分析纯)、可溶性淀粉、乌洛托品(分析纯)、正丙醇(分析纯)、冰醋酸(分析纯)、吡啶(分析纯)、磷酸氢二钾(分析纯)、磷酸二氢钾(分析纯)、胨、牛肉浸出粉、酵母浸出粉、葡萄糖、氯化钠(分析纯)、琼脂。

肺炎克雷伯菌(CMCC(B)46117)、大肠埃希菌(CMCC(B)44103)、大观霉素标准品、盐酸大观霉素供试品。

四、实验准备

(一)稀硝酸

取硝酸105 mL,加水稀释至1 000 mL,即得。

(二)硝酸银试液

取硝酸银 16.99 g,加水适量使溶解成 1 000 mL,摇匀。

(三)氨试剂

取浓氨溶液(即氨水,25%～28%)400 mL,加水使成 1 000 mL,即得。

(四)碘化钾淀粉试纸

取滤纸条浸入含有碘化钾 0.5 g 的新制的淀粉指示液 100 mL,湿透后,取出干燥,即得。

(五)淀粉指示液

取可溶性淀粉 0.5 g,加水 5 mL 搅匀后,缓缓倾入 100 mL 沸水中,随加随搅拌,继续煮沸 2 min,放冷,倾取上层清液,即得。本液应临用新制。

(六)浊度标准液的配制

称取于 105℃干燥至恒重的硫酸肼 1.00 g,置 100 mL 量瓶中,加水适量使溶解,必要时可在 40℃的水浴中温热溶解,并用水稀释至刻度,摇匀,放置 4～6 h;取此溶液与等容量的 10%乌洛托品溶液混合,摇匀,于 25℃避光静置 24 h,即得。本液置冷处避光保存,可在两个月内使用,用前摇匀。

浊度标准原液的制备:取浊度标准贮备液 15.0 mL,置 1 000 mL 量瓶中,加水稀释至刻度,摇匀,取适量,置 1 cm 吸收池中,照分光光度法,在 550 nm 的波长处测定,其吸收度应在 0.12～0.15范围内。本液应在 48 h 内使用,用前摇匀。

浊度标准液的制备:取浊度标准原液与水,按表 8-6-1 配制,即得。本液应临用时制备,使用前充分摇匀。

表 8-6-1 浊度标准液的配制方法 mL

级号	0.5	1	2	3	4
浊度标准原液	2.50	5.0	10.0	30.0	50.0
水	97.50	95.0	90.0	70.0	50.0

(七)培养基Ⅱ

混合胨 6 g、牛肉浸出粉 1.5 g、酵母浸出粉 6 g、水 1 000 mL,调节 pH 略高 0.2～0.4,加入琼脂 15～20 g,加热溶化后滤过,加葡萄糖 1 g 溶解后,摇匀,调节 pH 使灭菌后为7.8～8.0,分装,灭菌。

(八)培养基Ⅲ

混合胨 5 g、牛肉浸出粉 1.5 g、酵母浸出粉 3 g、氯化钠 3.5 g、磷酸氢二钾 3.68 g、磷酸二氢钾 1.32 g、水 1 000 mL,加热溶化后滤过,加葡萄糖 1 g 溶解后,摇匀,调节 pH 使灭菌后为 7.0～7.2,分装,灭菌。

(九)磷酸盐缓冲液(pH 7.0)

取磷酸氢二钾 9.39 g 与磷酸二氢钾 3.5 g,加水使成 1 000 mL,滤过,分装,灭菌。

五、实验方法

(一)鉴别

1. 本品的红外光吸收图谱应与对照的图谱一致

取盐酸大观霉素供试品约 1～1.5 mg,置玛瑙研钵中,加入干燥的溴化钾细粉约 200～300 mg(与供试品的比约为 200∶1)作为分散剂,充分研磨混匀,置于直径 13 mm(或适宜大小)的压片模具中,使铺展均匀,抽真空约 2 min,加压至 0.8×10^{6} kPa(约 8～10 t/cm^{2}),保持压力 2 min,撤去压力并放气后取出制成的供试片,目视检测,片子应呈透明状,其中供试品分布应均匀,并无明显颗粒状供试品,同时用溴化钾制备空白片,置红外分光光度计中测定。测定后的光谱与盐酸大观霉素对照光谱比较,首先对比谱带的有与无,然后是各谱带的相对强弱。若供试品的光谱图与对照光谱图一致,通常可判定两化合物为同一物质。若两光谱图不同,则可判定两化合物不同。

2. 本品的水溶液显氯化物的鉴别反应

(1)取盐酸大观霉素的溶液,加稀硝酸使成酸性后,加硝酸银试液,即生成白色凝乳状沉淀;分离,沉淀加氨试液即溶解,再加硝酸,沉淀复生成。

(2)取盐酸大观霉素少量,置试管中,加等量的二氧化锰,混匀,加硫酸湿润,缓缓加热,即发生氯气,能使湿润的碘化钾淀粉试纸显蓝色。

(二)特殊杂质检查

1. 溶液的澄清度与颜色

取盐酸大观霉素 0.75 g,加水 5 mL,溶解后,溶液应澄清无色;如显浑浊,与 1 号浊度标准液比较,不得更浓;如显色,与黄色 6 号标准比色液比较,均不得更深。

2. 有关物质

取盐酸大观霉素,加水溶解并稀释制成每毫升中约含 20 mg 的溶液,作为供试品溶液;精密量取适量加水定量稀释制成每毫升中含 0.2 mg 的溶液,作为对照溶液。吸取上述两种溶液各 10 μL,分别点于同一硅胶 G 薄层板(薄层板预先以展开剂展开约 12 cm)上,以正丙醇-水-冰醋酸-吡啶(50∶40∶5∶5)为展开剂,展开,晾干,喷以 0.5%高锰酸钾溶液,放置使显色,供试品溶液如显杂质斑点,其颜色与对照溶液所显主斑点比较,不得更深。

(三)含量测定

《中国兽药典》2010 年版规定盐酸大观霉素效价按无水物计算,每毫克的效价不得少于 779 大观霉素单位。

精密称取盐酸大观霉素适量,加灭菌磷酸盐缓冲液(pH 7.0)制成 1 mL 中含 1 000 单位的溶液,照《中国兽药典》2010 年版抗生素微生物检定法(管碟法或浊度法)测定。

1. 管碟法

标准品溶液的制备：盐酸大观霉素标准品含量：657 单位/mg，理论精密称量 76.10，置 50 mL 量瓶中（657 单位/mg×76.10 mg＝49 997.7 单位），恰好 1 000 单位/mL。但实际操作较困难，一般称量数接近即可，以称取 76.41 mg 举例说明。溶解稀释步骤如下：

$$\text{称取 } 76.41\ \text{mg} \xrightarrow{\text{磷酸盐缓冲液 pH 7.0}} 50\ \text{mL 量瓶} \xrightarrow{(76.41\times 657)/50} 1\,004.03\ \text{单位/mL①}$$

$$\text{精密量取①} 5\ \text{mL} \xrightarrow{\text{磷酸盐缓冲液 pH 7.0}} 50\ \text{mL 量瓶} \xrightarrow{(5\times 1\,004.03)/50} 100.40\ \text{单位/mL(SH)}$$

$$\text{精密量取①} 5\ \text{mL} \xrightarrow{\text{磷酸盐缓冲液 pH 7.0}} 100\ \text{mL 量瓶} \xrightarrow{(5\times 1\,004.03)/100} 50.20\ \text{单位/mL(SL)}$$

SH 为标准品溶液高剂量，SL 为标准品溶液低剂量。

供试品溶液的制备：首先参照含量限度估计效价。盐酸大观霉素的分子式为 $C_{14}H_{27}N_2O_7 \cdot 2HCl \cdot 5H_2O$，相对分子质量为 495.35，(495.35－18×5)/495.35 约为 0.82，0.82×779 单位/mg＝637 单位/mg。

称量稀释举例：按高于最低限进行估算，以 650 单位/mg 为估计效价单位。精密称取 76.93 mg，置 50 mL 量瓶中（650 单位/mg×76.93 mg＝50 004.5 单位），约为 1 000 单位/mL。但实际操作较困难，一般称量数接近即可，以称取 77.01 mg 举例说明。溶解稀释步骤如下：

$$\text{称取 } 77.01\ \text{mg} \xrightarrow{\text{磷酸盐缓冲液 pH 7.0}} 50\ \text{mL 量瓶} \xrightarrow{(77.01\times 650)/50} 1\,001.13\ \text{单位/mL①}$$

$$\text{精密量取①} 5\ \text{mL} \xrightarrow{\text{磷酸盐缓冲液 pH 7.0}} 50\ \text{mL 量瓶} \xrightarrow{(5\times 1\,001.13)/50} 100.11\ \text{单位/mL(TH)}$$

$$\text{精密量取①} 5\ \text{mL} \xrightarrow{\text{磷酸盐缓冲液 pH 7.0}} 100\ \text{mL 量瓶} \xrightarrow{(5\times 1\,001.13)/100} 50.06\ \text{单位/mL(TL)}$$

TH 为供试品溶液高剂量，TL 为供试品溶液低剂量。

$$D\text{ 值}=\frac{d_S}{d_T}=\frac{1\,004.03}{1\,001.13}=1.002\,9$$

如果 S 与 T 稀释溶液最终不是整单位数，测量结果可以采用 D 值（$D=\frac{d_S}{d_T}$）形式进行计算。

滴加抗生素溶液：分别将标准品溶液与供试品溶液高、低剂量，按 SH→TH→SL→TL 顺序滴加钢管，然后于 35～37℃进行培养、16～18 h 后测量抑菌圈，进行可靠性检验、计算效价及可信限率（FL%）。

2. 浊度法

抗生素溶液的制备：精密量取盐酸大观霉素标准品和供试品适量，加 pH 7.0 磷酸盐缓冲液溶解并稀释制成 1 000 单位/mL 的溶液（按管碟法的溶液配制方法制备），最终溶液的高低浓度分别为 45 单位/mL 和 30 单位/mL（不同浓度剂间比通常为 1∶1.25 或更小）。该浓度可以根据培养结束后吸收度大小（吸收度在 0.3～0.7 之间为宜）在 30～72 单位/mL 的范围内调整。

抗生素溶液的分装：取灭菌后的石英比色管 16 支，分别做好标记，按照拉丁方阵顺序排列。精密移取 1 mL 标准品和供试品溶液置相应的比色池中。

培养基的接种与分装：培养基接种适量的大肠埃希菌后摇匀，用灭菌后的大口吸管将此培养基分装至比色池中，每管分装 9 mL，立即摇匀，使抗生素溶液与培养基混合均匀。

使用微生物浊度法测量仪在 35～37℃培养 3～4 h，如吸光度均在 0.3～0.7 之间时即可终止实验，并在线打印结果。

六、复习思考题

（1）一份管碟法效价测定的结果是否符合要求，需要考察哪些指标？

（2）浊度法与管碟法比较有哪些优点？

七、注解或注意事项

1．管碟法的关键点及注意事项

（1）称取标准品及供试品时应注意环境湿度，称样前应从冰箱中取出标准品，放置室温后再称量，称量时速度要快，减小称量过程中供试品吸湿引入的实验误差。未开封的标准品应置于5℃以下低温避光保存，开启后，应严密保持干燥，以防吸水。

（2）标准品开封后，应注意低温密闭保存，避免在存放过程中吸湿，而引起测定结果偏高。

（3）为保证肺炎克雷伯菌悬液的灵敏度，使高、低剂量所致抑菌圈差异明显，菌层均匀，应严格按规定制备菌悬液，及时分离挑选菌种，保持菌种的新鲜，必要时更换菌种，确保实验结果的准确、可靠。菌层培养基加热融化后，放冷至48～50℃（温度过高可导致试验菌破坏，温度过低菌层培养基凝固，无法铺菌层培养基）。加入适量的试验菌悬液，使标准品高浓度所致抑菌圈的直径在18～22 mm。

（4）根据室温的变化及培养基的软、硬度，铺加底层培养基与菌层培养基的间隔时间、菌层培养基与放置钢管的间隔时间要随时调节，防止菌层培养基由于底层温度低，摊布不匀。放置钢管静置约5～15 min，待钢管在培养基内稍下沉并稳定后，再开始滴加溶液，这样得到的抑菌圈不易破裂且圆，有利于实验结果的测定。

（5）滴加抗生素溶液时，滴加顺序为SH→TH→SL→TL，应注意每个剂量滴加的双碟数不超过5个，以免前后时间过长而影响扩散均匀性，引起结果误差，同时要注意保持垂直滴加溶液，防止液滴溅出，造成破圈。

（6）为减少实验误差，并顺利通过可靠性检验，建议每组不少于8个双碟。

（7）测量抑菌圈以采用抑菌圈测量仪为佳，同时要定期按检定规程对抑菌圈测量仪进行核查。

（8）抗生素效价测定系采用生物检定法测定含量，影响因素多，变异大。因此，测定抗生素效价时必须进行可靠性检验。可靠性检验法（二剂量）要求直线回归、剂间$P<0.01$，偏离平行$P>0.05$，认为实验结果可靠，方可继续进行效价可信限率的计算。

（9）所测结果如低于估计效价的90%或高于估计效价的110.0%，则检验结果仅作为初试，应调整供试品估计效价，重新实验。

（10）可信限率不大于5%。

2．浊度法的关键点及注意事项

（1）移取抗生素溶液时，均在有标记处沿比色池壁精密加入，以便在分装培养基时，可沿此处管壁流入，将沾在比色池壁上的抗生素溶液冲入培养基内。

（2）培养基接种的菌量，可做预实验，使高、低剂量比色池经过培养后，吸收度在0.3～0.7之间。

（3）培养基分装的量越精密、差异越小结果越准确。

（4）本实验应严格按照比浊法的实验要求操作，实验过程中严防抗生素与微生物污染。

（5）为了保证标准品和供试品稀释后浓度接近，配制标准品溶液时D值最好控制在0.99～1.01，不应超过0.98～1.02。

(6)浊度法的可靠性检验、估计效价范围和可信限率均同管碟法一致。

实验 8-7 硫酸安普霉素预混剂的鉴别、特殊杂质检查及含量测定

一、目的要求

(1)了解硫酸安普霉素的鉴别方法。
(2)掌握硫酸安普霉素中存在的特殊杂质及检查方法。
(3)掌握抗生素微生物检定法——管碟法和浊度法的操作。

二、实验原理

(一)鉴别实验

1. *薄层鉴别*

甲醇-三氯甲烷-浓氨溶液较多用于氨基糖苷类抗生素的薄层层析法中,在薄层板置于碘蒸气中时,安普霉素吸附碘因此显色,如供试品与标准品主斑点比较位置和颜色相同时,可判断为安普霉素。

2. *高效液相色谱法鉴别*

相同物质在同一色谱系统中,保留时间是一致的,与对照品主峰保留时间比较如一致,可判断为安普霉素。

(二)特殊杂质检查

硫酸安普霉素预混剂有关物质实验采用主成分自身对照法,将供试品溶液稀释成 1/20(5%)浓度的对照溶液,用对照溶液主峰面积与杂质峰面积相比较,确定杂质的含量。硫酸安普霉素为氨基糖苷类抗生素,安普霉素及其有关物质具有羟基胺类和 α-氨基性质,可与茚三酮缩合生成蓝紫色的化合物,因此能在可见光区被检测到。

(三)含量测定

1. *管碟法*

在摊布试验菌的琼脂培养基平板上,放置小钢管,在钢管内加入抗生素溶液后,在培养条件下,琼脂培养基中便产生两种互动作用:一种是抗生素溶液向培养基内呈球面扩散作用;另一种为试验菌的生长作用。抗生素在琼脂培养基中的浓度,随离开钢管中心距离的增大而降低,即离开钢管越远,琼脂培养基中抗生素浓度越低。当培养到一定时间,琼脂培养基中的两种互动作用达到动态平衡时,琼脂培养基便形成透明的抑菌圈,即在抑菌圈中因抗生素浓度高于抑菌浓度,试验菌生长收到抑制,此处琼脂培养基呈透明状。

管碟法基于量-反应平行线原理,即抗生素总量的对数($\lg M$)与所形成抑菌圈半径的平方(r^2)呈直线关系,依此测量抑菌圈大小来测定抗生素的效价。

2. *浊度法*

本法系利用抗生素在液体培养基中对试验菌生长的抑制作用,通过测定培养后细菌浊度值的大小,比较标准品与供试品对试验菌生长抑制的程度,以测定供试品效价的一种方法。

三、实验仪器及药品

硅胶G薄层板、定量毛细管、展开缸、高效液相色谱仪(紫外-可见光检测器或二极管阵列检测器)、色谱柱(填料磺酸键合硅胶)、高效液相色谱仪用柱后衍生器、分析天平(量程为十万分之一)、称量瓶或称量纸、称量勺、酸度计、高压灭菌锅、生化培养箱、培养管、钢管放置器、牛津杯(钢管)、平皿(90 mm)、抗生素效价测量仪、吸管(1 mL、2 mL、5 mL、10 mL、25 mL)、容量瓶(50 mL、100 mL、1 000 mL)、抗生素浊度法测量仪、浊度法用比色池、超声波震荡器。

甲醇(分析纯)、三氯甲烷(分析纯)、浓氨溶液(分析纯)、碘(分析纯)、枸橼酸钠(分析纯)、苯酚(分析纯)、超纯水、硫二甘醇(分析纯)、盐酸(分析纯)、氯化钠(分析纯)、乙二醇甲醚(分析纯)、氮气、茚三酮(分析纯)、还原茚三酮(分析纯)、醋酸钠(分析纯)、冰醋酸(分析纯)、聚氧乙烯(23)十二烷基醚(聚氧乙烯月桂醚)、胨、琼脂、牛肉浸出粉、磷酸氢二钾(分析纯)、酵母浸出粉、磷酸二氢钾(分析纯)、葡萄糖。

枯草芽孢杆菌(CMCC(B)63501)、金黄色葡萄球菌(CMCC(B)26003)、安普霉素标准品、硫酸安普霉素预混剂供试品。

四、实验准备

(一)苯酚溶液

取苯酚8 g,加2 mL的水使溶解,即得。

(二)流动相A

取枸橼酸钠2.0 g,加苯酚溶液0.08 mL与硫二甘醇0.5 mL,加水溶解并稀释成100 mL,用盐酸调节pH至4.25,即得。

(三)流动相B

取枸橼酸钠4.0 g,氯化钠4.0 g与苯酚溶液0.08 mL,加水溶解并稀释成100 mL,用盐酸调节pH至7.4,即得。

(四)衍生化试剂

取乙二醇甲醚1 000 mL,通入氮气流2～3 min,在持续通入氮气流下,加茚三酮10 g与还原茚三酮1 g,使溶解;再加醋酸盐缓冲液200 mL,再加水650 mL,和20%聚氧乙烯(23)十二烷基醚(聚氧乙烯月桂醚)4 mL,即得。

(五)醋酸盐缓冲液

取54.44 g醋酸钠,加水50 mL使溶解,加冰醋酸10 mL,混匀,用冰醋酸调节pH至5.5,用水稀释成100 mL,即得。

(六)培养基Ⅰ

混合胨5 g、牛肉浸出粉3 g、磷酸氢二钾3 g、水1 000 mL,调节pH使比pH 7.8～8.0略高

0.2～0.4，加入琼脂15～20 g，加热溶化后滤过，调节pH使灭菌后为7.8～8.0，分装，灭菌。

（七）磷酸盐缓冲液（pH 7.8）

取磷酸氢二钾5.59 g与磷酸二氢钾0.41 g，加水使成1 000 mL，滤过，分装，灭菌。

（八）培养基Ⅲ

混合胨5 g、牛肉浸出粉1.5 g、酵母浸出粉3 g、氯化钠3.5 g、磷酸氢二钾3.68 g、磷酸二氢钾1.32 g、水1 000 mL，加热溶化后滤过，加葡萄糖1 g溶解后，摇匀，调节pH使灭菌后为7.0～7.2，分装，灭菌。

五、实验方法

（一）鉴别

1. 薄层鉴别

取硫酸安普霉素标准品和供试品，加水溶解并稀释制成每1 mL中约含1 mg的溶液。吸取上述两种溶液各5 μL，分别点于同一硅胶G薄层板上，以甲醇-三氯甲烷-浓氨溶液（6∶2∶4）为展开剂，展开，晾干，在105℃加热5 min，放冷，置碘蒸气中显色。供试品溶液所显主斑点的位置和颜色应与标准品溶液的主斑点相同。

2. 高效液相色谱法鉴别

在有关物质测定记录的色谱图中，供试品溶液主峰的保留时间应与标准品溶液主峰的保留时间一致。

（二）有关物质

《中国兽药典》2010年版规定，供试品溶液色谱图中如有杂质峰，单个杂质峰面积不得大于对照溶液主峰面积的2.8倍（14%），其他单个杂质峰面积不得大于对照溶液主峰面积的0.8倍（4%），各杂质峰面积的和不得大于对照溶液主峰面积的6倍（30%），供试品溶液色谱图中任何小于对照溶液主峰面积0.04倍的峰可忽略不计。

1. 色谱条件与系统适用性试验

用磺酸键合硅胶（Venusil SCX-F）为填充剂，以枸橼酸钠溶液（pH 4.25）为流动相A，以枸橼酸钠溶液（pH 7.4）为流动相B；柱后衍生反应温度为120℃；以茚三酮溶液为衍生化试剂，检测波长为568 nm。

2. 供试品溶液的制备

取硫酸安普霉素预混剂适量，加0.5%的氯化钠溶液适量，振摇5 min使硫酸安普霉素溶解并稀释制成每1 mL中约含3 mg安普霉素的溶液，摇匀，滤过，取续滤液，作为供试品溶液，即得。

3. 对照溶液的制备

精密量取供试品溶液适量，用水定量稀释制成每1 mL中约含0.15 mg的溶液，摇匀，即得。

4. 鉴别试验用标准品溶液

取硫酸安普霉素标准品，精密称定，加水溶解并稀释制成每1 mL中约含3.5 mg的溶液，即得。

5. 测定法

按表 8-7-1 进行线性梯度洗脱；取对照溶液 20 μL 注入液相色谱仪，调节检测灵敏度，使主成分色谱峰的峰高约为满量程，精密量取供试品溶液、对照溶液、标准品溶液各 20 μL，分别注入液相色谱仪，记录色谱图。

表 8-7-1　硫酸安普霉素预混剂有关物质检查梯度洗脱表

时间/min	流动相 A/%	流动相 B/%
0	75	25
3	75	25
9	0	100
30	0	100
31	75	25
41	75	25

(三)含量测定

《中国兽药典》2010 版规定，本品含安普霉素应为标示量的 90.0%～110.0%。

精密称取硫酸安普霉素适量，加灭菌水适量，超声处理 5 min 使硫酸安普霉素溶解，放冷，用灭菌水定量稀释制成 1 mL 中约含 1 000 单位的溶液，取上清液，照中国兽药典 2010 年版抗生素微生物检定法(管碟法或浊度法)测定。

1. 管碟法

标准品溶液的制备：硫酸安普霉素标准品含量：650 单位/mg，理论精密称量 76.92，置 50 mL量瓶中(650 单位/mg×76.92 mg=49 998 单位)，恰好 1 000 单位/mL。但实际操作较困难，一般称量数接近即可，以称取 77.12 mg 举例说明。溶解稀释步骤如下：

称取 77.12 mg $\xrightarrow{\text{灭菌水}}$ 50 mL 量瓶 $\xrightarrow{(77.12\times 650)/50}$ 1 002.56 单位/mL①

精密量取①5 mL $\xrightarrow{\text{磷酸盐缓冲液 pH 7.8}}$ 50 mL 量瓶 $\xrightarrow{(5\times 1\,002.56)/50}$ 100.26 单位/mL②

精密量取②5 mL $\xrightarrow{\text{磷酸盐缓冲液 pH 7.8}}$ 50 mL 量瓶 $\xrightarrow{(5\times 100.26)/50}$ 10.03 单位/mL(SH)

精密量取②5 mL $\xrightarrow{\text{磷酸盐缓冲液 pH 7.8}}$ 100 mL 量瓶 $\xrightarrow{(5\times 100.26)/100}$ 5.01 单位/mL(SL)

SH 为标准品溶液高剂量，SL 为标准品溶液低剂量。

供试品溶液的制备：《中国兽药典》2010 年版中硫酸安普霉素预混剂有 2 种规格，分别为 100 g：3 g(300 万单位)、1 000 g：165 g(16 500 万单位)，以第一种规格供试品为例。

称量稀释举例：按 30 单位/mg 估计(300 万单位/100 000 mg)，精密称取 1 667 mg，置 50 mL量瓶中(30 单位/mg×1 667 mg=50 010 单位)，约为 1 000 单位/mL。但实际操作较困难，一般称量数接近即可，以称取 1 666.54 mg 举例说明。溶解稀释步骤如下：

称取 1 666.54 mg $\xrightarrow{\text{灭菌水}}$ 50 mL 量瓶 $\xrightarrow{(1\,666.54\times 300)/50}$ 999.92 单位/mL①

精密量取①5 mL $\xrightarrow{\text{磷酸盐缓冲液 pH 7.8}}$ 50 mL 量瓶 $\xrightarrow{(5\times 999.92)/50}$ 99.99 单位/mL②

精密量取②5 mL $\xrightarrow{\text{磷酸盐缓冲液 pH 7.8}}$ 50 mL 量瓶 $\xrightarrow{(5\times 99.99)/50}$ 10 单位/mL(TH)

精密量取②5 mL $\xrightarrow{\text{磷酸盐缓冲液 pH 7.8}}$ 100 mL 量瓶 $\xrightarrow{(5\times 99.99)/100}$ 5 单位/mL(TL)

TH 为供试品溶液高剂量，TL 为供试品溶液低剂量。

$$D\text{值}=\frac{d_S}{d_T}=\frac{1\,002.56}{999.92}=1.002\,6$$

如果 S 与 T 稀释溶液最终不是整单位数，测量结果可以采用 D 值 $\left(D=\frac{d_S}{d_T}\right)$ 形式进行计算。

滴加抗生素溶液：分别将标准品溶液与供试品溶液高、低剂量，按 SH→TH→SL→TL 顺序滴加钢管，然后于 35～37℃进行培养、16～18 h 后测量抑菌圈，进行可靠性检验、计算效价及可信限率(FL%)。

2. 浊度法

抗生素溶液的制备：精密量取硫酸安普霉素标准品和供试品适量，加 pH 7.8 磷酸盐缓冲液溶解并稀释制成 1 000 单位/mL 的溶液(按管碟法的溶液配制方法制备)，最终溶液的高、低浓度分别为 4.5 单位/mL 和 3 单位/mL(不同浓度剂间比通常为 1∶1.25 或更小)。该浓度可以根据培养结束后吸收度大小(吸收度在 0.3～0.7 之间为宜)在 2.9～7.2 单位/mL 的范围内调整。

抗生素溶液的分装：取灭菌后的石英比色管 16 支，分别做好标记，按照拉丁方阵顺序排列。精密移取 1 mL 标准品和供试品溶液置相应的比色池中。

培养基的接种与分装：培养基接种适量的金黄色葡萄球菌后摇匀，用灭菌后的大口吸管将此培养基分装至比色池中，每管分装 9 mL，立即摇匀，使抗生素溶液与培养基混合均匀。

使用微生物浊度法测量仪在 35～37℃培养 3～4 h，如吸光度均在 0.3～0.7 之间时即可终止实验，并在线打印结果。

六、复习思考题

(1)浊度法试验时如出现微生物或抗生素污染，会产生什么现象？

(2)浊度法试验时如何判断试验菌敏感性下降？

七、注解或注意事项

1. 管碟法的关键点及注意事项

可参考盐酸大观霉素。

2. 浊度法的关键点及注意事项

(1)由于本品吸湿性很强，因此称量时应快速。标准品开启后应转移至干燥的西林瓶中，密封后放在盛有硅胶的干燥器或干燥瓶中保存。

(2)金黄色葡萄球菌对本品的敏感性很强，剂量反应明显，为了控制高低剂量均在 0.3～0.7 之间，一般选择剂量比为 1∶1.25，当试验菌敏感性下降，高低剂量形成的吸收度之差过小(<0.1)时，可在本品的线性范围内(2.9～7.2)选择剂量比为 1∶1.5。试验一般选取第三代至第五代的菌种。

(3)标准品储备液应在规定的条件下保存使用，为了保证实验结果的可靠性，应该在规定的保存条件和有效期内考查标准品溶液的稳定性。若稳定性较差，可以考虑用灭菌 pH 7.8 磷酸盐缓冲液配制标准品储备液，并进行考查和对照实验。

其他可参考盐酸大观霉素。

实验 8-8 酒石酸吉他霉素可溶性粉的鉴别、特殊杂质检查及含量测定

一、目的要求

(1)熟悉酒石酸吉他霉素的鉴别原理和鉴别方法。

(2)熟悉吉他霉素组成情况,掌握各组分的检查方法。

(3)掌握抗生素微生物检定法的原理及操作。

(4)掌握制剂的标示含量计算方法。

二、实验原理

(1)吉他霉素在酸性条件下发生水解,生成红褐色物。

(2)酒石酸根离子与银离子发生反应,生成白色的酒石酸银沉淀;在少量氨试液的作用下,沉淀溶解,生成酒石酸和银离子,随即,银离子被酒石酸还原成金属银附于试管壁成银镜。在制镜工业中,酒石酸是一个重要的助剂和还原剂,可以控制银镜的生成速度,获得非常均一的镀层。

(3)同一物质在相同的色谱条件下,特征色谱行为一致。吉他霉素是由吉他霉素 A_5、吉他霉素 A_1 和吉他霉素 A_{13} 等组分为主的混合物。将供试品与对照品在相同的液相色谱条件下进样分离,并比较二者的保留时间是否一致,以判断供试品的真伪。

(4)抗生素微生物检定法是指在适宜条件下,根据量反应平行线原理设计,通过检测抗生素对微生物的抑制作用,计算抗生素活性(效价)的方法。该方法能够直观地反应抗生素总的抗菌能力。目前,国际通用的方法是管碟琼脂扩散法和比浊法。

管碟琼脂扩散测定法是利用抗生素在摊布特定试验菌的固体培养基内呈球面形扩散,形成含一定浓度抗生素球形区,抑制了试验菌的繁殖而呈现出透明的抑菌圈。在一定浓度范围内,根据抗生素对数剂量与抑菌圈直径(面积)呈线性关系的特点,通过比较标准品与供试品产生抑菌圈的大小,计算出供试品的效价。

比浊法系利用抗生素在液体培养基中对试验菌生长的抑制作用,通过测定培养后细菌浊度值的大小,比较标准品与供试品对试验菌生长抑制的程度,以测定供试品效价的一种方法。

三、实验仪器及药品

硝酸银(分析纯)、氨水(分析纯)、醋酸铵(分析纯)、硫酸(分析纯)、磷酸(分析纯)、甲醇(色谱纯)、乙腈(色谱纯)、超纯水、吉他霉素标准品、枯草芽孢杆菌(CMCC(B)63501)、胨、牛肉浸出粉、酵母浸出粉、葡萄糖(分析纯)、氯化钠(分析纯)、琼脂、烧杯、量筒、电子天平(精度 0.000 1 g)、滴管、搅拌棒、试管、试管夹、恒温水浴锅、高效液相色谱仪(紫外检测器或二极管阵列检测器)、色谱柱(C_{18})、超声波振荡器、移液管、容量瓶、滤膜(0.45 μm)、滤头(0.45 μm)、过滤器、高压灭菌锅、生化培养箱、培养管、钢管放置器、牛津杯(钢管)、平皿(90 mm)、抗生素效价测量仪、吸管、酸度计。

四、实验准备

(一)氨试液

取浓氨溶液 4 mL,加水使成 10 mL,即得。

（二）氨制硝酸银试液

取硝酸银 1 g，加水 20 mL 溶解后，滴加氨试液，随加随搅拌，至初起的沉淀将近全溶，滤过，即得。本液应置棕色瓶内，在暗处保存。

（三）醋酸铵溶液（0.1 mol/L）（用磷酸调节 pH 至 4.5）

称取醋酸铵 7.7 g，加水 1 000 mL，搅拌使完全溶解，用磷酸调节 pH 至 4.5±0.05。

（四）流动相

0.1 mol/L 醋酸铵溶液（用磷酸调节 pH 至 4.5）-甲醇-乙腈（40∶55∶5，体积分数）。

（五）培养基

胨 6 g，牛肉浸出粉 1.5 g，酵母浸出粉 6 g，葡萄糖 1 g，琼脂 15～20 g，加水至 1 000 mL，调节 pH，使灭菌后为 7.8～8.0 或 6.5～6.6。

五、实验方法

（一）鉴别

（1）取本品约 10 mg，加硫酸 5 mL，缓缓摇匀，溶液显红褐色。

（2）在吉他霉素组分测定项下记录的色谱图中，供试品溶液应出现四个与吉他霉素标准品溶液中 A_5、A_4、A_1、A_{13} 峰保留时间一致的色谱峰。

（3）酒石酸盐：取供试品的中性溶液，置洁净的试管中，加氨制硝酸银试液数滴，置水浴中加热，游离银附着在试管的内壁成银镜。

（二）检查

吉他霉素组分：照高效液相色谱法测定。

色谱条件与系统适用性试验：用十八烷基硅烷键合硅胶为填充剂；以 0.1 mol/L 醋酸铵溶液（用磷酸调节 pH 至 4.5）-甲醇-乙腈（40∶55∶5，体积分数）为流动相；柱温 60℃；检测波长为 231 nm。另取吉他霉素标准品，加流动相溶解并定量稀释制成每 1 mL 中约含吉他霉素 2 mg 的溶液，作为标准品溶液（1），取标准品溶液（1）10 μL 注入液相色谱仪，记录的色谱图应与标准图谱一致。

测定法：取本品适量，精密称定，加流动相溶解并稀释制成每 1 mL 中约含吉他霉素 2 500 单位的溶液，摇匀，滤过，作为供试品溶液；精密量取 10 μL 注入液相色谱仪，记录色谱图；另取吉他霉素标准品，加流动相溶解并定量稀释制成每 1 mL 中约含吉他霉素 2 mg 的溶液，作为标准品溶液（1）；取 5 mL，置 25 mL 量瓶中，用流动相稀释至刻度，摇匀，作为标准品溶液（2）。精密量取标准品溶液（1）、（2），同法测定。吉他霉素主组分出峰顺序依次为 A_9、A_8、A_7、A_6、A_5、A_4、A_1、A_3、A_{13}。按下式分别计算，吉他霉素 A_5 应为 35%～70%，A_4 应为 5%～25%，A_1、A_{13} 均应为 3%～15%。

吉他霉素 A_5（A_4、A_1、A_{13}）含量＝$A_T W_S \times P \times$ 标准品效价 $\times 100\% A_S W_T \times$ 标示量

式中：A_T 为供试品色谱图中吉他霉素 A_5（A_4、A_1、A_{13}）的峰面积；A_S 为标准品色谱图中吉他霉素 A_5 的峰面积；W_T 为供试品的重量；W_S 为标准品的重量；P 为标准品中吉他霉素 A_5 的百分含量。

(三)含量测定

精密称取本品适量,加灭菌水溶解并定量稀释制成每毫升中约含吉他霉素 1 000 单位的溶液,照抗生素微生物检定法测定。

六、复习思考题

(1)“标示量的百分含量”该如何计算?请列出本节试验中吉他霉素含量的计算公式。

(2)采用管碟琼脂扩散法进行抗生素微生物检定时应注意哪些事项?

七、注解或注意事项

本试验中所用的抗生素微生物检定法是管碟琼脂扩散法。

实验 8-9 伊维素注射液的鉴别、特殊杂质检查及含量测定

一、目的要求

(1)熟悉高效液相色谱法测定伊维菌素含量的方法。

(2)掌握溶液颜色检查法的操作。

(3)掌握高效液相色谱仪的操作和注意事项。

二、实验原理

(1)溶液颜色检查法系控制药物有色杂质限量的方法。有色杂质的来源一是由生产工艺中引入,二是在贮存过程中由于药物不稳定降解产生。

(2)同一物质在相同的色谱条件下,特征色谱行为一致。将供试品与对照品在相同的液相色谱条件下进样分离,并比较二者的保留时间是否一致,以判断供试品的真伪。

(3)外标法是仪器分析常用的方法之一,是指将对照品与供试品在相同的色谱条件下单独测定,把得到的色谱峰面积与被测组分的色谱峰面积进行比较,求得供试品的含量。测定时,对照品溶液的浓度应与供试品溶液的浓度接近,以利于定量分析的准确性。

三、实验仪器及药品

黄色或黄绿色 2 号标准比色液、比色管、甲醇(色谱纯)、乙腈(色谱纯)、超纯水、伊维菌素对照品、高效液相色谱仪(紫外检测器或二极管阵列检测器)、色谱柱(C_{18})、量筒、容量瓶、超声波振荡器、滴管、滤头(0.45 μm)、滤膜(0.45 μm)、过滤器。

四、实验准备

流动相:乙腈-甲醇-水(53∶35∶12,体积分数)。

五、实验方法

(一)鉴别

在含量测定项下记录的色谱图中,供试品溶液主峰的保留时间应与对照品溶液主峰的保

留时间一致。

(二)检查

颜色:本品应无色;如显色,与黄色或黄绿色 2 号标准比色液比较,不得更深。

伊维菌素组分:照含量测定项下的方法测定,伊维菌素 H_2B_{1a} 的峰面积不得少于伊维菌素 H_2B_{1a} 与伊维菌素 H_2B_{1b} 峰面积和的 90.0%。

(三)含量测定

照高效液相色谱法测定。

色谱条件与系统适用性试验:用十八烷基硅烷键合硅胶为填充剂;以乙腈-甲醇-水(53∶35∶12,体积分数)为流动相;检测波长为 254 nm。理论板数按 H_2B_{1a} 峰计算应不低于 2 000,伊维菌素 H_2B_{1a} 与 H_2B_{1b} 峰的分离度应不小于 3.0。H_2B_{1b} 峰约为伊维菌素 H_2B_{1a} 峰相对保留时间的 0.8。

测定法:精密量取本品适量,用甲醇稀释制成每毫升中约含 0.2 mg 的溶液,精密量取20 μL 注入液相色谱仪,记录色谱图;另取伊维菌素对照品,同法测定。按外标法以峰面积计算,即得。

六、复习思考题

请列出伊维菌素含量的计算公式。

七、注解或注意事项

(1)相对保留时间　杂质检查试验时,相对保留时间=杂质峰保留时间/主峰保留时间。本试验中的相对保留时间=H_2B_{1b} 峰的保留时间/H_2B_{1a} 峰的保留时间。

(2)《中国兽药典》中溶液颜色检查法项下收载了三种检查方法:目视法、紫外-可见分光光度法和色差计法,本实验选用目视法。目视比色法是指将供试品溶液与各色调标准比色液进行比较,“无色”是指供试品溶液的颜色相同于所用溶剂。操作过程中应注意:所用比色管应洁净、干燥,洗涤时不能用硬物洗刷,需用铬酸洗液浸泡,然后冲洗;检查时光线应明亮,可在自然光下进行,将两管同置白色背景前,平视观察。

实验 8-10　替米考星及替米考星溶液的鉴别、特殊杂质检查及含量测定

一、目的要求

(1)掌握红外分光光度法的原理及仪器的操作要求。

(1)熟悉高效液相色谱仪的操作,了解梯度洗脱的原理及方法设置。

二、实验原理

(1)化合物受红外辐射照射后,使分子的振动和转动运动由较低能级向较高能级跃迁,从而导致对特定频率红外辐射的选择性吸收,形成特征性很强的红外吸收光谱。其中,中红外区(4 000～400 cm^{-1})是药物分析中最常用的区域。红外光谱与分子结构有着密切的联系,特别是指纹区体现的是整体结构。红外光谱在药物分析中,主要用于定性鉴别和物相分析,如果供

试品的光谱图与对照光谱图一致，通常可判定两化合物为同一物质。

(2)通常情况下，液相色谱操作中的流动相组成和比例是恒定的，这种洗脱化合物的方式被称为等度洗脱；但是为了改善分析结果，在同一个分析周期内，连续改变流动相中各溶剂组分的比例以连续改变流动相的极性，使得每个分析组分都有合适的容量因子，并使样品中所有组分可在最短时间内实现最佳分离，这种洗脱方式称为梯度洗脱。梯度洗脱具有分析周期缩短、分离能力提高、峰型得到改善等优点，但有时易引起基线漂移。

(3)外标法是仪器分析常用的方法之一，是指将对照品与供试品在相同的色谱条件下单独测定，把得到的色谱峰面积与被测组分的色谱峰面积进行比较，求得供试品的含量。测定时，对照品溶液的浓度应与供试品溶液的浓度接近，以利于定量分析的准确性。

三、实验仪器及药品

溴化钾(分析纯)、乙腈(色谱纯)、超纯水、磷酸(分析纯)、氢氧化钠(分析纯)、替米考星对照品、二丁胺(分析纯)、四氢呋喃(色谱纯)、称量瓶或称量纸、称量勺、电子天平(精度0.000 1 g)、红外分光光度计、粉末压片机、压片模具、干燥器、量筒、量瓶、移液管、高效液相色谱仪(紫外检测器或二极管阵列检测器)、色谱柱(C_{18})、超声波振荡器、滴管、滤头(0.45 μm)、滤膜(0.45 μm)、过滤器。

四、实验准备

(一)氢氧化钠溶液(12.5 mol/L)

称取氢氧化钠 5 g，加纯化水 10 mL，搅拌使溶解。

(二)磷酸溶液

量取纯化水 900 mL，加磷酸 5.71 g，用 12.5 mol/L 氢氧化钠溶液调节 pH 至 2.5±0.1，加水至 1 000 mL。

(三)磷酸二丁胺溶液

量取二丁胺 16.8 mL，加磷酸溶液(1→10)70 mL，边加边搅拌，放冷后，用磷酸调节 pH 至 2.5±0.1，加纯化水至 100 mL。

(四)有关物质流动相 A

水-磷酸二丁胺溶液(975∶25，体积分数)。

(五)含量测定流动相

水-乙腈-磷酸二丁胺溶液-四氢呋喃(805∶115∶25∶55，体积分数)。

五、实验方法

(一)替米考星

1. 鉴别

(1)在含量测定项下记录的色谱图中，供试品溶液主峰的保留时间应与对照品溶液主峰的保留时间一致。

(2)本品的红外光吸收图谱应与对照品的图谱一致。

2. 检查

有关物质取本品约 0.2 g,精密称定,置 50 mL 量瓶中,加乙腈 10 mL 超声处理使溶解,用磷酸溶液(取水 900 mL,加磷酸 5.71 g,用 12.5 mol/L 氢氧化钠溶液调节 pH 至 2.5±0.1,加水至 1 000 mL)稀释至刻度,摇匀,作为供试品溶液;取替米考星对照品适量,精密称定,加乙腈制成每毫升中含 0.25 mg 的溶液,精密量取 5 mL,置 25 mL 量瓶中,用上述磷酸溶液稀释至刻度,摇匀,作为对照品溶液。照高效液相色谱法试验,用十八烷基硅烷键合硅胶为填充剂;以水-磷酸二丁胺溶液[取二丁胺 16.8 mL,加磷酸溶液(1→10)70 mL,边加边搅拌,放冷后,用磷酸调节 pH 至 2.5±0.1,加水至 100 mL](975∶25,体积分数)为流动相 A,以乙腈为流动相 B;按表 8-10-1 进行梯度洗脱;检测波长为 280 nm;流速为每分钟 1.1 mL。替米考星反式异构体(两个不完全分开的峰)的相对保留时间为 0.8,替米考星顺式异构体的相对保留时间为 1.0,替米考星顺式-8-差向异构体的相对保留时间为 1.2(梯度洗脱程序可根据替米考星主峰的保留时间进行调整,使色谱图记录时间为替米考星顺式异构体峰保留时间的 2 倍);理论板数按替米考星顺式峰计算不低于 3 000,替米考星的顺式与反式异构体峰的分离度应符合要求。精密量取供试品溶液与对照品溶液各 10 μL,分别注入液相色谱仪,记录色谱图。供试品溶液的色谱图中(除顺式、反式和顺-8-差向异构体外)如有杂质峰,按下式以无水物计算,单个杂质不得过 3.0%,各杂质的和不得过 10.0%。供试品溶液色谱图中任何小于对照品溶液顺式异构体峰面积的 0.01 倍的峰可忽略不计。

杂质峰含量计算公式:

$$\frac{A \times W_S \times P}{A_S \times W \times n}$$

式中:A 为供试品溶液色谱图中除顺式、反式和顺-8-差向异构体外,有关物质峰面积的和/或单个有关物质峰面积;A_S 为对照品溶液色谱图中顺式和反式异构体峰面积的和;W_S 为对照品的重量;W 为供试品的重量;P 为对照品的顺式和反式异构体的含量;n 为对照品与供试品的稀释倍数比。

表 8-10-1 流动相梯度洗脱

时间/min	流动相 A/%	流动相 B/%
0	80	20
30	58	42

替米考星组分:在含量测定项下记录的供试品溶液色谱图中,替米考星顺式异构体峰面积与替米考星反式异构体峰面积分别应为替米考星顺式异构体与反式异构体峰面积和的 82.0%~88.0%与 12.0%~18.0%。

3. 含量测定

照高效液相色谱法测定。

色谱条件与系统适用性试验:用十八烷基硅烷键合硅胶为填充剂;以水-乙腈-磷酸二丁胺溶液[取二丁胺 16.8 mL,加磷酸溶液(1→10)70 mL,边加边搅拌,放冷后,用磷酸调节 pH 至 2.5±0.1,加水至 100 mL]-四氢呋喃(805∶115∶25∶55,体积分数)为流动相;检测波长为

280 nm。理论板数按替米考星顺式峰计算不低于3 000,替米考星的顺式与反式异构体峰的分离度应符合要求。替米考星反式异构体和顺式异构体峰的相对保留时间为0.9和1.0。

测定法:取本品25 mL,精密称定,置50 mL量瓶中,加乙腈10 mL超声处理使溶解,用上述磷酸溶液稀释至刻度,摇匀。精密量取10 μL注入液相色谱仪,记录色谱图。另取替米考星对照品同法测定。按外标法以顺式和反式异构体峰面积的和计算,即得。

(二)替米考星溶液

1. 鉴别

在含量测定项下记录的色谱图中,供试品溶液主峰的保留时间应与对照品溶液主峰的保留时间一致。

2. 含量测定

精密量取本品适量(约相当于替米考星0.50 g),置100 mL量瓶中,用磷酸溶液(取磷酸5.71 g,加水900 mL,用12.5 mol/L氢氧化钠溶液调节pH至2.5±0.1加水至1 000 mL)稀释至刻度;精密量取5 mL,置50 mL量瓶中,用上述磷酸溶液稀释至刻度,摇匀,照替米考星项下的方法测定。按外标法以顺式和反式异构体峰面积的和计算,即得。

六、复习思考题

(1)为什么替米考星有关物质检查项下的流动相条件为梯度洗脱,而含量测定项下的流动相条件则是等度洗脱?

(2)"替米考星溶液"的检验项目为什么比"替米考星"的少?

七、注解或注意事项

在运用高效液相色谱法进行试验时,应首先对色谱系统进行适用性试验,即用规定的对照品溶液或系统适用性溶液在规定的色谱条件下进行试验,其系统适用性结果应符合各品种项下的要求。如果出现结果不符合要求的情况,则应对色谱系统进行适当调整,直至符合要求,方可应用该系统继续进行试验。

色谱系统的适用性试验通常包括理论(塔)板数、分离度、重复性和拖尾因子四个参数。其中分离度和重复性尤为重要。

色谱柱的理论(塔)板数:用于评价色谱柱的分离效率,理论板数越大,色谱柱的效率越高。该参数与色谱柱填料类型、填充情况、柱长、流动相的种类和流速等因素有关。由于不同物质在同一色谱柱上的色谱行为不同,采用理论板数作为衡量柱效的指标时,应指明测定物质,一般为待测组分或内标物质。

分离度:又称分辨率,用于评价待测组分与相邻共存物或难分离物质之间的分离程度,是衡量色谱系统效能的关键指标。分离度越大,表明相邻两组分的分离效果越好。通常认为,分离度小于1时,两峰之间有部分重叠;分离度为1.5时,两峰之间的分离程度达到99.7%。除另有规定外,待测组分与相邻共存物之间的分离度应大于1.5。

重复性:是指在相同测量条件下,对同一被测量进行连续多次测量所得结果之间的一致性,用于评价连续进样时,色谱系统响应值的重复情况。采用外标法时,通常取各品种项下的对照品溶液,连续进样5次,除另有规定外,其峰面积测量值的相对标准偏差应不大于2.0%;

采用内标法时，通常配制相当于80%、100%、120%的对照品溶液，至少分别进样2次，计算平均校正因子，其相对标准偏差应不大于2.0%。

拖尾因子：通过计算5%峰高处峰宽与峰顶点至前沿的距离比来评价色谱峰的对称性。对该参数进行考察是为了保证色谱系统的分离效果和测量精度。除另有规定外，峰高法定量时，拖尾因子应在0.95～1.05之间。

实验8-11 泰拉霉素注射液的鉴别、特殊杂质检查及含量测定

一、目的要求

(1)掌握峰面积归一化法的计算方法。

(2)掌握碘滴定液和硫代硫酸钠滴定液的配制及标定方法。

(2)掌握直接滴定法和剩余滴定法的原理。

(3)掌握高效液相色谱仪的操作和注意事项。

二、实验原理

(1)同一物质在相同的色谱条件下，特征色谱行为一致。将供试品与对照品在相同的液相色谱条件下进样分离，并比较二者的保留时间是否一致，以判断供试品的真伪。

(2)面积归一化法：由于组分的量与其峰面积之间成正比，假设样品中所有组分都能得到响应值，则可以通过测量各峰的面积和色谱图上除溶剂峰以外的总色谱峰面积，计算各峰面积占总峰面积的百分率，从而计算各组分的含量。但是，实际工作中，很难实现所有组分在同一个分析周期内都得到响应，所以，该方法通常只能用于粗略考察样品中的杂质含量。

三、实验仪器及药品

可溶性淀粉、碘(分析纯)、碘化钾(分析纯)、盐酸(分析纯)、硫代硫酸钠(分析纯)、无水碳酸钠(分析纯)、重铬酸钾(基准物)、硫酸(分析纯)、磷酸二氢钾(分析纯)、甲醇(色谱纯)、乙腈(色谱纯)、恒温干燥箱、烧杯、量筒、玻璃棒、移液管、容量瓶、碘瓶、垂熔玻璃漏斗、称量瓶或称量纸、称量勺、电子天平(精度0.000 1 g)、高效液相色谱仪(紫外检测器或二极管阵列检测器)、色谱柱(Kromasil C_{18}，150 mm×4.6 mm，3.5 μm或YMC Pack Pro C_{18}，150 mm×4.6 mm，3 μm)、超声波振荡器、滤头(0.45 μm)、滤膜(0.45 μm)、过滤器、滴管、20号针头、注射器、锥形瓶、洗瓶、滴定管(50 mL)。

四、实验准备

(一)淀粉指示液

取可溶性淀粉0.5 g，加水5 mL搅匀后缓缓倾入100 mL沸水中，随加随搅拌，继续煮沸2 min，放冷，倾取上层清夜，即得。本液应临用新制。

(二)碘滴定液(0.005 mol/L)

1. 配制

取碘13.0 g，加碘化钾36 g与水50 mL溶解后，加盐酸3滴与水适量使成1 000 mL，摇

匀，用垂熔玻璃滤器滤过。

2. 标定

精密量取本液 25 mL，置碘瓶中，加水 100 mL 与盐酸溶液（9→100）1 mL，轻摇混匀，用硫代硫酸钠滴定液（0.1 mol/L）滴定至近终点时，加淀粉指示液 2 mL，继续滴定至蓝色消失。根据硫代硫酸钠滴定液（0.1 mol/L）的消耗量，算出本液的浓度，即得碘滴定液（0.05 mol/L）的滴定度。

精密量取碘滴定液（0.05 mol/L）适量，加水定量稀释，即得碘滴定液（0.005 mol/L）。

（三）硫代硫酸钠滴定液（0.1 mol/L）

1. 配制

取硫代硫酸钠 26 g 与无水碳酸钠 0.20 g，加新沸过的冷水适量使溶解并稀释至 1 000 mL，摇匀，放置 1 个月后滤过。

2. 标定

取在 120℃干燥至恒重的基准重铬酸钾 0.15 g，精密称定，置碘瓶中，加水 50 mL 使溶解，加碘化钾 2.0 g，轻轻振摇使溶解，加稀硫酸 40 mL，摇匀，密塞；在暗处放置 10 min 后，加水 250 mL稀释，用硫代硫酸钠滴定液（0.1 mol/L）滴定至近终点时，加淀粉指示液 3 mL，继续滴定至蓝色消失而显亮绿色，并将滴定的结果用空白试验校正。每毫升硫代硫酸钠滴定液（0.1 mol/L）相当于 4.903 mg 的重铬酸钾。根据硫代硫酸钠滴定液（0.1 mol/L）的消耗量与重铬酸钾的取用量，算出本液的浓度，即得。室温在 25℃以上时，应将反应液及稀释用水降温至约 20℃。

（四）稀硫酸

取硫酸 57 mL，加水稀释至 1 000 mL，即得。本液含硫酸应为 9.5%～10.5%。

（五）0.075 mol/L 磷酸二氢钾溶液

取磷酸二氢钾 13.06 g，加水 1 000 mL，使溶解。

（六）稀释剂

甲醇-0.05 mol/L 磷酸二氢钾（pH 5.50）（10∶90，体积分数）。

五、实验方法

1. 鉴别

在含量测定项下记录的色谱图中，供试品溶液主峰的保留时间应与对照品溶液主峰的保留时间一致。

2. 检查

有关物质：照含量测定项下的方法，记录色谱图至主成分峰保留时间的 2.5 倍。扣除保留时间 0.8 min 前的溶剂色谱峰，按峰面积归一化法计算各有关物质的量。含 CP-60,300 不得过 2.5%，CP-651,595 不得过 2.0%，其他单一杂质不得过 1.0%，总杂质不得过 5.0%。

硫代甘油：取本品 2 瓶，用装有 20 号针头的注射器吸取供试品 4 mL，置已精密称重的锥形瓶中，精密称定。加水约 50 mL 和淀粉指示液 3 mL。用碘滴定液（0.005 mol/L）在 60 min 内滴定，滴定过程应在 2 min 内完成。终点前，用水冲洗锥形瓶内壁，继续滴定，至溶液所显的浅蓝色在 30 s 内不退，并将滴定结果用空白试验校正。同时测定本品的相对密度，将供试品的量换算成毫升数。每毫升碘滴定液(0.005 mol/L)相当于 1.082 mg 的 $C_3H_8O_2S$，计算，即得。每毫升供试品中含硫代甘油的量应为 2.5～5.5 mg。

3. 含量测定

照高效液相色谱法测定。

色谱条件与系统适用性试验：用十八烷基硅烷键合硅胶为填充剂(Kromasil C_{18}，150 mm×4.6 mm，3.5 μm 或 YMC Pack Pro C_{18}，150 mm×4.6 mm，3 μm)；以甲醇-乙腈-0.075 mol/L 磷酸二氢钾溶液(45∶25∶30，体积分数)为流动相(pH 7.0)；流速为每分钟 1 mL(Kromasil C_{18})或每分钟 2 mL(YMC Pack Pro C_{18})；柱温(35±5)℃；检测波长为 205 nm。运行时间大约为45 min(Kromasil C_{18})或 35 min(YMC Pack Pro C_{18})。CP-472,295 的理论板数不低于 1 000，CP-472,295 与相邻杂质峰的分离度不得小于 1.05。

测定法：取本品适量，精密称定，置 50 mL 量瓶中，用稀释剂溶解并稀释至刻度，制成每毫升中含 2.0 mg 的溶液，摇匀，精密量取 25 μL，注入液相色谱仪，记录色谱图。另取 CP-472,295、CP-547,272 对照品约 50 mg，精密称定，同法测定。按外标法以 CP-472,295、CP-547,272 峰面积之和计算出供试品中 $C_{41}H_{79}N_3O_{12}$ 的量。

以泰拉霉素异构体 CP-472,295、CP-547,272 总量为 100%，计算各异构体的相对含量。

六、复习思考题

(1)为什么在检查硫代甘油含量时，要求“在 60 min 内滴定，滴定过程应在 2 min 内完成”？

(2)本节的滴定实验中，哪些属于直接滴定法，哪些属于剩余滴定法？

(3)硫代甘油含量检查中，为什么要测定供试品的相对密度？

(4)请列出泰拉霉素含量的计算公式。

七、注解或注意事项

1. 相对密度测定法

相对密度是指在相同的温度、压力条件下，某物质的密度与参考物质(水)的密度之比。除另有规定外，均指 20℃时的比值。

测定的操作顺序为先称量空比重瓶重，再装供试品称重，最后装水称重。

将比重瓶洗净并干燥，称定其重量，准确至毫克。取上述已称定重量的比重瓶，装满供试品(温度应低于 20℃或品种项下规定的温度)后，插入中心有毛细孔的瓶塞，用滤纸将从塞孔溢出的液体擦干，置 20℃(或品种项下规定的温度)的水浴中，放置若干分钟，随着供试液温度的上升，过多的液体不断从塞孔溢出，随时用滤纸将瓶塞顶端擦干，待液体不再由塞孔溢出，迅即将比重瓶自水浴中取出，再用滤纸擦干瓶壁外的水，迅速称定重量，准确至毫克。然后将比重瓶中的供试品倾去，洗净比重瓶，装满新沸过的冷水，再按照供试品的测定法测定水的重量。

供试品的相对密度＝供试品与瓶重－空瓶重水与瓶重－空瓶重

注意事项：比重瓶必须洁净、干燥；供试品及水装瓶时，应小心沿壁倒入比重瓶内，避免产生气泡；将比重瓶从水浴中取出时，应用手指拿住瓶颈，而不能拿瓶肚，以免液体因手温影响体积膨胀外溢。

2. 碘量法滴定的注意事项

(1)配制硫代硫酸钠滴定液所用的水必须煮沸并冷却,以除去二氧化碳和杀死微生物,配制完成后,加入少量无水碳酸钠,使溶液呈弱碱性。

(2)硫代硫酸钠滴定液应放置1个月后再过滤和标定,因硫代硫酸钠中常含有多硫酸盐,可与羟基反应生成硫代硫酸盐,使硫代硫酸钠滴定液浓度改变。

(3)发现硫代硫酸钠滴定液浑浊或有硫析出时,不得使用。

(4)碘滴定液应贮存在棕色具塞玻璃瓶中,在凉暗处避光保存。碘液不可与软木塞、橡胶管或其他有机物接触,以防碘浓度改变。

(5)淀粉指示液的灵敏度随温度升高而下降,故应在室温下放置和使用。

(6)剩余滴定法中,淀粉指示液应在近终点时加入,否则将有较多的碘被淀粉胶粒包住,使蓝色褪去很慢,妨碍终点观察。

实验8-12　马度米星铵预混剂的鉴别、含量测定

一、目的要求

(1)熟悉薄层色谱法鉴别马度米星铵的操作。

(2)掌握薄层色谱法的操作和注意事项。

(3)熟悉高效液相色谱法测定马度米星铵含量的方法。

(4)掌握示差折光检测器和蒸发光散射检测器的原理及基本操作。

(5)掌握蒸发光散射检测器实验结果的计算方法。

二、实验原理

(1)相同物质在同一色谱系统中,色谱行为一致;比较供试品和对照品在薄层板上斑点的位置是否一致,或二者的保留时间是否一致,以判断供试品的真伪。

(2)示差折光检测器和蒸发光散射检测器均为通用型检测器,二者对所有的化合物均有响应,尤其适合用于检测没有紫外吸收的物质。

三、实验仪器及药品

醋酸铵(分析纯)、马度米星对照品、甲醇(色谱纯)、乙酸乙酯(分析纯)、二氯甲烷(分析纯)、硅胶G薄层板、展开缸、微量点样器、鼓风干燥箱或加热板、量筒、称量瓶或称量纸、称量勺、电子天平(精度0.000 1 g)、移液管、容量瓶、高效液相色谱仪(示差折光检测器或蒸发光散射检测器)、色谱柱(C_{18})、滴管、过滤器、滤头(0.45 μm)、滤膜(0.45 μm)、磁力搅拌器、漏斗、滤纸、超声波振荡器。

四、实验准备

(一)0.1 mol/L 醋酸铵溶液

取醋酸铵7.7 g,加水1 000 mL使溶解,即得。

(二)0.02 mol/L 醋酸铵溶液

取醋酸铵 1.54 g,加水 1 000 mL 使溶解,即得。

(三)硫酸香草醛溶液

取香草醛 3 g,加硫酸无水乙醇溶液(1.5→100)100 mL,使溶解。

(四)薄层展开剂

乙酸乙酯-二氯甲烷(4∶1,体积分数)。

(五)方法一流动相

甲醇-0.1 mol/L 醋酸铵溶液(9∶1,体积分数)。

(六)方法二流动相

甲醇-0.02 mol/L 醋酸铵溶液(9∶1,体积分数)。

五、实验方法

(一)鉴别

(1)取本品与马度米星铵对照品,分别加甲醇溶解并稀释制成每毫升中各约含 1 mg 马度米星的溶液。照薄层色谱法试验,吸取上述两种溶液各 5 μL,分别点于同一硅胶 G 薄层板上,以乙酸乙酯-二氯甲烷(4∶1,体积分数)为展开剂,展开,晾干,喷以硫酸香草醛溶液[取香草醛 3 g,加硫酸无水乙醇溶液(1.5→100)100 mL,使溶解],置 105℃加热 10 min,供试品溶液所显主斑点的位置和颜色应与对照品溶液的主斑点相同。

(2)在含量测定项下记录的色谱图中,供试品溶液主峰的保留时间应与对照品溶液主峰的保留时间一致。

(二)含量测定

1. *方法一*

(1)色谱条件与系统适用性试验　用十八烷基硅烷键合硅胶为填充剂;以甲醇-0.1 mol/L 醋酸铵溶液(9∶1,体积分数)为流动相;用示差折光检测器检测。理论板数按马杜米星峰计算不低于 1 500,马杜米星峰与其他峰的分离度应符合要求。

(2)测定法　精密称取本品适量(约相当于马杜米星 0.16 g),精密加乙腈 50 mL,搅拌 30 min 使马杜米星铵溶解,滤过,取续滤液。精密量取 20 μL 注入液相色谱仪,记录色谱图;另取马杜米星对照品,同法测定。按外标法以峰面积计算,即得。

2. *方法二*

(1)色谱条件与系统适用性试验　用十八烷基硅烷键合硅胶为填充剂;以甲醇-0.02 mol/L 醋酸铵溶液(9∶1,体积分数)为流动相;用蒸发光散射检测器检测(参考条件:低温型:漂移管温度 60℃,喷雾器加热水平 60%,载气压力 206 kPa;高温型:漂移管温度 100℃,载气流量为每分钟 2.2 L)。理论板数按马杜米星峰计算不低于 1 500,马度米星峰与其他峰的分离度应符合要求。

(2)测定法　取马度米星对照品适量,精密称定,分别加乙腈溶解并定量稀释制成每毫升中约含马度米星 50 μg、0.1 mg 和 0.2 mg 的溶液作为对照品溶液(1)、(2)、(3)。精密量取上述三种溶液各 20 μL,分别注入液相色谱仪,记录色谱图,以对照品溶液浓度的对数值与相应的峰面积对数值计算线性回归方程,相关系数(r)应不小于 0.99;另精密称取本品适量(约相当于马度米星 2.5 mg),精密加乙腈 25 mL,超声 10 min,使马度米星铵溶解,放冷,滤过,取续滤液,同法测定。用线性回归方程计算供试品中 $C_{47}H_{80}O_{17}$ 的含量。

以上两种方法可选做一种,以方法二为仲裁方法。

六、复习思考题

(1)为什么马度米星铵的含量测定需要用蒸发光散射检测器或示差折光检测器?是否可以采用紫外检测器?

(2)含量测定项下要求的"精密称定"和"精密加入"该如何操作,应该准确到何种程度?

七、注解或注意事项

(1)蒸发光散射检测器　它的工作原理是将色谱柱中流出的洗脱液雾化,形成气溶胶,然后在加热的漂移管中将溶剂蒸发,最后余下的不挥发性溶质颗粒在光散射检测池中得到检测。它是一种通用型检测器,对所有的化合物均有响应,可以检测没有紫外吸收的物质;但是其响应值与待测溶液的浓度通常呈指数关系,故进行计算时需要经对数转换。应用蒸发光散射检测器时,流动相中应不含有不挥发性盐组分。

(2)示差折光检测器　每种物质都有各自的折射率,该检测器是将溶有样品的流动相和流动相本身之间的折射率进行差值,通过连续测定色谱柱中流出的洗脱液的折射率的变化而对样品浓度进行检测。它也是一种通用型检测器,可以检测没有紫外吸收的物质;但是其灵敏度比较低,响应值易受温度影响。

实验 8-13　盐霉素钠预混剂的鉴别、特殊杂质检查及含量测定

一、目的要求

(1)熟悉薄层色谱法检查盐霉素的操作。

(2)掌握薄层色谱法的操作和注意事项。

(3)熟悉抗生素微生物检定法测定盐霉素含量的方法。

(4)掌握抗生素微生物检定法的操作和注意事项。

二、实验原理

(1)盐霉素与香草醛在酸性条件下能够定量生成红色络合物,以此原理可以对其进行一般鉴别和薄层鉴别。

(2)相同物质在同一色谱系统中,色谱行为一致;比较供试品和对照品在薄层板上斑点的位置是否一致,以判断供试品的真伪。

(3)抗生素微生物检定法是指在适宜条件下，根据量反应平行线原理设计，通过检测抗生素对微生物的抑制作用，计算抗生素活性(效价)的方法。该方法能够直观的反应抗生素总的抗菌能力。目前，国际通用的方法是管碟琼脂扩散法和比浊法。

管碟琼脂扩散测定法是利用抗生素在摊布特定试验菌的固体培养基内呈球面形扩散，形成含一定浓度抗生素球形区，抑制了试验菌的繁殖而呈现出透明的抑菌圈。在一定浓度范围内，根据抗生素对数剂量与抑菌圈直径(面积)呈线性关系的特点，通过比较标准品与供试品产生抑菌圈的大小，计算出供试品的效价。

比浊法系利用抗生素在液体培养基中对试验菌生长的抑制作用，通过测定培养后细菌浊度值的大小，比较标准品与供试品对试验菌生长抑制的程度，以测定供试品效价的一种方法。

三、实验仪器及药品

香草醛(分析纯)、乙醇(分析纯)、盐霉素标准品、短小芽孢杆菌(CMCC(B)63202)、胨、牛肉浸出粉、酵母浸出粉、葡萄糖(分析纯)、氯化钠(分析纯)、琼脂、硅胶G薄层板、层析缸、鼓风干燥箱或加热板、高压灭菌锅、生化培养箱、培养管、钢管放置器、牛津杯(钢管)、平皿(90 mm)、抗生素效价测量仪、容量瓶、刻度吸管、酸度计。

四、实验准备

(一)香草醛试液

取香草醛0.1 g，加盐酸10 mL使溶解，即得。

(二)薄层展开剂

乙酸乙酯-乙腈(2∶1，体积分数)。

(三)1%香草醛盐酸溶液

取香草醛1 g，加盐酸100 mL，使溶解，即得。

(四)培养基

胨3 g，葡萄糖1 g，酵母浸出粉3 g，琼脂154～20 g，加水至1 000 mL，调节pH，使灭菌后pH为6.5～6.6。

五、实验方法

(一)鉴别

取本品，加乙醇制成每毫升中含盐霉素3 mg的溶液，摇匀，静置，取上清液2 mL，加香草醛试液1 mL，摇匀，溶液即显红色。

(二)检查

有关物质：取本品，加乙醇溶解并定量稀释制成每毫升中含盐霉素1 mg的溶液，振摇，滤过，作为供试品溶液；另取盐霉素标准品，加乙醇溶解并定量稀释制成相同浓度的溶液，作为标准品溶液。照薄层色谱法试验，吸取上述两种溶液各 5 μL，分别点于同一硅胶 G 薄层板上，以乙酸乙酯-乙腈（2∶1，体积分数）为展开剂，展开，晾干，喷以 1%香草醛盐酸溶液，置 100℃加热 10 min，供试品所显主斑点的位置与颜色应与标准品溶液主斑点相同，并不得有其他杂质斑点。

（三）含量测定

精密称取本品适量，按盐霉素每 10 mg 加乙醇 2 mL，充分振摇 30 min，加灭菌水溶解并定量稀释制成每毫升中约含 1 000 单位的溶液，摇匀，静置；精密量取上清液适量，照抗生素微生物检定法测定。1 000 盐霉素单位相当于 1 mg 的 $C_{42}H_{70}O_{11}$。

六、复习思考题

（1）抗生素效价测定法操作过程中应注意哪些影响因素？

（2）本节试验中“鉴别”项下和“检查”项下的反应原理是否相同？

七、注解或注意事项

（1）薄层色谱法　薄层色谱法是利用展开剂（流动相）的毛细作用，将混合物样品中的不同组分分开的一种方法。由于样品中各组分与固定相之间的作用力不同，在流动相中的溶解度也不同，所以，各组分的上升速度有差异，经过反复的吸附或分配，最终在薄层板上形成上下不一的斑点，从而达到分离混合物的目的。

操作注意事项：薄层板临用前应在 110℃活化 30 min（聚酰胺薄膜不需要活化），活化后放在干燥器中备用。点样时必须注意勿损伤薄层表面，样点直径一般为 2～4 mm。展开剂宜新鲜配制。薄层板浸入展开剂的深度为距原点 5 mm 为宜，切勿将样点浸入展开剂中。喷洒显色剂后如需加热应注意控制加热温度和时间，避免温度过高或加热时间过长造成薄层板焦化。

（2）本试验中所用的抗生素微生物检定法是管碟琼脂扩散法。

实验 8-14　海南霉素钠预混剂的鉴别、特殊杂质检查及含量测定

一、目的要求

（1）熟悉薄层色谱法鉴别海南霉素的操作。

（2）掌握薄层色谱法的操作和注意事项。

（3）熟悉抗生素微生物检定法测定海南霉素含量的方法。

（4）掌握抗生素微生物检定法的操作和注意事项。

二、实验原理

（1）相同物质在同一色谱系统中，色谱行为一致；比较供试品和对照品在薄层板上斑点的位置是否一致，以判断供试品的真伪。

（2）抗生素微生物检定法是指在适宜条件下，根据量反应平行线原理设计，通过检测抗生素对微生物的抑制作用，计算抗生素活性（效价）的方法。该方法能够直观的反应抗生素总的抗菌能力。目前，国际通用的方法是管碟琼脂扩散法和比浊法。

管碟琼脂扩散测定法是利用抗生素在摊布特定试验菌的固体培养基内呈球面形扩散，形成含一定浓度抗生素球形区，抑制了试验菌的繁殖而呈现出透明的抑菌圈。在一定浓度范围内，根据抗生素对数剂量与抑菌圈直径(面积)呈线性关系的特点，通过比较标准品与供试品产生抑菌圈的大小，计算出供试品的效价。

比浊法系利用抗生素在液体培养基中对试验菌生长的抑制作用，通过测定培养后细菌浊度值的大小，比较标准品与供试品对试验菌生长抑制的程度，以测定供试品效价的一种方法。

三、实验仪器及药品

香草醛(分析纯)、乙酸乙酯(分析纯)、海南霉素标准品、苯(分析纯)、丙酮(分析纯)、醋酸异戊酯(分析纯)、乙醇(分析纯)、枯草芽孢杆菌(CMCC(B)63501)、胨、酵母膏、牛肉膏、葡萄糖、甘油、琼脂、硅胶 H 薄层板、层析缸、鼓风干燥箱或加热板、磁力搅拌器、超声波振荡器、高压灭菌锅、生化培养箱、培养管、钢管放置器、牛津杯(钢管)、平皿(90 mm)、抗生素效价测量仪、容量瓶、刻度吸管、酸度计。

四、实验准备

(一)香草醛试液

取香草醛 0.1 g，加盐酸 10 mL 使溶解，即得。

(二)薄层展开剂

醋酸乙酯-苯-丙酮-醋酸异戊酯(4∶4∶3∶1，体积分数)。

(三)灭菌三羟甲基氨基甲烷-盐酸缓冲液(pH 7.1)

取三羟甲基氨基甲烷 606 mg，加 0.1 mol/L 盐酸液 45.7 mL，加水至 100 mL，摇匀，调节 pH，使灭菌后为 7.1。

(四)培养基

培养基　胨 2 g，酵母膏 1 g，牛肉膏 1 g，葡萄糖 10 g，甘油 10 g，琼脂约 20 g，加水至 1 000 mL，调节 pH，使灭菌后为 7.4～7.6。

五、实验方法

(一)鉴别

取本品适量，加醋酸乙酯制成每毫升中约含 1 mg 海南霉素的溶液，充分搅拌，取清液，作为供试品溶液；另取海南霉素标准品，加醋酸乙酯制成每毫升中含 1 mg 的溶液，作为标准品溶液。照薄层色谱法试验。吸取上述两种溶液各 5 μL，分别点于同一硅胶 H 薄层板上，以醋酸乙酯-苯-丙酮-醋酸异戊酯(4∶4∶3∶1，体积分数)为展开剂，展开后，晾干，喷以香草醛试液，在 110℃干燥 5 min，使显色，供试品溶液所显主斑点的颜色和位置，应与标准品溶液的主斑点相同。

(二)含量测定

精密称取本品适量，加无水乙醇制成每毫升中约含1 000单位的溶液，搅拌15 min，取清液，用灭菌三羟甲基氨基甲烷-盐酸缓冲液(pH 7.1)稀释成浓度范围为每毫升中含1.0～4.0单位的溶液，照抗生素微生物检定法(二剂量法)测定，即得。

试验菌　枯草芽孢杆菌(63501)

培养基　胨　2 g

酵母膏　1 g

牛肉膏　1 g

葡萄糖　10 g

甘油　10 g

琼脂　约20 g

水　至1 000 mL

调节pH，使灭菌后为7.4～7.6。

六、复习思考题

(1)薄层色谱法操作过程中，有哪些需要注意的问题？如果出现“边缘效应”，应该从哪些方面调整，才能有所改善？

(2)请列出“含量测定”项下供试品和对照品的取样量及稀释步骤。

七、注解或注意事项

(1)电子天平使用的注意事项　电子应远离震源，并防止气流和磁场干扰；在使用前，应根据说明书的要求进行预热；搬动过的电子天平必须校正好水平后再使用；开启或关闭电子天平的动作应轻缓仔细；同一个试验应在同一台电子天平上进行称量，以免产生称量误差；称量完毕，应及时将所称物品从电子天平中取出。

(2)本试验中所用的抗生素微生物检定法是管碟琼脂扩散法。

实验8-15　氟苯尼考粉的鉴别、特殊杂质检查及含量测定

一、目的要求

(1)熟悉高效液相色谱法测定氟苯尼考粉中氟苯尼考含量的方法。

(2)掌握高效液相色谱仪的操作方法及注意事项。

二、实验原理

(1)相同物质在同一色谱系统中，色谱行为一致；氟苯尼考在紫外区有吸收，所以采用高效液相色谱-紫外检测方法来鉴别供试品的真伪。

(2)氟苯尼考是甲枫霉素的单氟衍生物，二者结构类似，所以将二者的混合溶液做系统适用性溶液，以考察系统的分离度是否良好。

三、实验仪器及药品

乙腈(色谱纯)、超纯水、冰醋酸(分析纯)、氟苯尼考对照品、甲枫霉素对照品、称量瓶或称量纸、称量勺、电子天平(精度 0.000 1)、移液管、容量瓶、高效液相色谱仪(紫外检测器或二极管阵列检测器)、色谱柱(C_{18})、超声波振荡器、过滤器、滤头、滤膜。

四、实验准备

流动相:乙腈-水-冰醋酸(100∶197∶3,体积分数)。

五、实验方法

(一)鉴别

在含量测定项下记录的色谱图中,供试品溶液主峰的保留时间应与对照品溶液主峰的保留时间一致。

(二)含量测定

照高效液相色谱法测定

1. 色谱条件及系统适用性试验

用十八烷基硅烷键合硅胶为填充剂;以乙腈-水-冰醋酸(100∶197∶3,体积分数)为流动相;检测波长为 224 nm。取氟苯尼考与甲枫霉素对照品适量,加流动相溶解并稀释制成每毫升中约含氟苯尼考 50 μg 与甲枫霉素 30 μg 的混合溶液,作为系统适用性试验溶液,量取 10 μL 注入液相色谱仪,记录色谱图,甲砜霉素峰与氟苯尼考峰的分离度应大于 4.0,理论板数按氟苯尼考峰计算不低于 2 500。

2. 测定法

取本品适量(约相当于氟苯尼考 25 mg),精密称定,加流动相溶解并定量稀释制成每毫升中约含 50 μg 的溶液,滤过,取续滤液,精密量取 10 μL,注入液相色谱仪,记录色谱图;另取氟苯尼考对照品,同法测定。按外标法以峰面积计算,即得。

六、复习思考题

(1)系统适用性试验中,分离度和理论板数受哪些因素的影响较大?当遇到二者不符合规定要求的时候,应该怎样调节色谱系统,才能满足规定的要求?

(2)利用外标法进行含量测定时,应该注意哪些,才能更好地保证结果的准确性?

实验九　喹诺酮类药物的质量分析

实验 9-1　恩诺沙星及恩诺沙星注射液的质量分析

一、目的要求

(1)掌握恩诺沙星的质量分析全过程。

(2)掌握恩诺沙星注射液的质量分析。

(3)掌握高效液相色谱法测定恩诺沙星的含量。

二、实验原理

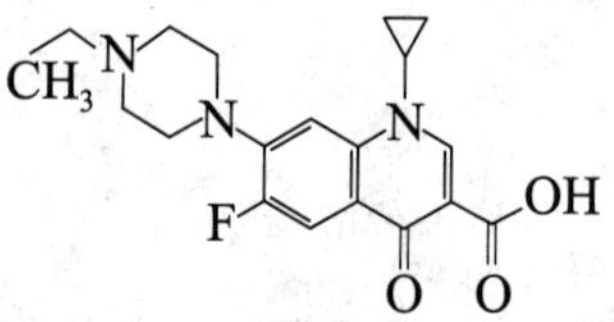

恩诺沙星

恩诺沙星,又名乙基环丙沙星,属于氟喹诺酮类药物,用于畜禽细菌性疾病和支原体感染。其化学结构中含有氟原子,具有 4-喹诺酮环结构,在动物体内的代谢主要是脱去乙基而成为环丙沙星。

(一)鉴别原理

1. 与丙二酸反应的原理

恩诺沙星结构中含有叔胺的结构,具有叔胺专属的显色反应。叔胺化合物与丙二酸在醋酐中共热时,有红棕色出现。也可用枸橼酸或丙烯三羧酸代替。此反应对叔胺有选择性。

2. 高效液相色谱法

利用高效液相色谱图中药物的保留时间,可以对恩诺沙星进行真伪鉴别。《中国兽药典》(2010 年版)规定,恩诺沙星药物含量测定项下的供试品溶液主峰的保留时间应与对照品溶液主峰的保留时间一致。

3. 紫外-可见分光光度法

利用恩诺沙星分子结构中的共轭系统,在紫外区 277 nm 和 315 nm 处有最大吸收波长,故可利用其吸收光谱特征对其进行鉴别。

(二)特殊杂质检查原理

1. 溶液澄清度检查

恩诺沙星在碱性溶液中易溶,但中间体等杂质在碱性溶液中不溶解,因此可通过检查溶液澄清度检查碱不溶性杂质。

2. 氟喹啉酸

恩诺沙星在生产或储存中易产生氟喹啉酸并混入到成品中，可用薄层色谱法检查。

3. 环丙沙星

多采用环丙沙星甲基化的方法生产恩诺沙星，故要对恩诺沙星成品中含有的环丙沙星进行检查。用高效液相色谱法检查环丙沙星。

(三)含量测定原理

高效液相色谱法：恩诺沙星具有胺基和羧基的两性化合物，能在水溶液中解离。用常规高效液相色谱法单独以乙腈-水或甲醇-水为流动相洗脱时，常会出现色谱峰滞后拖尾严重，对称性差，分离度低和保留值不稳定等问题。采用离子抑制或离子对色谱等技术可克服上述的缺点。

三、实验仪器及药品

高效液相色谱仪、薄层色谱仪、紫外-可见分光光度计、超净台、恒温培养箱、干燥箱、高压灭菌锅、水浴锅、摇床、超声波、滴定铁架台、纳氏比色管、过滤器、干燥器、电子天平(精度0.000 1 g)、接种环、酒精灯、胶头滴管、脱脂棉、表面皿、瓷皿坩埚、铂坩埚、细菌培养皿、酸式滴定管(50 mL)、容量瓶(100 mL、500 mL、1 000 mL)、吸管(1 mL、5 mL、10 mL)、扁形称量瓶、普通量筒(100 mL)、量入式量筒(100 mL)、烧杯、试管、玻璃棒、注射器、碘量瓶、锥形瓶。

恩诺沙星、烟酸环丙沙星、酪胨(分析纯)、氯化钠(分析纯)、葡萄糖(分析纯)、亚甲蓝(分析纯)、刃天青(分析纯)、胱氨酸(分析纯)、硫乙醇酸钠(分析纯)、琼脂(分析纯)、酵母浸出粉(分析纯)、磷酸氢二钾(分析纯)、硫酸镁(分析纯)、纯化水、牛肉浸出粉(分析纯)、茜素氟蓝(分析纯)、氢氧化钠(分析纯)、醋酸钠(分析纯)、盐酸(分析纯)、次硝酸铋(分析纯)、冰醋酸(分析纯)、碘化钾(分析纯)、硝酸亚铈(分析纯)、硝酸(分析纯)、盐酸羟胺(分析纯)、浓氨溶液(分析纯)、磷酸(分析纯)、高氯酸(分析纯)、醋酐(分析纯)、邻苯二甲酸氢钾(基准物质)、结晶紫(分析纯)、橙黄Ⅳ(分析纯)、硫代乙酰胺(分析纯)、甘油(分析纯)、重铬酸钾(基准物质)、硫酸铜(分析纯)、醋酸(分析纯)、硫代硫酸钠(分析纯)、可溶性淀粉(分析纯)、氯化钴(分析纯)、氯化铵(分析纯)、二甲酚橙(分析纯)、乙二胺四醋酸二钠(分析纯)、硫酸肼(分析纯)、乌洛托品(分析纯)、氧化锌(分析纯)、甲基红(分析纯)、铬黑 T(分析纯)、硝酸铅(分析纯)、氟喹啉酸(分析纯)、硅胶 GF_{254}(分析纯)、醋酸乙酯(分析纯)、正丁醇(分析纯)、丙二酸(分析纯)、乙腈(色谱纯)、十八烷基硅烷键合硅胶、牛肉膏(分析纯)、无水碳酸钠(分析纯)、金黄色葡萄球菌(CMCC(B)26003)、生孢梭菌(CMCC(B)64941)、白色念珠菌(CMCC(F)98001)。

四、实验准备

(一)对照用菌液

1. 金黄色葡萄球菌液

取金黄色葡萄球菌[CMCC(B)26003]的营养琼脂斜面新鲜培养物，接种至营养肉汤培养基内，在 30～35℃培养 16～18 h 后，用 0.9%无菌氯化钠溶液稀释至每毫升中含 10～100 个菌。

2. 生孢梭菌液

取生孢梭菌（CMCC(B)64941）的需气菌、厌气菌培养基新鲜培养物，接种至相同培养基内，在 30～35℃培养 18～24 h，用 0.9%无菌氯化钠溶液稀释至每毫升中含 10～100 个菌。

3. 白色念珠菌液

取白色念珠菌（CMCC(F)98001）的真菌琼脂培养基斜面新鲜培养物，接种至真菌培养基内，在 20～25℃培养 24 h 后，用 0.9%无菌氯化钠溶液稀释至每毫升中含 10～100 个菌。

（二）培养基配制

1. 需气菌、厌气菌培养基（硫乙醇酸盐流体培养基）

酪胨（胰酶水解）15 g，氯化钠 2.5 g，葡萄糖 5 g，新配制的 0.1%刃天青溶液 1.0 mL，*L*-胱氨酸 0.5 g（或新配制的 0.2%亚甲蓝溶液 0.5 mL），硫乙醇酸钠 0.5 g（或硫乙醇酸 0.3 mL），琼脂 0.75 g，酵母浸出粉 5 g，水 1 000 mL。除葡萄糖和刃天青溶液外，取上述成分加入水内，微温溶解后，调节 pH 为弱碱性，煮沸，滤清，加入葡萄糖和刃天青溶液，摇匀，调节 pH 使灭菌后为 7.1±0.2，分装至适宜的容器中，其装量与容器高度的比例应符合培养结束后培养基氧化层（粉红色）不超过培养基深度的 1/2。灭菌。在供试品接种前，培养基指示剂氧化层的颜色不得超过培养基深度约 1/5，否则，需经水浴煮沸加热至粉红色消失（不超过 20 min），迅速冷却，只限加热一次。

2. 真菌培养基（改良马丁培养基）

胨 5 g，磷酸氢二钾 1 g，酵母浸出粉 2 g，硫酸镁 0.5 g，葡萄糖 20 g，水 1 000 mL。除葡萄糖外，取上述成分加入水内，微温溶解后，调节 pH 约为 6.8，煮沸，加葡萄糖溶解后，摇匀，滤清，调节 pH 使灭菌后为 6.4±0.2，分装，灭菌。

3. 营养肉汤培养基

取胨 10 g，氯化钠 5 g，牛肉浸出粉 3 g，水 1 000 mL。取上述成分混合，微温溶解后调节 pH 为弱碱性，煮沸，滤清，调节 pH 使灭菌后为 7.2±0.2，分装，灭菌。

4. 营养琼脂培养基

照上述营养肉汤培养基的处方及制法，加入 14 g 琼脂，调节 pH 使灭菌后为 7.2±0.2，分装，灭菌。

5. 0.5%葡萄糖肉汤培养基

取胨 10 g，葡萄糖 5 g，氯化钠 5 g，牛肉浸出粉 3 g，水 1 000 mL。除葡萄糖外，取上述成分混合，微温溶解后，调节 pH 为弱碱性，煮沸，加葡萄糖溶解后，摇匀，滤清，调节 pH 使灭菌后为 7.2±0.2，分装，灭菌。

6. 真菌琼脂培养基（改良马丁琼脂培养基）

照真菌培养基的处方及制法，加入 14 g 琼脂，调节 pH 使灭菌后为 6.4±0.2，分装，灭菌，趁热斜放使凝固成斜面。

上述培养基分别按 15 mL 与 40 mL 或需要量分装于试管或其他容器中，装量约为试管或容器高度的 2/5，按规定的温度和时间灭菌。细菌培养基经 30～35℃培养 48 h，真菌培养基经 20～25℃培养 72 h 后，应无菌生长。

(三)试液配制

1. 茜素氟蓝试液

取茜素氟蓝 0.19 g,加氢氧化钠溶液(1.2→100)12.5 mL,加水 800 mL 与醋酸钠结晶 0.25 g,用稀盐酸调节 pH 约为 5.4,用水稀释至 1 000 mL,摇匀,即得。

2. 碘化铋钾试液

取次硝酸铋 0.85 g,加冰醋酸 10 mL 与水 40 mL 溶解后,加碘化钾溶液(4→10)20 mL,摇匀,即得。

3. 硝酸亚铈试液

取硝酸亚铈 0.22 g,加水 50 mL 使溶解,加硝酸 0.1 mL 与盐酸羟胺 50 mg,加水稀释至 1 000 mL,摇匀,即得。

4. 氢氧化钠试液

取氢氧化钠 4.3 g,加水使溶解成 100 mL,即得。

5. 稀醋酸

取冰醋酸 60 mL,加水稀释至 1 000 mL,即得。

6. 氢氧化钠溶液(0.1 mol/L)

取氢氧化钠 0.4 g,加水使溶解成 100 mL,即得。

7. 醋酸钠溶液(12%)

取醋酸钠结晶 12.0 g,加水至 100 mL 使溶解,即得。

8. 氨溶液(0.06 mol/L)

取 25%的浓氨水 4 mL,加水稀释到 1 000 mL,即得。

9. 磷酸溶液(0.025 mol/L)

取磷酸 2.45 g,加水稀释到 1 000 mL,即得。

10. 高氯酸滴定液(0.1 mol/L)

取无水冰醋酸(按含水量计算,每克水加醋酐 5.22 mL)750 mL,加入高氯酸(70%~72%) 8.5 mL,摇匀,在室温下缓缓滴加醋酐 23 mL,边加边摇,加完后再振摇均匀,放冷,加无水冰醋酸适量使成 1 000 mL,摇匀,放置 24 h。若所测供试品易乙酰化,则须用水分测定法测定本液的含水量,再用水和醋酐调节至本液的含水量为 0.01%~0.2%。

标定:取在 105℃干燥至恒重的基准邻苯二甲酸氢钾约 0.16 g,精密称定,加无水冰醋酸 20 mL 使溶解,加结晶紫指示液 1 滴,用本液缓缓滴定至蓝色,并将滴定的结果用空白试验校正。每毫升高氯酸滴定液(0.1 mol/L)相当于 20.42 mg 的邻苯二甲酸氢钾,根据本液消耗量与邻苯二甲酸氢钾的取用量,算出本液的浓度,即得。

11. 橙黄Ⅳ指示液

取橙黄Ⅳ0.5 g,加冰醋酸 100 mL 使溶解,即得。

12. 硫代乙酰胺试液

取硫代乙酰胺 4 g,加水使溶解成 100 mL,置冰箱中保存。临用前取混合液(由 1 mol/L 氢氧化钠溶液 15 mL、水 5.0 mL 及甘油 20 mL 组成)5.0 mL,加上述硫代乙酰胺溶液 1.0 mL,置水浴上加热 20 s,冷却,立即使用。

13. 刃天青溶液(0.1%)

取刃天青 0.1 g,加水 100 mL 使溶解,即得。

14. 比色用重铬酸钾液

精密称取在 120℃干燥至恒重的基准重铬酸钾 0.400 0 g,置 500 mL 量瓶中,加适量水溶解并稀释至刻度,摇匀,即得。每毫升溶液中含 0.800 mg 的 $K_2Cr_2O_7$。

15. 比色用硫酸铜液

取硫酸铜约 32.5 g,加适量的盐酸溶液(1→40)使溶解成 500 mL,精密量取 10 mL,置碘量瓶中,加水 50 mL、醋酸 4 mL 与碘化钾 2 g,用硫代硫酸钠滴定液(0.1 mol/L)滴定,至近终点时,加淀粉指示液 2 mL,继续滴定至蓝色消失。每毫升硫代硫酸钠滴定液(0.1 mol/L)相当于 24.97 mg 的 $CuSO_4 \cdot 5H_2O$。根据上述测定结果,在剩余的原溶液中加适量的盐酸溶液(1→40),使每毫升溶液中适含 62.4 mg 的 $CuSO_4 \cdot 5H_2O$,即得。

16. 比色用氯化钴液

取氯化钴约 32.5 g,加适量的盐酸溶液(1→40)使溶解成 500 mL,精密量取 2 mL,置锥形瓶中,加水 200 mL,摇匀,加氨试液至溶液由浅红色转变至绿色后,加醋酸-醋酸钠缓冲液(pH 6.0) 10 mL,加热至 60℃,再加二甲酚橙指示液 5 滴,用乙二胺四醋酸二钠滴定液(0.05 mol/L)滴定至溶液显黄色。每毫升乙二胺四醋酸二钠滴定液(0.05 mol/L)相当于 11.90 mg 的 $CoCl_2 \cdot 6H_2O$。根据上述测定结果,在剩余的原溶液中加适量的盐酸溶液(1→40),使每毫升溶液中适含 59.5 mg $CoCl_2 \cdot 6H_2O$,即得。

17. 各种色调标准贮备液的制备

按表 9-1-1 量取比色用氯化钴液、比色用重铬酸钾液、比色用硫酸铜液与水,摇匀,即得。

表 9-1-1 各种色调标准贮备液的配制 mL

色调	比色用氯化钴溶液	比色用重铬酸钾溶液	比色用硫酸铜溶液	水
黄绿色	1.2	22.8	7.2	68.8
黄色	4.0	23.3	0	72.7
橙黄色	10.6	19.0	4.0	66.4
橙红色	12.0	20.0	0	68.0
棕红色	22.5	12.5	20.0	45.0

18. 各种色调色号标准比色液的制备

按表 9-1-2 量取各色调标准贮备液与水,摇匀,即得。

表 9-1-2 各种色调色号标准比色液的配制 mL

色号	1	2	3	4	5	6	7	8	9	10
贮备液	0.5	1.0	1.5	2.0	2.5	3.0	4.5	6.0	7.5	10.0
加水量	9.5	9.0	8.5	8.0	7.5	7.0	5.5	4.0	2.5	0

19. 浊度标准贮备液的制备

称取于 105℃干燥至恒重的硫酸肼 1.0 g,置 100 mL 量瓶中,加水适量使溶解,必要时可在 40℃的水浴中温热溶解,并用水稀释至刻度,摇匀,放置 4~6 h;取此溶液与等量的 10%乌洛托品溶液混合，摇匀，于25℃避光静置24 h，即得。该溶液置冷处避光保存，可在2个月内使用，用前摇匀。

20. 浊度标准原液的制备

取浊度标准贮藏液15.0 mL，置1 000 mL量瓶中，加水稀释至刻度，摇匀，取适量，置1 cm吸收池中，照紫外分光光度法测定。

21. 标准液的制备

取浊度标准原液与水，按表9-1-3配制，即得。浊度标准液应临用时制备，使用前充分摇匀。

表9-1-3　浊度标准液的配制　　mL

级号	0.5	1	2	3	4
浊度标准溶液	2.50	5.0	10.0	30.0	50.0
水	97.50	95.0	90.0	70.0	50.0

22. 淀粉指示液

取可溶性淀粉0.5 g，加水5 mL搅匀后，缓慢倾入100 mL沸水中，随加随搅拌，继续煮沸2 min，放冷，倾取上层清夜，即得。本液应临用新制。

23. 氢氧化钠溶液(1 mol/L)

取氢氧化钠4 g，加水使溶解成100 mL，即得。

24. 硫代硫酸钠滴定液(0.1 mol/L)

取硫代硫酸钠26 g与无水碳酸钠0.20 g，加新沸过的冷水适量使溶解成1 000 mL，摇匀，放置1个月后滤过即为0.1 mol/L的硫代硫酸钠滴定液。

标定：取在120℃干燥至恒重的基准重铬酸钾0.15 g，精密称定，置碘瓶中，加水50 mL使溶解，加碘化钾2.0 g，轻轻振摇使溶解，加稀硫酸40 mL，摇匀，密塞；在暗处放置10 min后，加水250 mL稀释，用本液滴定至近终点时，加淀粉指示液3 mL，继续滴定至蓝色消失而显亮绿色，并将滴定的结果用空白试验校正。每毫升硫代硫酸钠滴定液(0.1 mol/L)相当于4.903 mg的重铬酸钾。根据本液的消耗量与重铬酸钾的取用量，算出本液的浓度，即得。室温在25℃以上时，应将反应液及稀释用水降温至约20℃。

25. 二甲酚橙指示液

取二甲酚橙0.2 g，加水100 mL使溶解，即得。

26. 乙二胺四醋酸二钠滴定液(0.05 mol/L)

取乙二胺四醋酸二钠19 g，加适量的水使溶解成1 000 mL，摇匀。

标定：取于约800℃灼烧至恒重的基准氧化锌0.12 g，精密称定，加稀盐酸3 mL使溶解，加水25 mL，加0.025%甲基红的乙醇溶液1滴，滴加氨试液至溶液显微黄色，加水25 mL与氨-氯化铵缓冲液(pH 10.0)10 mL，再加铬黑T指示剂少量，用本液滴定至溶液由紫色变为纯蓝色，并将滴定的结果用空白试验校正。每毫升乙二胺四醋酸二钠滴定液(0.05 mol/L)相当4.069 mg的氧化锌。根据本液的消耗量与氧化锌的取用量，算出本液的浓度，即得。

27. 铬黑T指示剂

取铬黑T 0.1 g，加氯化钠10 g，研磨均匀，即得。

28. 氨-氯化铵缓冲液(pH 10.0)

取氯化铵 5.4 g,加水 20 mL 溶解后,加浓氨溶液 35 mL,再加水稀释至 100 mL,即得。

29. 氨试液

取浓氨溶液 400 mL,加水使成 1 000 mL,即得。

30. 标准铅溶液

精密称取硝酸铅(优级纯)0.159 8 g,加 1.0 mol/L 硝酸 10 mL,全部溶解后,移入 100 mL 容量瓶中,用水稀释至刻度,摇匀,作为贮备液。此溶液每毫升含 1.0 mg 铅。临用前精密量取贮备液 10 mL 置 100 mL 量瓶中,加水稀释至刻度,摇匀,即得(每毫升相当于 10 μg 的 Pb)。

五、实验方法

(一)恩诺沙星的质量分析

1. 鉴别

(1)取本品约 50 mg,置干燥的表面皿中,加丙二酸约 50 mg 与醋酐 1 mL,在水浴上加热 5～10 min,即显红棕色。

(2)取本品,加 0.1 mol/L 氢氧化钠溶液制成每毫升中约含 5 μg 的溶液,照紫外-可见分光光度法测定,在 271 nm、322 nm 和 334 nm 的波长处有最大吸收。在含量测定项下记录的色谱图中,供试品溶液主峰的保留时间应与对照品溶液主峰的保留时间一致。

2. 检查

(1)溶液的澄清度与颜色　取本品 1.0 g,加 0.5 mol/L 氢氧化钠试液 20 mL 溶解后,溶液应澄清,如显浑浊,与 1 号浊度标准液(参见表 9-1-3)比较,不得更浓;如显色,与黄色 4 号或黄绿色 4 号标准比色液(参见表 9-1-2)比较,不得更深。

(2)氟喹啉酸　取本品,加 0.1 mol/L 氢氧化钠溶液溶解并稀释制成每毫升中约含 10 mg 的溶液,作为供试品溶液;另取氟喹啉酸对照品 5.0 mg,精密称定,置 50 mL 量瓶中,加 6 mol/L 氨溶液 0.05 mL 与水适量使溶解,并用水稀释至刻度,摇匀;精密量取适量,用水稀释制成每毫升中含 20 μg 的溶液,作为对照品溶液。照薄层色谱法试验,吸取上述两种溶液各 5 μL,分别点于同一硅胶 GF_{254} 薄层板上,以醋酸乙酯-正丁醇-冰醋酸-水(50：9：25：15)为展开剂,直立展开,晾干约 15 min,置紫外光灯(254 nm)下检视。供试品溶液如显与对照品溶液相同的杂质斑点,不得更深(0.2%)。

(3)有关物质　取本品适量,加流动相使溶解并稀释制成每毫升中含 0.25 mg 的溶液,作为供试品溶液。另取恩诺沙星、盐酸环丙沙星对照品适量,加流动相溶解并稀释制成每毫升中各含 0.25 mg 的混合溶液,作为系统适用性试验溶液。照含量测定项下的色谱条件,量取系统适用性试验溶液 20 μL,注入液相色谱仪,记录色谱图至恩诺沙星主峰保留时间的 2 倍。环丙沙星峰与恩诺沙星峰的分离度应大于 4.0,理论板数按恩诺沙星峰计算不低于 2 500。再精密量取供试品溶液 20 μL,注入液相色谱仪,记录色谱图。供试品溶液色谱图中如有杂质峰,按峰面积归一化法计算,与环丙沙星保留时间一致的杂质峰不得过 0.5%,其他单个杂质不得过 0.3%,环丙沙星与各杂质的和不得过 0.7%。

(4)干燥失重　取本品 1 g,置与供试品同样条件下干燥至恒重的扁形称量瓶中,使供试品平铺于瓶底,厚度不超过 5 mm,加盖,精密称定。将称量瓶放入洁净的培养皿中,瓶盖半开或置瓶旁,放入 105℃±2℃干燥箱中干燥。取出后迅速盖好瓶盖,置干燥器内放冷至室温,迅速精密称重(放置时间与称重顺序与空称量瓶一致)。再于(105±2)℃干燥箱中干燥至恒重,即得。减失重量不得过0.5%。

(5)炽灼残渣 取本品1.0 g,置已炽灼至恒重的铂坩埚中,精密称定,缓缓炽灼至完全炭化,放冷至室温;加硫酸0.5～1 mL使湿润,低温加热至硫酸蒸气除尽后,在500～600℃炽灼使完全灰化,移置干燥器内,放冷至室温,精密称定后,再在500～600℃炽灼至恒重,即得。遗留残渣不得过0.2%。

(6)重金属 取炽灼残渣项下遗留的残渣,加硝酸0.5 mL,蒸干,至氧化氮蒸汽除尽后(或取供试品一定量,缓缓炽灼至完全炭化,放冷,加硫酸0.5～1.0 mL使恰湿润,用低温加热至硫酸除尽后,加硝酸0.5 mL蒸干,至氧化氮蒸汽除尽后,放冷,在500～600℃炽灼使完全灰化),放冷,加盐酸2 mL,置水浴上蒸干后加水15 mL,滴加氨试液至酚酞指示液显微粉红色,再加醋酸盐缓冲液(pH 3.5)2 mL微热溶解后,移置纳氏比色管中,加水稀释成25 mL,作为乙管;另取配制供试品溶液的试剂,置瓷皿中蒸干后,加醋酸盐缓冲液(pH 3.5)2 mL与水15 mL微热溶解后,移置纳氏比色管中,加标准铅溶液一定量,再用水稀释成25 mL,作为甲管;再在甲、乙两管中分别加硫代乙酰胺试液2 mL,摇匀,放置2 min,同置白纸上,自上向下透视,乙管中显出的颜色与甲管比较,不得更深。含重金属不得超过20×10^{-6}(百万分之二十)。

3. 含量测定

照高效液相色谱法测定。

(1)色谱条件与系统适应性试验 用十八烷基硅烷键合硅胶为填充剂;以0.025 mol/L磷酸溶液(用三乙胺调节pH至3.0)-乙腈(83∶17)为流动相;检测波长为278 nm。理论板数按恩诺沙星峰计算不低于2 500。

(2)测定法 取本品适量,精密称定,加流动相适量,超声处理使溶解,用流动相稀释成每毫升中约含50 μg的溶液,摇匀。精密量取10 μL,注入液相色谱仪,记录色谱图;另取恩诺沙星对照品适量,同法测定。按外标法以峰面积计算,即得。

(二)恩诺沙星注射液的质量检查

1. 恩诺沙星注射液的鉴别

本品为恩诺沙星的灭菌水溶液,含恩诺沙星($C_{19}H_{12}FN_3O_3$)应为标示量的90.0%～110.0%。

(1)取本品适量(约相当于恩诺沙星50 mg),加稀醋酸使呈酸性,加碘化铋钾试液数滴,即生成橘红色沉淀。

(2)在含量测定项下记录的色谱图中,供试品溶液主峰的保留时间应与对照品溶液主峰的保留时间一致。

2. 恩诺沙星注射液的检查

(1)pH 应为9.5～10.5。

(2)颜色 取本品,加水制成每毫升中含5 mg的溶液,与黄色2号标准比色液(参见表9-1-2)比较,不得更深。

(3)装量 取供试品3支,开启时注意避免损失,标示装量为5 mL及10 mL者将内容物分别用相应体积的干燥注射器及注射针头抽尽,然后注入标化的量入式量筒内,在室温下检视,每支的装量不得少于其标示量。标示装量为100 mL者将内容物转移至预经标化的干燥量入式量筒中，尽量倾净，平均装量应不少于 100 mL，每个容器的装量不少于标示装量的 97%。

(4)可见异物　取供试品 20 支(瓶)，除去容器标签，擦净容器外壁，必要时将药液转移至洁净透明的适宜容器内；置供试品于遮光板边缘处，在明视距离(指供试品至人眼的清晰观测距离，通常为 25 cm)，分别在黑色和白色背景下，手持供试品颈部轻轻旋转和翻转容器使药液中可能存在的可见异物悬浮(但应避免产生气泡)，轻轻翻转后即用目检视，重复 3 次，总时限为 20 s。供试品装量每支(瓶)在 10 mL 即 10 mL 以下的每次检查可手持 2 支(瓶)。被检查的 20 支(瓶)供试品中，均不得检出明显可见异物。如检出微细可见异物，应另取 20 支(瓶)同法复试，初、复试的供试品中，检出微细可见异物的供试品不得超过 3 支(瓶)。

(5)无菌　按表 9-1-4 所列规定量取供试品，混合。

表 9-1-4　批出厂产品最少检验数量

每批产品抽检数量 N/个	最低检验量
$N \leqslant 100$	10%或最少 4 个
$100 < N \leqslant 500$	10 个
$N > 500$	2%或最多 20 个
大体积注射剂(>100 mL)	2%或最多 10 个

取上述供试品，以无菌操作将该供试品分别接种于需气菌、厌气菌培养基 6 管，其中 1 管接种金黄色葡萄球菌对照用菌液 1 mL，作阳性对照，另接种于真菌培养基 5 管。轻轻摇动，使供试品与培养基混合，需气菌、厌气菌培养基管置 30～50℃。真菌培养基管置 20～25℃培养 14 d。在培养期间应逐日观察并记录是否有菌生长。阳性对照管在 24 h 内应有菌生长，如在加入供试品后，培养基出现浑浊，培养 14 d 后，不能从外观上判断有无微生物生长，可取该培养液适量转种至同种新鲜培养基中或斜面培养基上继续培养，细菌培养 2 d，真菌培养 3 d，观察是否再出现浑浊或斜面有无细菌生长，或用接种环取培养液涂片，染色，用显微镜观察是否有菌。

当阳性对照管显浑浊并确有细菌生长，阴性对照管呈阴性时，可根据观察所得的结果判定：如需气菌、厌气菌及真菌培养基管均为澄清或虽显浑浊但经证明并非有菌生长，均应判为供试品合格；如需气菌、厌气菌及真菌培养基管中任何 1 管显浑浊并确证有菌生长，应重新取 2 倍量供试品，分别依法复试，除阳性对照管外，其他各管均不得有菌生长，否则应判为供试品不合格。

3. 恩诺沙星注射液的含量测定

精密量取本品适量，用流动相稀释成每毫升中约含恩诺沙星 0.05 mg 的溶液，摇匀，精密量取 10 μL，注入液相色谱仪，照恩诺沙星项下的方法测定，即得。

六、复习思考题

(1)恩诺沙星鉴别实验的原理是什么？

(2)根据实验中恩诺沙星注射液的测定结果，判断供试品是否合格？

七、注解或注意事项

(1)薄层色谱操作中，供试品溶液如显与对照组溶液相同的斑点，其颜色与溶液相同的杂质斑点，其颜色与对照品溶液的主斑点比较，不得更深。

(2)高效液相色谱操作中，供试品溶液的色谱图中如出现与对照品溶液保留时间相同杂质峰，其峰面积与供试品溶液主峰的峰面积比较，不得大于 1.0%。

实验 9-2 盐酸沙拉沙星的鉴别及含量测定

一、目的要求

(1)掌握盐酸沙拉沙星的鉴别原理。
(2)掌握盐酸沙拉沙星的含量测定方法。

二、实验原理

盐酸沙拉沙星结构:

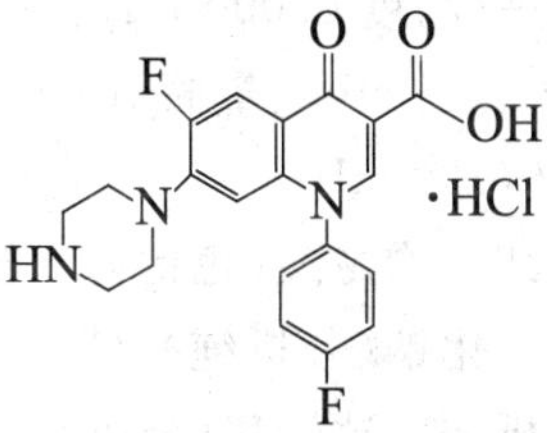

(一)鉴别原理

1. 与丙二酸反应的原理

盐酸沙拉沙星结构中含有叔胺的结构,具有叔胺专属的显色反应。叔胺化合物与丙二酸在醋酐中共热时,有红棕色出现。也可用枸橼酸或丙烯三羧酸代替。此反应对叔胺有选择性。

2. 紫外-可见分光光度法

利用紫外-可见吸收光谱对物质进行分析的方法。紫外-可见光谱是物质分子吸收适宜能量的光子后,引起电子能级的跃进所产生的吸收光谱。具有共轭结构的有机药物,一般在波长200~400 nm 的紫外光区有明显的吸收。紫外-可见吸收光谱与物质的结构有关,同一物质在相同的条件下测得的吸收光谱应具有完全相同的特征,故常用于药物的鉴别。盐酸沙拉沙星具有共轭结构,因此可用紫外分光光度法鉴别。

3. 红外分光光度法

利用红外光谱对物质进行分析的方法。红外光谱是由物质分子的振动和转动能级跃迁所产生的光谱。由于物质分子发生振动和转动能级跃迁所需的能量较低,几乎所有的有机化合物在红外光区均有吸收,而且分子中不同官能团,在发生振动和转动能级跃迁时所需的能量各不相同,产生的吸收谱带其波长(波数)位置就成为药物鉴别的依据,其吸收强度则是定量分析的依据。

4. 氯化物鉴别反应的原理

利用氯化物在硝酸酸性条件下与硝酸银反应,生成氯化银白色沉淀。

(二)含量测定原理

非水溶液滴定法:是在非水溶剂中进行滴定的方法。终点颜色应以电位滴定时的突跃点为准,并将滴定的结果用空白试验校正。若滴定供试品与标定高氯酸滴定液时的温度差别超过 10℃,则重新标定;若未超过 10℃,则可根据下式将高氯酸滴定液的浓度加以校正。

$$N_1=\frac{N_0}{1+0.0011(t_1-t_0)}$$

式中:0.001 1 为冰醋酸的膨胀系数;t_0 为标定高氯酸滴定液时的温度;t_1 为滴定供试品时的温度;N_0 为 t_0 时高氯酸滴定液的浓度;N_1 为 t_1 时高氯酸滴定液的浓度。

电位滴定时用玻璃电极为指示电极,饱和甘汞电极(玻璃套管内装氯化钾的饱和无水甲醇溶液)为参比电极。

三、实验仪器及药品

高效液相色谱仪、电位滴定仪、紫外-可见分光光度计、红外分光光度计、酸度计、超声波仪、滴定仪、水浴锅、干燥箱、电子天平(精度 0.000 1 g)、滤器、滤膜、称量纸、碘化钾淀粉试纸、纳氏比色管、试管、容量瓶(1 000 mL、100 mL)、量筒(1 000 mL、100 mL)、吸管(10 mL、5 mL)、聚乙烯塑料瓶、玻璃棒、称量瓶、烧杯(100 mL)。

盐酸沙拉沙星、氢氧化钠(色谱纯)、枸橼酸(色谱纯)、醋酸铵(色谱纯)、乙腈(色谱纯)、高氯酸(色谱纯)、氯化钠(分析纯)、氢氧化钠(分析纯)、硝酸(分析纯)、硝酸银(分析纯)、二氧化锰、五氧化二磷、纯化水、醋酸汞(分析纯)、冰醋酸(分析纯)、醋酐(分析纯)、十八烷基硅烷键合硅胶(色谱纯)、浓氨溶液(分析纯)。

四、实验准备

(一)氢氧化钠溶液(0.1 mol/L)

取氢氧化钠适量,加水振摇使溶解成饱和溶液,冷却后,置聚乙烯塑料瓶中,静置数日,澄清后备用。取澄清的氢氧化钠饱和溶液 5.6 mL,加新沸过的冷水使成 1 000 mL,摇匀。

(二)枸橼酸(0.05 mol/L)

称取 21.01 g 枸橼酸($C_6H_8O_7 \cdot H_2O$)溶于 1 000 mL 蒸馏水中配成 0.1 mol/L 枸橼酸储存液,再稀释 1 倍即为 0.05 mol/L。

(三)醋酸铵(0.05 mol/L)

称取醋酸铵 3.854 g,溶于 1 000 mL 水中,即得。

(四)氨试液

取浓氨溶液 400 mL,加水使成 1 000 mL,即得。

(五)高氯酸(0.1 mol/L)

取无水冰醋酸(按含水量计算,每克水加醋酐 5.22 mL)750 mL,加入高氯酸(70%～72%)8.5 mL,摇匀,在室温下缓缓滴加醋酐 24 mL,边加边摇,加完后再振摇均匀,放冷,加无水冰醋酸使成 1 000 mL,摇匀,放置 24 h。若所测供试品易乙酰化,则需用水分测定法测定本液的含水量,再用水和醋酐调节至本液的含水量为 0.01%～0.2%。

(六)氟对照溶液

精密称取经105℃干燥1 h的氟化钠22.1 mg,置100 mL量瓶中,加水溶解并稀释至刻度,摇匀;精密量取20 mL,置100 mL量瓶中,加水稀释至刻度,摇匀,即得(每毫升相当于20 μg的F)。

五、实验方法

(一)鉴别

(1)取本品约10 mg,置干燥的试管中,加丙二酸约30 mg与醋酐1.0 mL,在水浴中加热5～10 min,溶液即显红棕色。

(2)取本品适量,加0.1 mol/L的氢氧化钠溶液使溶解并稀释制成每毫升中约含6 μg的溶液,照紫外-可见光光度法测定,在274 nm、323 nm与334 nm波长处有最大吸收。

(3)本品的红外光吸收图谱应与对照的图谱一致。

(4)本品显氯化物的鉴别反应。

① 取供试品溶液,加稀硝酸使成酸性后,滴加硝酸银试液,即生成白色凝乳状沉淀;分离,沉淀加氨试液即溶解,再加稀硝酸酸化后,沉淀复生成。

② 取供试品少量,置试管中,加等量的二氧化锰,混匀,加硫酸湿润,缓缓加热,即发生氯气,能使用水湿润的碘化钾淀粉试纸显蓝色。

(二)检查

1. 酸度

取本品0.1 g,加水100 mL,超声处理使溶解,测定,pH应为3.0～5.0。

2. 溶液的澄清度与颜色

取本品0.1 g,加0.1 mol/L的氢氧化钠溶液10 mL超声处理使溶解后,溶液应澄清无色;如显色,与黄色或黄绿色3号标准比色液(表9-1-2)比较,不得更深。

3. 氟

取本品约25 mg,精密测定(按干燥品计算,含氟量不得少于8.1%),照氧瓶燃烧法进行有机破坏,用水20 mL为吸收液,等吸收完全后,再振摇2～3 min,将吸收液移置100 mL量瓶中,用少量水冲洗瓶塞及铂丝,合并洗液及吸收液,加水至吸收刻度,摇匀,即得供试品溶液,然后精密量取对照溶液和供试品溶液各2 mL,分别置50 mL量瓶中,各加茜素氟蓝试液10 mL,摇匀,再加12%醋酸钠的稀醋酸溶液3.0 mL与硝酸亚铈试液10 mL,加水稀释至刻度,摇匀,在暗处放置1 h,照紫外分光光度法测定,置吸收池中,在610 nm的波长处分别测定吸光度,计算,即得。

4. 有关物质

照高效液相色谱法测定。

(1)色谱条件与系统适用性试验　用十八烷基硅烷键合硅胶为填充剂;以0.05 mol/L枸橼酸-0.05 mol/L醋酸铵-乙腈[(80∶10∶18)用高氯酸调节pH至2.4]为流动相;检测波长为274 nm。理论板数按沙拉沙星峰计算不低于1500。沙拉沙星峰与相邻杂质峰的分离度应符合要求。

(2)测定法　取本品 10 mg,加 0.1 mol/L 氢氧化钠溶液 10 mL,振摇使溶解,用 0.1 mol/L 氢氧化钠溶液制成每毫升中含 0.1 mg 溶液,取 20 μL 注入液相色谱仪,调节检测灵敏度,使主成分峰高约为满量程的 2 倍,记录色谱图至主峰保留时间的 2 倍,供试品色谱图中如有杂质峰,按面积归一化法计算,各个杂质峰面积的和不得大于总峰面积的 3.0%。

5. 干燥失重

取本品,以五氧化二磷为干燥剂,在 60℃减压干燥至恒重,减失重量不得过 8.0%。

6. 炽灼残渣

取本品 1.0 g,置已炽灼至恒重的铂坩埚中,精密称定,缓缓炽灼至完全炭化,放冷至室温;加硫酸 0.5～1 mL 使湿润,低温加热至硫酸蒸气除尽后,在 500～600℃炽灼使完全灰化,移置干燥器内,放冷至室温,精密称定后,再在 500～600℃炽灼至恒重,即得。遗留残渣不得过 0.2%。

7. 重金属

取炽灼残渣项下遗留的残渣,加硝酸 0.5 mL,蒸干,至氧化氮蒸汽除尽后(或取供试品一定量,缓缓炽灼至完全炭化,放冷,加硫酸 0.5～1.0 mL 使恰湿润,用低温加热至硫酸除尽后,加硝酸 0.5 mL 蒸干,至氧化氮蒸汽除尽后,放冷,在 500～600℃炽灼使完全灰化),放冷,加盐酸 2 mL,置水浴上蒸干后加水 15 mL,滴加氨试液至酚酞指示液显微粉红色,再加醋酸盐缓冲液(pH 3.5)2 mL 微热溶解后,移置纳氏比色管中,加水稀释成 25 mL,作为乙管;另取配制供试品溶液的试剂,置瓷皿中蒸干后,加醋酸盐缓冲液(pH 3.5)2 mL 与水 15 mL 微热溶解后,移置纳氏比色管中,加标准铅溶液一定量,再用水稀释成 25 mL,作为甲管;再在甲、乙两管中分别加硫代乙酰胺试液 2 mL,摇匀,放置 2 min,同置白纸上,自上向下透视,乙管中显出的颜色与甲管比较,不得更深。含重金属不得过 20×10^{-6}(百万分之二十)。

(三)含量测定

取本品约 0.38 g,精密称定,加醋酸汞试液 10 mL 加热使溶解,加冰醋酸 30 mL,放冷,置电磁搅拌器上,浸入电极,搅拌,并自滴定管中分次滴加滴定液[用高氯酸滴定液(0.1 mol/L)相当于 42.18 mg 的 $C_{20}H_{17}F_2N_3O_3\cdot HCl$];开始时可每次加入较多的量,搅拌,记录电位;至将近终点前,则应每次加入少量,搅拌,记录电位;至突跃点已过,仍应继续滴加几次滴定液,并记录电位。

六、复习思考题

(1)盐酸沙拉沙星的鉴别方法有哪些,是如何操作的?

(2)盐酸沙拉沙星的含量测定方法有哪些?

实验十　磺胺类药物的鉴别及含量测定

实验 10-1　复方磺胺对甲氧嘧啶片的含量测定

一、目的要求

(1)掌握永停滴定法的基本原理。

(2)熟悉紫外-可见分光光度仪的工作原理、仪器构造及操作方法。

(3)掌握复方制剂含量测定中干扰的排除方法。

二、实验原理

(一)永停滴定法

永停滴定法是容量分析中用以确定终点或选择核对指示剂变色域的方法。永停滴定法采用两只相同的铂电极。一支为指示电极，当在电极间加一低电压(例如 50 mV)时，若电极在溶液中极化，则在未到滴定终点时，仅有很小或无电流通过；但当到达终点时，滴定液略有过剩，使电极去极化，溶液中即有电流通过，电流计指针突然偏转，不再回复。反之，若电极由去极化变为极化，则电流计指针从有偏转回到零点，也不再变动。

终点前溶液中无可逆电对，无电流产生，因此，电流计指针停在零位(或接近零位)不动，终点后 $NaNO_2$ 稍有过量，使溶液中有 HNO 及其分解产物 NO 的可逆电对产生，此时，电路中有电流通过，电流计指针偏转并不再回零位。终点时，在电极上发生氧化还原反应：

正极：　$NO+H_2O \longrightarrow HNO_3+H^++e$

负极：　$HNO_3+H^++e \longrightarrow NO+H_2O$

(1)用作重氮化法的终点指示时，调节电阻使加于电极上的电压约为 50 mV。取供试品适量，精密测定，置烧杯中，除另有规定外，可加水 40 mL 与盐酸溶液 15 mL，而后置电磁搅拌器上，搅拌使溶解，再加溴化钾 2 g，插入铂-铂电极后，将滴定管的尖端插入液面下约 2/3 处，用亚硝酸钠滴定液(0.1 mol/L 或 0.05 mol/L)迅速滴定，随滴随搅拌，至近终点时，将滴定管的尖端提出液面，用少量水淋洗尖端，洗液并入溶液中，继续缓缓滴定，至电流计指针突然偏转，并不再恢复，即为滴定终点。

(2)用作水分测定法第一法(费休氏法)的终点指示时，可调节电阻使电流计的初始电流为 5～10 μA，待滴定到电流突增至 50～150 μA，并持续数分钟不退回，即为滴定终点。

(二)紫外-可见分光光度法

磺胺类药物在紫外光区有强的紫外吸收，故可用紫外-可见分光光度法进行测定。由于磺胺类药物分子中的共轭结构接有酸碱基团，因此在不同溶剂中，它们的吸收光谱有明显的差异。测定溶剂可选稀酸、稀碱或醇。

分光光度法是通过测定被测物质在特定波长处或一定波长范围内的吸光度或发光强度，对该物质进行定性和定量分析的方法。

单色光辐射穿过被测物质溶液时，在一定的浓度范围内被该物质吸收的量与该物质的浓度和液层的厚度（光路长度）成正比，其关系如下式：

$$A = \lg \frac{l}{T} = Ecl$$

式中：A 为吸光度；T 为透光率；E 为吸收系数，采用的表示方法是 $E_{1cm}^{1\%}$，其物理意义为当溶液浓度为1%(g/mL)，液层厚度为1 cm时的吸光度数值；c 为100 mL溶液中所含被测物质的重量（按干燥品或无水物计算），g；l 为液层厚度，cm。

物质对光的选择性吸收波长，以及相应的吸收系数是该物质的物理常数。当已知某纯物质在一定条件下的吸收系数后，可用同样条件将该供试品配成溶液，测定其吸光度，即可由上式计算出供试品中该物质的含量。

配制供试品溶液，在规定的波长处测定其吸光度，再以该品种在规定条件下的吸光系数计算含量。用本法测定含量时，吸收系数通常应大于100，并注意仪器的校正和检定。

三、实验仪器及药品

永停滴定仪、升降式崩解仪、紫外-可见分光光度计、恒温干燥箱、电磁搅拌器、电子天平（精度0.000 1 g）、比色皿、研钵、温度计、湿度计、称量纸、滤纸、药匙、称量瓶、量瓶（50 mL、100 mL）、胶头滴管、滴定管、分液漏斗、刻度吸管（5 mL、2 mL）、量筒（50 mL）、烧杯。

磺胺对甲氧嘧啶对照品、复方磺胺对甲氧嘧啶片、乙醇（分析纯）、氢氧化钠（分析纯）、盐酸（分析纯）、溴化钾（分析纯）、蒸馏水、冰醋酸（分析纯）、三氯甲烷、稀硫酸、硫酸铜（分析纯）、碘试液、亚硝酸钠滴定液（0.1 mol/L）、对氨基苯磺酸。

四、实验准备

（一）氢氧化钠溶液（0.1 mol/L）

称取0.4 g氢氧化钠加水配成100 mL溶液，摇匀即得。

（二）盐酸溶液（0.1 mol/L）

量取8.3 mL的浓盐酸，倒入烧杯中，然后将溶液加蒸馏水稀释，最后用容量瓶定容为1 000 mL。

（三）硫酸铜

取12.5 g硫酸铜加水配成100 mL溶液。

（四）稀硫酸

取硫酸57 mL，加水稀释至1 000 mL，即得。

（五）碘试液

取碘6 g与碘化钾5 g，加水20 mL使溶解，即得。

(六)亚硝酸钠滴定液(0.1 mol/L)

取亚硝酸钠 7.2 g,加无水碳酸钠 0.10 g,加水适量使溶解成 1 000 mL,摇匀。

标定:取在 120℃干燥至恒重的基准对氨基苯磺酸约 0.5 g,精密称定,加水 30 mL 与浓氨试液 3 mL,溶解后,加盐酸 20 mL,搅拌,在 30℃以下用本液迅速滴定,滴定时将滴定管尖端插入液面下约 2/3 处,随滴随搅拌;至近终点时,将滴定管尖端提出液面,用少量水淋洗尖端,洗液并入溶液中,继续缓缓滴定,用永停法指示终点。每毫升亚硝酸钠滴定液相当于 17.32 mg 的对氨基苯磺酸。根据亚硝酸钠滴定液的消耗量与对氨基苯磺酸的取用量,计算出本液的浓度。

(七)稀醋酸

取冰醋酸 60 mL,加水稀释至 1 000 mL,即得。

(八)稀盐酸

取盐酸 234 mL,加水稀释至 1 000 mL,即得。

(九)β-萘酚试液

取 β-萘酚 0.25 g,加氢氧化钠 10 mL,使溶解,即得。本液应临用新制。

五、实验方法

(一)鉴别

(1)取本品的细粉适量(约相当于磺胺对甲氧嘧啶 0.1 g),加 0.1 mol/L 氢氧化钠溶液 5 mL,振摇,滤过,滤液加硫酸铜试液,即生成紫灰色沉淀。

(2)取本品的细粉适量(约相当于甲氧苄啶 25 mg),加 0.1 mol/L 氢氧化钠溶液 5 mL,摇匀,加三氯甲烷 5 mL,振摇提取,分取三氯甲烷液,加稀硫酸 5 mL,振摇后,加碘试液 2 滴,在稀硫酸层生成褐色沉淀。

(3)本类药物的分子结构中含有芳伯胺基,可用芳香第一胺反应即重氮化-偶合反应鉴别,偶合试剂为碱性 β-萘酚试液。取供试品约 50 mg,加稀盐酸 1 mL,必要时缓缓煮沸使溶解,放冷,加 0.1 mol/L 亚硝酸钠溶液数滴,滴加碱性 β-萘酚试液数滴,生成由橙黄到猩红色沉淀。

(二)检查

1. 重量差异

取供试品 20 片,精密称定总重量,求得平均片重后,再分别精密称定每片的重量,每片重量与平均片重相比较(凡无含量测定的片剂,每片重量应与标示片重比较),按表 10-1-1 中的规定,超出重量差异限度的不得多于 2 片,并不得有 1 片超出限度 1 倍。

表 10-1-1 平均片重与重量差异限度

平均片重或标示片重/g	重量差异限度/%
0.30 以下	±7.5
0.30 至 1.0 以下	±5
1.0 及 1.0 以上	±2

2. 崩解时限

采用升降式崩解仪，主要结构为一能升降的金属支架与下端镶有筛网的吊篮，并附有挡板。升降的金属支架上下移动距离为(55±2)mm，往返频率为每分钟 30～32 次。

将吊篮通过上端的不锈钢轴悬挂于金属支架上，浸入 1 000 mL 烧杯中，并调节吊篮位置使其下降时筛网距烧杯底部 25 mm，烧杯内盛有温度为(37±1)℃的水，调节水位高度使吊篮上升时筛网在水面下 15 mm 处。

取供试品 6 片，分别置上述吊篮的玻璃管中，启动崩解仪进行检查，各片均应在 15 min 内全部崩解。如有 1 片不能完全崩解，应另取 6 片复试，均应符合规定。

(三)含量测定

1. 磺胺对甲氧嘧啶

取本品 10 片，精密称定，研细，精密称取适量(约相当于磺胺对甲氧嘧啶 0.5 g)，置烧杯中，加水 40 mL 与盐酸溶液(1→2)15 mL，而后置电磁搅拌器上，搅拌使溶解，再加溴化钾 2 g。插入铂-铂金-电极后，将滴定管的尖端插入液面的 2/3 处，用亚硝酸钠滴定液(0.1 mol/L)迅速滴定。随滴随搅拌，至终点时，将滴定管的尖端提出液面，用少量水淋洗尖端，洗液并入溶液中，继续缓缓滴定，至电流计指针突然偏转，并不在还原，即为滴定终点。每毫升亚硝酸钠滴定液(0.1 mol/L)相当于 28.03 mg 的 $C_{11}H_{12}N_4O_3S$。

2. 甲氧苄啶

精密称取上述研细的粉末适量(约相当于甲氧苄啶 20 mg)，置分液漏斗中，加 0.1 mol/L 氢氧化钠溶液 25 mL，摇匀，用三氯甲烷提取 2 次(25 mL、20 mL)，合并三氯甲烷液，置 50 mL 量瓶中，用三氯甲烷稀释至刻度，摇匀；精密量取 25 mL，置分液漏斗中，精密加稀醋酸 50 mL，振摇 15 min，放置使分层，取水层，滤过，精密量取续滤液 10 mL，置 100 mL 量瓶中，加稀醋酸 10 mL，用水稀释至刻度。照紫外-可见分光光度法，在 271 nm 的波长处测定吸光度，按$C_{14}H_{18}N_4O_3$ 的吸光系数($E_{1cm}^{1\%}$)为 204 计算，即得。

六、复习思考题

(1)用永停滴定法测定复方磺胺对甲氧嘧啶片中磺胺对甲氧嘧啶的含量，原理是什么？有何特点？

(2)在选择实验条件时，是否要考虑赋形剂等辅料的影响？

(3)根据试验结果，判断该供试品质量是否合格。

七、注解或注意事项

(1)为使片粉在乙醇中溶解完全，需振摇 15 min，其中滑石粉等不溶物应滤过，否则影响紫外测定。

(2)弃去初滤液，取续滤液，移液管应用续滤液荡洗 3 次以保持浓度一致。

(3)复方磺胺对甲氧嘧啶片处方如下：

磺胺嘧啶	400 g
甲氧苄啶	50 g
辅料	适重
制成	1 000 片

(4)溶解片粉时应充分振摇，以避免由于药品未完全溶解导致的误差。

(5)吸收度最好读数3次，按其平均值计算，以消除仪器偶然误差带来的影响。

(6)永停滴定法中，电极的清洁状态是实验成功与否的关键，污染的电极在滴定时指示迟缓，终点时电流变小。应注意对电极进行活化处理。可将电极插入10 mL浓硝酸和1滴三氯化铁试液的溶液内煮沸数分钟，也可用铬酸洗液浸泡数分钟，取出后用水冲净。

实验10-2　两种磺胺嘧啶钠注射液的鉴别及含量测定

一、目的要求

(1)掌握磺胺嘧啶钠的鉴别方法。

(2)掌握永停滴定法对磺胺嘧啶钠进行含量测定的原理及方法。

二、实验原理

(一)芳伯氨基的重氮化偶合反应原理

本类药物的分子结构中含有芳伯胺基，可用芳香第一胺反应即重氮化-偶合反应鉴别；偶合试剂为碱性β-萘酚试液。磺胺类药物的芳香第一胺反应广泛用在此类药物的原料药及各种制剂中磺胺药的鉴别试验。

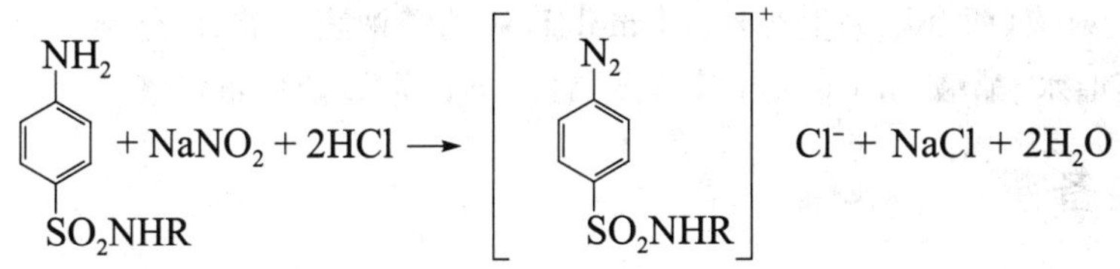

重氮盐

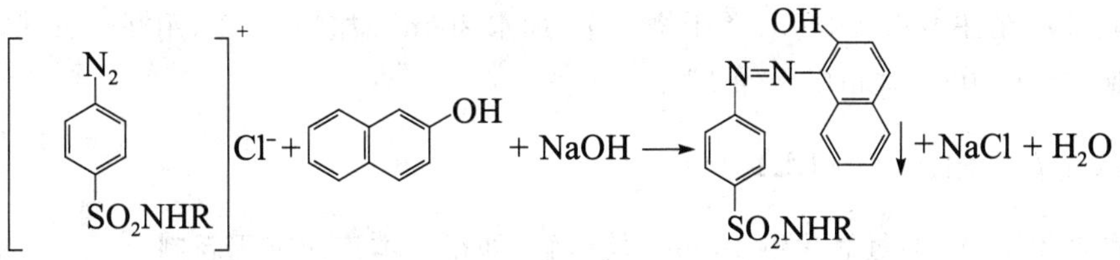

β-萘酚　　偶氮染料（由橙黄到猩红色）

(二)铜盐反应

磺胺类药物可与多种重金属离子反应，生成难溶性沉淀。其中，与铜盐试液的反应生成有颜色的难溶性沉淀，常用于本类药物的鉴别，铜盐试液多为硫酸铜试液。为使磺胺药物溶解，常加入氢氧化钠溶液。但氢氧化钠溶液不可过量，因过量的氢氧化钠会与硫酸铜反应，生成蓝色的沉淀而产生干扰。

铜盐沉淀的颜色随R的不同而异，有的具有颜色变化过程。磺胺嘧啶钠先生成黄绿色沉淀放置后变为紫色可鉴别。

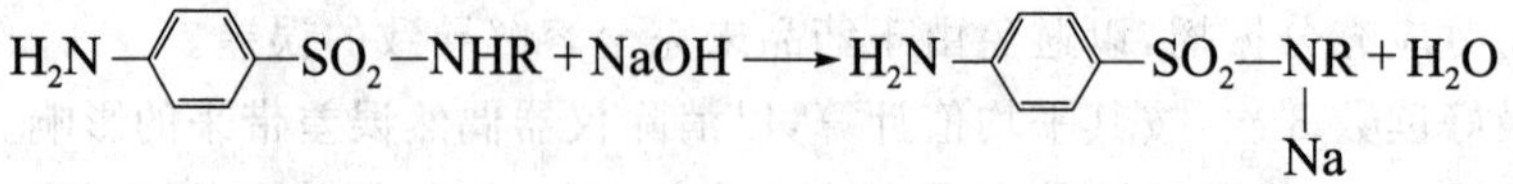

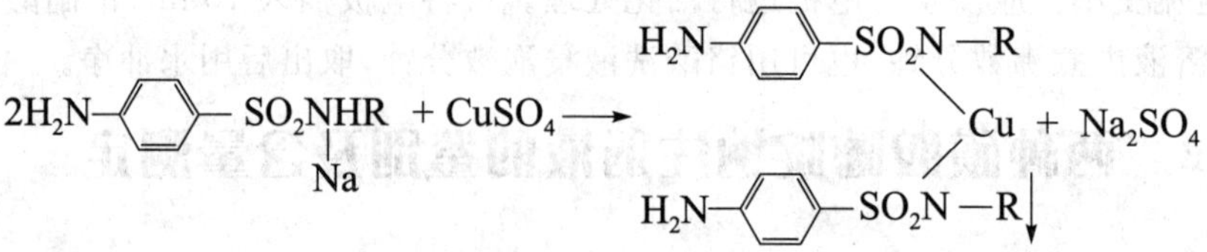

(三)含量测定

由于磺胺嘧啶钠具有芳伯胺基,可以使用亚硝酸钠滴定法进行含量测定,并用永停法指示终点。未到终点前,反应很小或无电流通过,电流指针不偏转或偏转后即回到初始位置,但当达到滴定终点时,滴定液略有过剩,使电极去极化。发生以上反应,指针突然偏转并不再恢复,即为滴定终点。

三、实验仪器及药品

永停滴定仪、真空泵、电子天平(精度 0.000 1 g)、电子天平(精度 0.01 g)、烧杯、试管、量筒、移液管、滤纸、漏斗、玻璃棒、滴定管、布氏漏斗。

磺胺嘧啶钠注射液(两个厂家生产)、0.1 mol/L 亚硝酸钠滴定液、碘化钾、0.1 mol/L 碱性 β-萘酚、稀盐酸、蒸馏水、醋酸、0.1 mol/L 氢氧化钠、0.5 mol/L 硫酸铜溶液。

四、实验准备

(一)磺胺嘧啶钠注射液

取磺胺嘧啶钠注射液各 5 mL 置于烧杯中,加水 20 mL、醋酸 2 mL,用漏斗过滤,沉淀用蒸馏水洗两遍,放入 105℃烘箱中干燥 1 h。

(二)碱性 β-萘酚(0.1 mol/L)

取 β-萘酚 0.25 g,加氢氧化钠 10 mL,使溶解,即得。本液应临用新制。

(三)氢氧化钠(0.1 mol/L)

取氢氧化钠 0.4 g,加水使溶解成 100 mL,即得。

(四)硫酸铜溶液(0.5 mol/L)

取硫酸铜 12.5 g,加水使溶解成 100 mL,即得。

(五)亚硝酸钠滴定液(0.1 mol/L)

取亚硝酸钠 7.2 g,加无水碳酸钠 0.10 g,加水适量使溶解成 1 000 mL,摇匀。

(六)碘化钾

取碘化钾 16.5 g,加水使溶解成 100 mL,即得。本液应临用新制。

(七)稀盐酸

取盐酸 234 mL,加水稀释至 1 000 mL,即得。

(八)稀醋酸

取冰醋酸 60 mL,加水稀释至 1 000 mL,即得。

五、实验方法

取两种磺胺嘧啶注射液各 5 mL,加水 20 mL,稀醋酸 2 mL,用布氏漏斗过滤,沉淀用蒸馏水洗两遍,放入 105℃烘箱中干燥 1 h。

(一)鉴别

1. 芳伯氨基反应

取磺胺嘧啶钠粉末 50 mg 置于试管,分别加稀盐酸 1 mL、0.1 mol/L 亚硝酸钠数滴后,滴加 0.1 mol/L 碱性 β-萘酚数滴,生成由橙黄到猩红色沉淀。

2. 生成铜盐反应

取磺胺嘧啶钠粉末约 0.1 g 置于试管,分别加蒸馏水与 0.1 mol/L 氢氧化钠各 2 mL 使其溶解,加 0.5 mol/L 硫酸铜溶液 1 滴,生成黄绿色并放置后变为紫色的沉淀。

(二)含量测定

两种磺胺嘧啶钠注射液各量取 6 mL,加入稀盐酸 15 mL、蒸馏水 40 mL,置磁搅拌器上,搅拌使溶解,再加溴化钾 2 g。插入铂-铂金-电极后,将滴定管的尖端插入液面的 2/3 处,用亚硝酸钠滴定液(0.1 mol/L)迅速滴定。随滴随搅拌,至终点时,将滴定管的尖端提出液面,用少量水淋洗尖端,洗液并入溶液中,继续缓缓滴定,至电流计指针突然偏转,并不在还原,即为滴定终点。每毫升亚硝酸钠滴定液相当于 27.23 mg 的 $C_{10}H_9N_4NaO_2S$。

计算磺胺嘧啶钠注射液中磺胺嘧啶的含量:

$$标示量 = \frac{V \cdot T \cdot F}{m} \times 100\%$$

式中:V 为滴定体积(mL);T 为滴定度,每毫升亚硝酸钠相当于 27.23 mg 的磺胺嘧啶钠;F 为浓度校正因子($F=\frac{c_{实测}}{c_{规定}}$,表示滴定液的实测浓度是规定浓度的多少倍);m 为注射液体积。

六、复习思考题

(1)磺胺类药物的重氮化-偶合反应来自哪一种基团?这一反应属于专属性鉴别实验还是一般性鉴别实验?

(2)铜盐反应中为什么氢氧化钠溶液不能添加过量?

(3)磺胺嘧啶钠注射液的鉴别方法有哪些？

(4)影响重氮化反应的因素有哪些？

(5)亚硝酸钠滴定法对磺胺嘧啶钠进行含量测定的原理是什么？

七、注解或注意事项

(1)在测定过程中，由于针对的是注射液且为磺胺嘧啶钠，所以需要加入一定量的盐酸将其溶解后再进行永停法进行滴定。

(2)在亚硝酸钠滴定过程中应注意加入适量的溴化钾，加快反应速度，起到一定的催化作用，反应过程中要保持在室温10～30℃，并将滴定管尖端插入液面下约2/3处，防止温度过高亚硝酸易挥发，重氮盐分解。

(3)铜盐反应过程中，操作时注意防止碱的干扰，供试品溶液中每滴一滴硫酸铜溶液后，马上观察产生沉淀的颜色变化过程并及时记录。

(4)重氮化偶合反应按操作步骤可顺利进行，但应注意观察迅速产生的颜色变化。

实验十一　维生素类药物的质量分析

实验 11-1　维生素 B_1 及维生素 B_1 注射液的含量测定

一、目的要求

(1)掌握维生素 B_1 含量测定方法的原理。

(2)掌握非水滴定法测定维生素 B_1 原料药的操作方法。

(3)掌握紫外-可见分光光度法测定维生素 B_1 注射液含量的操作方法。

二、实验原理

(一)维生素 B_1 原料药的含量测定——非水滴定法

酸性介质能增强被测碱的强度,扩大酸碱滴定范围。碱性很弱的杂环类、胺类化合物在无水冰醋酸的溶剂中,可被冰醋酸调平到溶剂阴离子 Ac-的碱强度水平,选用适当的指示剂,即可用高氯酸滴定液直接进行滴定。维生素 B_1 噻唑环上的季铵及嘧啶环上的氨基均为碱性基因,因此,维生素 B_1 具有弱碱性,在非水溶剂中可与高氯酸发生定量反应,故其原料药可采用非水滴定法测定含量。

反应式如下:

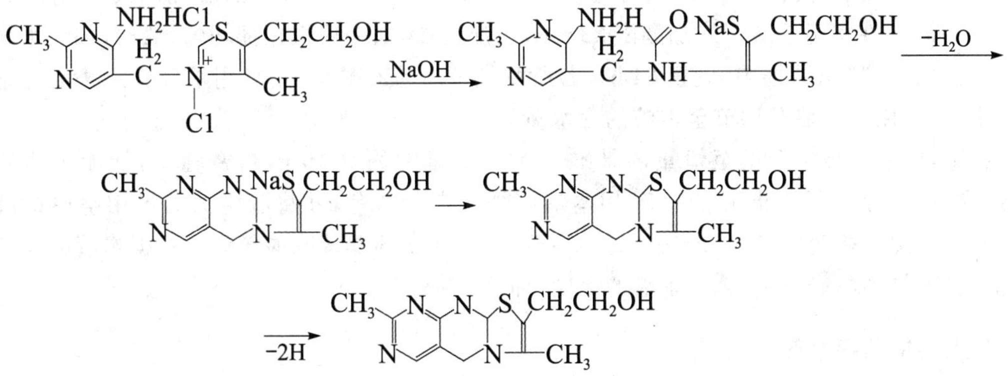

(二)维生素 B_1 注射液含量的测定——紫外-可见分光光度法

维生素 B_1 分子结构中有共轭体系,具有紫外吸收特性,故可采用紫外-可见分光光度法测定含量。照紫外-可见分光光度法,在 246 nm 的波长处测定吸光度吸收系数为 406～436。维生素 B_1 分子结构式如下:

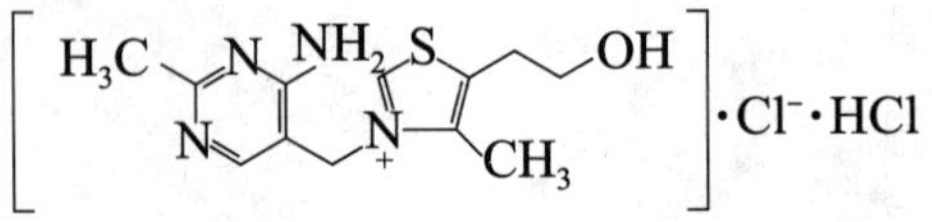

三、实验仪器及药品

紫外-可见分光光度计、电热恒温干燥箱、电子天平(精度 0.000 1 g)、电子天平(精度 0.01 g)、电炉、研钵、温度计、称量纸、称量瓶、量筒(5 mL、10 mL、50 mL、100 mL)、量杯(100 mL、250 mL、1 000 mL)、具塞锥形瓶(100 mL)、胶头滴管、酸式滴定管、刻度吸管(1 mL、2 mL、5 mL)、量瓶(100 mL、200 mL)、棕色瓶、锥形瓶(100 mL)。

维生素 B_1 原料药,维生素 B_1 注射液,蒸馏水,无水冰醋酸(分析纯),盐酸(分析纯),醋酸汞(分析纯),喹哪啶红(分析纯),亚甲蓝,无水乙醇(分析纯),邻苯二甲酸氢钾(基准试剂),结晶紫(分析纯)高氯酸,醋酐。

四、实验准备

(一)醋酸汞试液

取醋酸汞试液 5 g,研细,加温热的冰醋酸使溶解成 100 mL,即得。本液应置棕色瓶内,密封保存。

(二)喹哪啶红-亚甲蓝混合指示液

取喹哪啶红 0.3 g 与亚甲蓝 0.1 g,加无水乙醇 100 mL 使溶解,即得。

(三)高氯酸滴定液(0.1 mol/L)

取无水冰醋酸(按含水量计算,每克水加醋酐 5.22 mL)750 mL,加入高氯酸(70%～72%)8.5 mL,摇匀,在室温下缓缓滴加醋酐 23 mL,边加边摇,加完后再振摇均匀,放冷,加无水冰醋酸适量使成 1 000 mL,摇匀,放置 24 h。若所测供试品易乙酰化,则须用水分滴定法测定本液的含水量,再用水和醋酐调节至本液的含水量为 0.01%～0.20%。

标定:取在 105℃ 干燥至恒重的基准邻苯二酸氢钾约 0.16 g,精密称定,加无水冰醋酸 20 mL使溶解,加结晶紫指示液 1 滴,用本液缓缓滴定至蓝色,并将滴定的结果用空白试液校正。每毫升高氯酸滴定液(0.1 mol/L)相当于 20.42 mg 的邻苯二酸氢钾。根据本液的消耗量与邻苯二酸氢钾的取用量,算出本液的浓度,即得。

(四)结晶紫指示液

取结晶紫 0.5 g,加冰醋酸 100 mL 使溶解,即得。

五、实验方法

(一)维生素 B_1 原料药的含量测定

取本品约 0.15 g,精密称定,重复称取 3 份,置 100 mL 具塞锥形瓶中,加冰醋酸 20 mL,微热溶解后，密塞，放冷至室温，加醋酸汞试液 5 mL 与喹哪啶红-亚甲蓝混合指示液 2 滴，用高氯酸滴定液滴定，滴定至溶液显天蓝色，振摇 30 s 不褪色，并将滴定的结果用空白校正。每1 mL 高氯酸滴定液(0.1 mol/L)相当于 16.86 mg 的 $C_{12}H_{17}ClN_4OS \cdot HCl$。

《中国兽药典》(2010 年版)规定，本品按干燥品计算，含 $C_{12}H_{17}ClN_4OS \cdot HCl$ 不得少于 99.0%。

(二)维生素 B_1 注射液含量的测定

精密量取维生素 B_1 注射液适量(约相当于维生素 B_1 50 mg)，至 200 mL 容量瓶中，加水稀释至刻度，摇匀，精密量取 5 mL，置 100 mL 的容量瓶中，加盐酸溶液(9→1 000)稀释至刻度，摇匀，照紫外-可见分光光度法，在 246 nm 的波长处测定吸光度，按 $C_{12}H_{17}ClN_4OS \cdot HCl$ 的吸收系数($E_{1cm}^{1\%}$)为 421 计算，即得。

《中国兽药典》(2010 年版)规定，本品含维生素 B_1($C_{12}H_{17}ClN_4OS \cdot HCl$)应为标示量的 93.0%～107.0%。

六、复习思考题

(1)非水滴定法中，冰醋酸为溶剂，高氯酸为滴定剂，喹哪啶红-亚甲蓝为指示剂，醋酸汞的作用是什么？可不可以不加入？为什么？

(2)为何维生素 B_1 原料药与维生素 B_1 注射液采用不同的方法测定含量？两种方法可不可以互换？为什么？

(3)根据测定结果，按照药典要求，判断各供试品是否合格。

(4)配制高氯酸滴定液(0.1 mol/L)1 000 mL，需加高氯酸(含量为 70%，比重为 1.75) 8.5 mL。要除去 8.5 mL 高氯酸中的水分应加比重为 1.08，含量为 97%的醋酐多少毫升？

七、注解或注意事项

(1)非水滴定法中，维生素 B_1 与高氯酸的反应比为 1∶2，即 1 分子维生素 B_1 可与 2 分子高氯酸反应。

(2)冰醋酸及高氯酸中均含有水分，在非水滴定中，水分的存在会影响滴定突跃，因此，应加入适量的醋酐以除去水分，具体加入量可根据情况计算求得。

(3)浓高氯酸与醋酐混合会发生剧烈反应，可能引起爆炸。因此配制高氯酸时先将高氯酸用冰醋酸稀释后再加酸酐。此外，要注意取过高氯酸的量筒绝对不能接着量取醋酐。

(4)因冰醋酸比较黏稠，滴定速度不要太快，滴定速度太快黏附在滴定管内壁上部的溶液还未完全流下，到终点时读数易发生误差。

(5)冰醋酸具挥发性，滴定管上部应取一个干燥小烧杯覆盖，以减少挥发。

(6)冰醋酸具有腐蚀性，应小心量取，注意安全。

(7)标定滴定液的温度与测定样品时的温度差别超过 10℃，则应重新标定；若未超过 10℃，则可根据下式将高氯酸滴定液的浓度加以校正。

$$M_1 = \frac{M_0}{1 + 0.0011(t_1 - t_0)}$$

式中：0.001 1 为冰醋酸膨胀系数；t_0 为标定高氯酸滴定液时的温度；t_1 为滴定样品时的温度；M_0 为标定时高氯酸滴定液的浓度；M_1 为测定时高氯酸滴定液的浓度。

八、计算

1. 原料药的计算

原料药采用非水滴定法测定含量，其计算公式如下：

$$含量 = \frac{FT(V - V_0)}{W_S} \times 100\%$$

式中：F 为高氯酸滴定液的浓度因数；T 为高氯酸的滴定度；W_S 为供试品的量；V 为未滴定时的高氯酸滴定液的体积读数；V_0 为滴定结束时的高氯酸滴定液的体积读数；

2. 注射液的计算

注射液采用分光光度法测定含量，计算公式如下：

$$含量 = \frac{\frac{A}{E_{1cm}^{1\%}} \times \frac{1}{100} \times 稀释倍数}{标示量(g/mL)} \times 100\%$$

式中：A 为吸光度值；$E_{1cm}^{1\%}$ 为吸收系数。

实验 11-2　维生素 AD 油中维生素 A 的含量测定

一、目的要求

(1)掌握维生素 A 鉴别反应的实验原理。

(2)掌握高效液相色谱法测定维生素 A 含量的实验原理和操作方法。

(3)学习和掌握油剂的含量测定步骤及其计算方法。

二、实验原理

(一)鉴别

三氯化锑反应维生素 A 在饱和无水三氯化锑的无醇氯仿溶液中即显蓝色，渐变紫红。反应机理为维生素 A 与三氯化锑(Ⅲ)中存在的亲电试剂氯化高锑(Ⅴ)反应，生成不稳定的蓝色碳正离子，反应式如下：

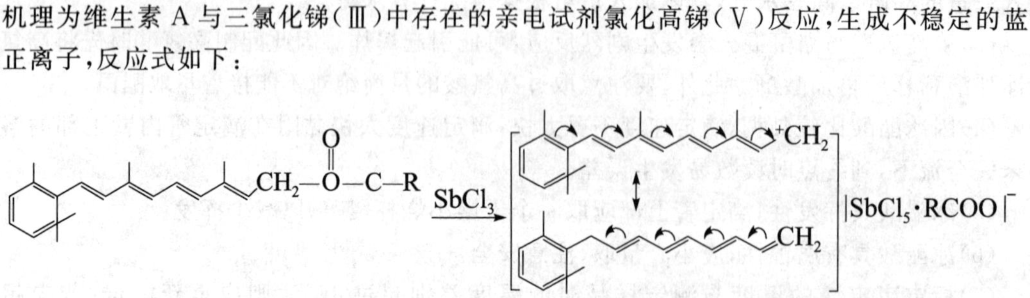

(二)含量测定

维生素 A 在 325～328 nm 的波长范围内具有最大吸收，可用于含量测定。高效液相色谱法系采用高压输液泵将规定的流动相泵入装有填充剂的色谱柱，对供试品进行分离测定的色谱方法。注入的供试品，由流动相带入柱内，各组分在柱内被分离，并依此进入检测器，由积分仪或数据处理系统记录和处理色谱信号。高效液相色谱法适用于维生素 A 醋酸酯原料及其制剂中维生素 A 的含量测定，以单位表示，每单位相当于全反式维生素 A 醋酸酯 0.344 μg 或全反式维生素 A 醇 0.300 μg。

三、实验仪器及药品

高效液相色谱仪(硅胶柱，紫外检测器)、蒸馏装置、具塞比色管、电子天平(精度 0.000 1 g)、电子天平(精度 0.01 g)、胶头滴管、量筒(10 mL、50 mL、100 mL)、刻度吸管(1 mL、2 mL、5 mL、10 mL)、锥形瓶(100 mL、250 mL、500 mL)、容量瓶(50 mL、100 mL、200 mL)。

维生素 AD 油、维生素 A 对照品、三氯甲烷(分析纯)、无水三氯化锑(分析纯)、正己烷-异丙醇(997∶3)、无水乙醇(分析纯)、乙醚(分析纯)、酚酞指示液、淀粉指示液、氢氧化钠滴定液(0.1 mol/L)、碘试液、纯化水、正己烷(分析纯)、甘油(分析纯)、可溶性淀粉、碘化钾(分析纯)、硫代硫酸钠(分析纯)。

四、实验准备

(一)25％三氯化锑的氯仿溶液

取三氯化锑 25 g，加氯仿使溶解成 100 mL，即得。

(二)甘油淀粉润滑剂

取甘油 22 g，加入可溶性淀粉 9 g，加热至 140℃，保持 30 min 并不断搅拌，放冷，即得。

(三)不含过氧化物的乙醚

取乙醚 5 mL，至总容量不超过 15 mL 的具塞的比色管中，加新制的碘化钾淀粉溶液(取碘化钾 10 mg，加水溶解成 95 mL，再加淀粉指示液 5 mL，混合)8 mL，密塞，强力振摇 1 min，在暗处放置 30 min，两液层均不得染色。如不符合规定，可用 5％硫代硫酸钠溶液振摇，静置，分取乙醚层，再用水振摇洗涤一次，重蒸，弃去首尾 5％部分，馏出乙醚再检查过氧化物，应符合规定。

(四)酚酞指示液

取酚酞 1 g，加乙醇 100 mL 使溶解，即得。

(五)淀粉指示液

取可溶性淀粉 0.5 g，加水 5 mL 搅匀后，缓缓倾入 100 mL 沸水中，随加随搅拌，继续煮沸 2 min，放冷，倾取上层清液，即得。本液应临用新制。

(六)氢氧化钠滴定液(0.1 mol/L)

称取 0.4 g 氢氧化钠加水配成 100 mL 溶液，摇匀即得。

(七)碘试液

取碘 6 g 与碘化钾 5 g,加水 20 mL 使溶解,即得。

五、实验方法

(一)鉴别

取本品,加三氯甲烷稀释成每毫升中含维生素 A 10～20 单位的溶液;取 1 mL,加 25%三氯化锑的三氯甲烷溶液 2 mL,即显蓝色至蓝紫色,放置后,蓝色渐消褪。

(二)含量测定

取本品,按照高效液相色谱法测定,即得。

1. 色谱条件与系统适用性试验

用硅胶为填充剂;以正己烷-异丙醇(997：3)为流动相;检测波长为 325 nm。取系统适用性试验溶液 10 μL,注入液相色谱仪,维生素 A 醋酸酯主峰与其顺式异构体峰的分离度应大于 3.0。精密量取对照品溶液 10 μL,注入液相色谱仪,连续进样 5 次,主成分峰面积的相对标准偏差不得超过 3.0%。

2. 系统适用性试验溶液的制备

取维生素 A 对照品适量(约相当于维生素 A 醋酸酯 300 mg),至烧杯中,加入碘试液 0.2 mL,混匀,放置 10 min,定量转移至 200 mL 量瓶中,用正己烷稀释至刻度,摇匀,精密量取 1 mL,至 100 mL 量瓶中,用正己烷稀释至刻度,摇匀。

3. 测定法

精密称取供试品适量(相当于 15 mg 维生素 A 醋酸酯),至 100 mL 量瓶中,用正己烷稀释至刻度,摇匀,精密量取 5 mL,置 50 mL 量瓶中,用正己烷稀释至刻度,摇匀,作为供试品溶液。另精密称取维生素 A 对照品适量(相当于 15 mg 维生素 A 醋酸酯),同法制成对照品溶液。精密量取供试品溶液与对照品溶液各 10 μL,分别注入液相色谱仪,记录色谱图,按外标法以峰面积计算,含量应符合规定。

六、复习思考题

(1)如何鉴别维生素 AD 油中维生素 A?

(2)用高效液相色谱法测定维生素 AD 油中维生素 A 的原理是什么?

七、注解或注意事项

(1)维生素 A 遇光易氧化变质,故测定应在半暗室中快速进行,且供试液应现配现用。

(2)鉴别反应必须在无水、无醇的条件下进行。因为水可使三氯化锑水解成氯化氧锑(SbOCl),乙醇可以和碳正离子作用使其正电荷消失。因此所用仪器和试剂必须干燥无水,氯仿中必须不含醇。

(3)若维生素 A 对照品中含有维生素 A 醋酸酯顺式异构体,则可直接用作系统适用性分离度考察,不必再做破坏性实验。

实验 11-3　亚硒酸钠维生素 E 注射液的质量分析

一、目的要求

(1)学习和掌握注射液质量分析的基本操作。

(2)掌握气相色谱法测定维生素 E 含量的方法。

(3)熟悉气相色谱仪的工作原理、仪器构造及操作方法。

二、实验原理

(一)维生素 E 的鉴别采用三氯化铁-联吡啶反应

维生素 E 在碱性溶液中加热水解生成 α-生育酚，生育酚经乙醚提取后，可被三氯化铁氧化成对-生育醌，同时生成亚铁离子。后者与联吡啶生成红色配位离子。

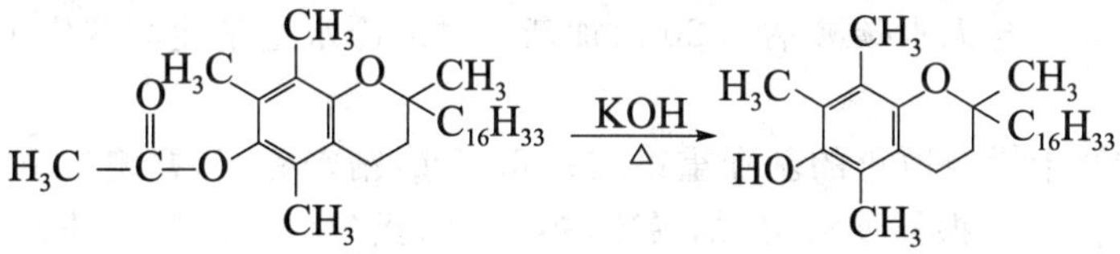

α-生育酚

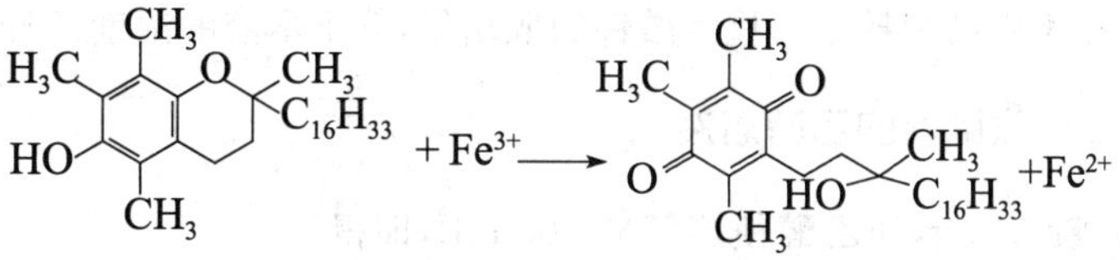

对-生育醌

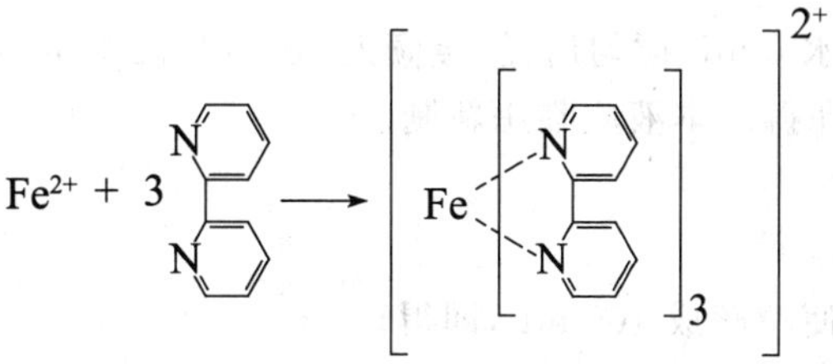

血红色

(二)维生素 E 含量测定采用气相色谱法

气象色谱法系采用气体为流动相(载气)流经装有填充剂的色谱柱进行分离测定的色谱方法。物质或其衍生物汽化后，被载气带入色谱柱进行分离，各组分先后进入检测器，用数据处理系统记录色谱信号。该法是集分离与测定于一体的分析方法，具有高度选择性，可分离维生素 E 及其异构体，选择性地测定维生素 E。维生素 E 的沸点虽高达 350℃，但仍可不经衍生化直接用气相色谱法测定含量，采用内标法测定维生素 E 原料及其制剂含量。

三、实验仪器及药品

气相色谱仪、OV-17 色谱柱、电热恒温干燥箱、电子天平(精度 0.000 1 g)、电子天平(精度 0.01 g)、胶头滴管、棕色具塞瓶、聚乙烯塑料瓶、碘量瓶、微量注射器、量筒(10 mL、50 mL、100 mL)、刻度吸管(1 mL、2 mL、5 mL、10 mL)、滴定管、锥形瓶(100 mL、250 mL、500 mL)、容量瓶(50 mL、1 000 mL)。

亚硒酸钠(分析纯)、亚硒酸钠维生素 E 注射液、无水乙醇(分析纯)、氢氧化钾(分析纯)、乙醚(分析纯)、2,2′-联吡啶(分析纯)、三氯化铁(分析纯)、硫酸铜(分析纯)、碘化钾(分析纯)、三氯甲烷(分析纯)、盐酸(分析纯)、硫代硫酸钠滴定液(0.01 mol/L)、淀粉指示液、硅酮(OV-17)、正三十二烷对照品、正己烷(色谱纯)、维生素 E 对照品、蒸馏水、基准重铬酸钾。

四、实验准备

(一)硫代硫酸钠滴定液(0.01 mol/L)

取硫代硫酸钠 26 g 与无水碳酸钠 0.20 g,加新沸过的冷水适量使溶解成 1 000 mL,摇匀,放置 1 个月后滤过。

标定:取在 120℃干燥至恒重的基准重铬酸钾 0.15 g,精密称定,置碘瓶中,加水 50 mL 使溶解,加碘化钾 2.0 g,轻轻振摇使溶解,加稀硫酸 40 mL,摇匀,密塞;在暗处放置 10 min 后,加水 250 mL 稀释,用本液滴定至近终点时,加淀粉指示液 3 mL,继续滴定至蓝色消失而显亮绿色,并将滴定的结果用空白试验校正。每 1 mL(0.1 mol/L)硫代硫酸钠滴定液相当于 4.903 mg 的重铬酸钾。根据本液的消耗量与重铬酸钾的取用量,算出本液的浓度,即得。

(二)0.5%2,2′-联吡啶的乙醇溶液

取 2,2′-联吡啶 0.5 g,加乙醇使溶解成 100 mL,即得。

(三)淀粉指示液

取可溶性淀粉 0.5 g,加水 5 mL 搅匀后,缓缓倾入 100 mL 沸水中,随加随搅拌,继续煮沸 2 min,放冷,倾取上层清液,即得。本液应临用新制。

(四)氢氧化钾试液

取氢氧化钾 6.5 g,加水使溶解成 100 mL,即得。

(五)三氯化铁

取三氯化铁 9 g,加水使溶解成 100 mL,即得。

(六)硫酸铜试液

取硫酸铜 12.5 g,加水使溶解成 100 mL,即得。

(七)碘化钾试液

取碘化钾 16.5 g,加水使溶解成 100 mL,即得。本液应临用新制。

(八)盐酸溶液

取盐酸 234 mL,加水稀释至 1 000 mL,即得。

五、实验方法

(一)鉴别

(1)取本品 1 mL,加乙醇制氢氧化钾试液 2 mL,煮沸,放冷,加水 4 mL 与乙醚 10 mL,振摇后,静置使分层,取乙醚液 2 mL,加 0.5%2,2′-联吡啶的乙醇溶液数滴与 0.2%三氯化铁的乙醇溶液数滴,应显红色。

(2)取本品 1 mL,加乙醇 6 mL,摇匀,澄清后,加硫酸铜试液 1 mL,即生成蓝绿结晶性沉淀。

(3)在维生素 E 含量测定项下记录的色谱图中,供试品溶液主峰的保留时间应与对照品溶液主峰的保留时间一致。

(二)检查

1. pH

用 pH 计测定 pH,应为 5.0～7.0。

2. 装量

取供试品 3 支,开启时注意避免损失,标示装量为 5 mL 及 10 mL 者将内容物分别用相应体积的干燥注射器及注射针头抽尽,然后注入标化的量入式量筒内,在室温下检视,每支的装量不得少于其标示量。标示装量为 100 mL 者将内容物转移至预经标化的干燥量入式量筒中,尽量倾净,平均装量应不少于 100 mL,每个容器的装量不少于标示装量的 97%。

3. 可见异物

取供试品 20 支(瓶),除去容器标签,擦净容器外壁,必要时将药液转移至洁净透明的适宜容器内;置供试品于遮光板边缘处,在明视距离(指供试品至人眼的清晰观测距离,通常为 25 cm),分别在黑色和白色背景下,手持供试品颈部轻轻旋转和翻转容器使药液中可能存在的可见异物悬浮(但应避免产生气泡),轻轻翻转后即用目检视,重复 3 次,总时限为 20 s。供试品装量每支(瓶)在 10 mL 即 10 mL 以下的每次检查可手持 2 支(瓶)。被检查的 20 支(瓶)供试品中,均不得检出明显可见异物。如检出微细可见异物,应另取 20 支(瓶)同法复试,初、复试的供试品中,检出微细可见异物的供试品不得超过 3 支(瓶)。

4. 无菌

按表 9-1-4 所列规定量取供试品,混合。取上述供试品,以无菌操作将该供试品分别接种于需气菌、厌气菌培养基 6 管,其中 1 管接种金黄色葡萄球菌对照用菌液 1 mL,作阳性对照,另接种于真菌培养基 5 管。轻轻摇动,使供试品与培养基混合,需气菌、厌气菌培养基管置 30～50℃。真菌培养基管置 20～25℃ 培养 14 d。在培养期间应逐日观察并记录是否有菌生长。阳性对照管在 24 h 内应有菌生长,如在加入供试品后,培养基出现浑浊,培养 14 d 后,不能从外观上判断有无微生物生长,可取该培养液适量转种至同种新鲜培养基中或斜面培养基上继续培养,细菌培养 2 d,真菌培养 3 d,观察是否再出现浑浊或斜面有无细菌生长,或用接种环取培养液涂片，染色，用显微镜观察是否有菌。

当阳性对照管显浑浊并确有细菌生长，阴性对照管呈阴性时，可根据观察所得的结果判定：如需气菌、厌气菌及真菌培养基管均为澄清或虽显浑浊但经证明并非有菌生长，均应判为供试品合格；如需气菌、厌气菌及真菌培养基管中任何 1 管显浑浊并确证有菌生长，应重新取 2 倍量供试品，分别依法复试，除阳性对照管外，其他各管均不得有菌生长，否则应判为供试品不合格。

(三)含量测定

1. 亚硒酸钠

精密量取本品 10 mL(约相当于亚硒酸钠 10 mg)，置碘量瓶中，加碘化钾试液 15 mL，摇匀，加三氯甲烷 20 mL，盐酸溶液(1→2)10 mL，摇匀，密塞，暗处放置 10 min，用硫代硫酸钠滴定液(0.01 mol/L)滴定，至近终点时，加淀粉指示液 2 mL，强烈振摇 30 s 继续边振摇边滴定，至水层蓝紫色消失后，强烈振摇 30 s 至水层不再显色，即为终点，并将滴定的结果用空白试验校正。每毫升硫代硫酸钠滴定液(0.01 mol/L)相当于 0.432 4 mg 的 $NaSeO_3$。

2. 维生素 E

照气相色谱法测定。

(1)色谱条件与系统适用性试验　用硅酮(OV-17)为固定液，涂布浓度为 2%的填充柱，柱温为 265℃；或用 100%二甲基聚硅氧烷为固定液的毛细管柱，柱温为 275℃。理论塔板数按维生素 E 峰计算不低于 500(填充柱)或 5 000(毛细管柱)，维生素 E 与内标物质峰的分离度应符合要求。

(2)校正因子测定　取正三十二烷或十六酸十六醇酯适量，加正己烷溶解并稀释制成每毫升中含 2.0 mg 的溶液，作为内标溶液。另取维生素 E 对照品约 50 mg，精密称定，置棕色具塞瓶中，精密加入内标溶液 10 mL，密塞，振摇使溶解，取 1～3 μL 注入气相色谱仪，计算校正因子。

(3)测定法　精密量取本品 1 mL，置棕色具塞瓶中，加盐酸溶液(1→4)2 mL 与无水乙醇 10 mL，精密加入内标溶液 10 mL，密塞，振摇 5 min，静置使分层，取上清液 1～3 μL，注入气象色谱仪，测定，计算，即得。

六、复习思考题

(1)维生素 E 具有怎样的结构特点和性质？

(2)鉴别亚硒酸钠维生素 E 注射液的原理是什么？

(3)气相色谱法测定维生素 E 含量，采用什么条件？

(4)内标法用于含量测定的优越性是什么？

七、注解或注意事项

(1)气相色谱法测定维生素 E 含量的计算公式

$$c_x = \frac{\Delta c_x}{(A_{is}/A_x) - 1}$$

式中：c_x——供试品中组分 x 的浓度；

A_x——供试品中组分 x 的色谱峰面积；

Δc_x——所加入的已知浓度的待测组分对照品的浓度；

A_{is}——加入对照品后组分 x 的色谱峰面积。

(2)本品处方如下

亚硒酸钠	1 g
维生素 E	50 g
乙醇	适量
聚山梨酯 80	适量
注射用水	适量
制成	1 000 mL

实验 11-4 维生素 C 及维生素 C 注射液的质量分析

一、目的要求

(1)掌握维生素 C 鉴别反应的实验原理。

(2)掌握碘量法测定维生素 C 含量原理及方法。

(3)学习和掌握维生素 C 注射液的含量测定步骤及其计算方法。

二、实验原理

(一)鉴别

1. 与硝酸银反应

维生素 C 分子中的二烯醇基具有强还原性，与硝酸银发生氧化还原反应，会生成黑色的单质银沉淀。反应式如下：

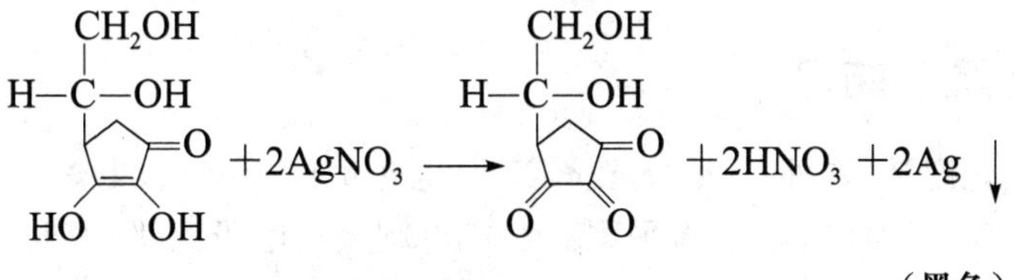

2. 与 2,6-二氯靛酚反应

维生素 C 分子中的二烯醇基具有强还原性。2,6-二氯靛酚是一种染料，其氧化型在酸性介质中为玫瑰红色，碱性介质中显蓝色，其还原型无色。2,6-二氯靛酚与维生素 C 反应，生成还原型的酚亚胺。反应式如下：

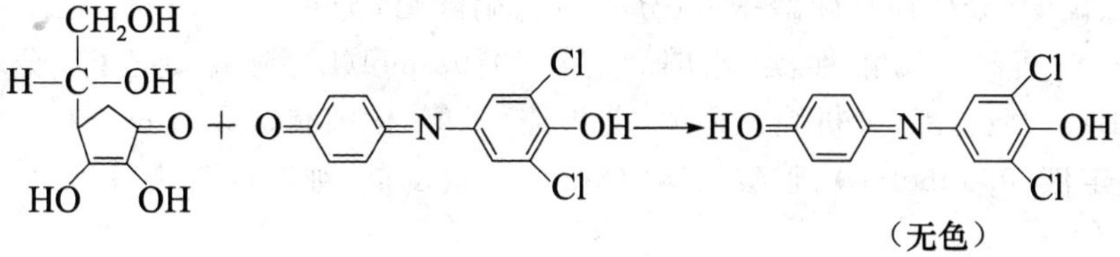

3. 红外分光光度法

利用红外光谱对物质进行分析的方法。红外光谱是由物质分子的振动和转动能级跃迁所产生的光谱。由于物质分子发生振动和转动能级跃迁所需的能量较低，几乎所有的有机化合物在红外光区均有吸收，而且分子中不同官能团，在发生振动和转动能级跃迁时所需的能量各不相同，产生的吸收谱带其波长(波数)位置就成为药物鉴别的依据，其吸收强度则是定量分析的依据。品种鉴别项下应明确规定制剂的前处理方法，通常采用溶剂提取法。提取时应选择适宜的溶剂，以尽可能减少辅料的干扰，并力求避免导致可能的晶型转变。提取的样品再经适当干燥后依法进行红外光谱鉴别。维生素C在0.01 mol/L盐酸溶液中，在243 nm波长处有唯一的最大吸收，规定其吸收系数为545～585。

(二)检查

维生素C及其制剂在贮存期间易变色，且颜色随贮存时间的延长而逐渐加深。这是因为维生素C的水溶液在高于或低于pH 5～6时，受空气、光线和温度的影响，分子中的内酯环可发生水解，并进一步发生脱羧反应生成糠醛聚合物而显色。为保证产品质量，需控制有色杂质的量。采用紫外分光光度法，在420 nm的波长处测定，吸光度不得过0.03，以控制杂质的量。

(三)含量测定

碘量法：维生素C分子中的二烯醇基具有强还原性，在醋酸酸性条件下，可与碘定量地发生氧化还原反应，用于含量测定。反应式如下：

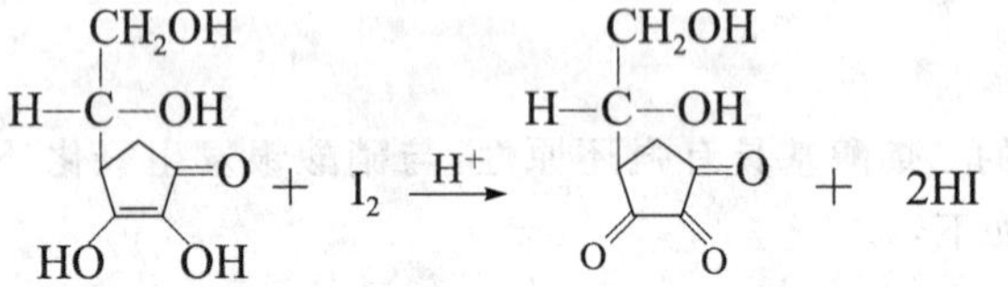

三、实验仪器及药品

原子吸收分光光度计、紫外-可见分光光度计、电热恒温干燥箱、电炉、干燥器、水浴锅、坩埚、硅胶GF_{254}薄层板、酸度计、电子天平(精度0.000 1 g)、电子天平(精度0.01 g)、药筛(一号，四号)、量筒(10 mL、50 mL、100 mL、500 mL)、刻度吸管(1 mL、2 mL、5 mL、10 mL)、锥形瓶(100 mL、250 mL、500 mL)、容量瓶(100 mL、500 mL、1 000 mL)、扁形称瓶、纳氏比色管(25 mL)、胶头滴管、试管、烧杯、4号垂熔玻璃漏斗、碘量瓶、聚乙烯塑料瓶、玻璃塞的棕色玻瓶。

维生素C、维生素C对照品、维生素C灭菌水溶液、蒸馏水、硝酸银(分析纯)、2,6-二氯靛酚钠(分析纯)、氢氧化钠(分析纯)、冰醋酸(分析纯)、氯化钙(分析纯)、草酸(分析纯)、硝酸(分析纯)、硫酸(分析纯)、硫酸铁铵(分析纯)、硝酸铅(分析纯)、(分析纯)、硫酸铜(分析纯)、碳酸钠(分析纯)、可溶性淀粉、碘滴定液(0.05 mol/L)、亚甲蓝乙醇(分析纯)、盐酸(0.01 mol/L)、乙酸乙酯(分析纯)、丙酮(分析纯)、氢氧化钠滴定液(1 mol/L)、甲基橙(分析纯)、硫酸滴定液(0.5 mol/L)、碳酸氢钠(分析纯)、鲎试剂、细菌内毒素标准品、细菌内毒素检查用水。

四、实验准备

(一)硝酸银试液

取硝酸银 17.5 g,加水适量使溶解成 1 000 mL,摇匀。置玻璃塞的棕色玻瓶中,密闭保存。

(二)二氯靛酚钠试液

取 2,6-二氯靛酚钠 0.1 g,加水 100 mL 溶解后,滤过,即得。

(三)稀醋酸

取冰醋酸 60 mL,加水稀释至 1 000 mL,即得。

(四)淀粉指示液

取可溶性淀粉 0.5 g,加水 5 mL 搅匀后,缓缓倾入 100 mL 沸水中,随加随搅拌,继续煮沸 2 min,放冷,倾取上层清液,即得。本指示液应临用新制。

(五)碘滴定液(0.05 mol/L)

取碘 13.0 g,加碘化钾 36 g 与水 50 mL 溶解后,加盐酸 3 滴与水适量使成 1 000 mL,摇匀,用垂熔玻璃滤器滤过。置具玻璃塞的棕色玻璃瓶中,密闭,在凉处保存。

碘滴定液(0.05 mol/L)的标定　取在 105℃ 干燥至恒重的基准三氧化二砷约 0.15 g,精密称定,加 1 mol/L 氢氧化钠滴定液 10 mL,微热使溶解,加水 20 mL 与甲基橙指示液 1 滴,加 0.5 mol/L 硫酸滴定液适量使黄色转变为粉红色,再加碳酸氢钠 2 g、水 50 mL 与淀粉指示液 2 mL,用碘滴定液滴定至溶液显浅蓝紫色。每毫升 0.05 mol/L 碘滴定液相当于 4.946 mg 的三氧化二砷。根据本液的消耗量与三氧化二砷的取用量,算出本液的浓度。

(六)甲基橙指示液

取甲基橙 0.1 g,加水 100 mL 使溶解,即得。

(七)标准铅溶液

称取硝酸铅 0.160 g,置 1 000 mL 量瓶中,加硝酸 5 mL 与水 50 mL 溶解后,用水稀释至刻度,摇匀,作为贮备液。临用前,精密量取贮备液 10 mL,置 100 mL 量瓶中,加水稀释至刻度,摇匀,即得(每毫升相当于 10 μg 的 Pb)。配制与贮存用的玻璃容器均不得含铅。

(八)标准铁溶液

精密称取硫酸铁铵 863 mg,置 1 000 mL 量瓶中,加 1 mol/L 硫酸溶液 25 mL,加水稀释至刻度,摇匀,精密量取 10 mL,置 100 mL 量瓶中,加水稀释至刻度,摇匀。

(九)标准铜溶液

精密称取硫酸铜 393 mg,置 1 000 mL 量瓶中,加水稀释至刻度,摇匀,精密量取 10 mL,置

100 mL 量瓶中，加水稀释至刻度，摇匀

（十）硫酸溶液（0.5 mol/L）

取 98%浓硫酸 27.17 mL，缓缓注入适量水中，冷却至室温，加水稀释至 1 000 mL，摇匀。

（十一）醋酸盐缓冲液（pH 3.5）

取醋酸铵 25 g，加水 25 mL 溶解后，加 7 mol/L 盐酸溶液 38 mL，用 2 mol/L 盐酸溶液或 5 mol/L氨溶液准确调节 pH 至 3.5（电位法指示），用水稀释至 100 mL，即得。

（十二）氢氧化钠溶液（1 mol/L）

取氢氧化钠 40 g，加水使溶解成 1 000 mL。

（十三）盐酸溶液（0.01 mol/L）

取质量分数 36%～38%的浓盐酸 8.33 mL，缓缓注入适量水中，冷却至室温，加水稀释至 1 000 mL，摇匀。

五、实验方法

（一）维生素 C 的质量分析

1. 鉴别

（1）取本品约 0.2 g，加水 10 mL 溶解后，分成二等份，在一份中加硝酸银试液 0.5 mL，即生成金属银的黑色沉淀；在另一份中加二氯靛酚钠试液 1～2 滴，试液的颜色即消失。

（2）本品的红外吸收图谱应与对照品的图谱一致。

2. 检查

（1）溶液的澄清度与颜色　取本品 3.0 g，加水 15 mL，振摇使溶解，溶液应澄清无色；如显色，将溶液经 4 号垂熔玻璃漏斗滤过，取滤液，照紫外-可见分光光度法（详细内容参见《中国兽药典》（2010 年版）一部附录 26 页），在 420 nm 的波长处测定，吸光度不得过 0.03。

（2）草酸　取本品 0.25 g，加水 4.5 mL，振摇使维生素 C 溶解，加氢氧化钠试液 0.5 mL、稀醋酸 1 mL 与氯化钙试液 0.5 mL，摇匀，放置 1 h，作为供试品溶液；另精密称取草酸 75 mg，置 500 mL 量瓶中，加水溶解并稀释至刻度，摇匀；精密量取 5 mL，加稀醋酸 1 mL 与氯化钙试液 0.5 mL，摇匀，放置 1 h，作为对照液。供试品溶液产生的浑浊与对照液比较，不得更浓（0.3%）。

（3）炽灼残渣　炽灼残渣不得过 0.1%。

（4）铁　取本品 5.0 g 两份，分别置 25 mL 量瓶中，一份中加 0.1 mol/L 硝酸溶液溶解并稀释至刻度，摇匀，作为供试品溶液（B）；另一份中加标准铁溶液 1.0 mL，加 0.1 mol/L 硝酸溶液溶解并稀释至刻度，摇匀，作为对照溶液（A）。照原子吸收分光光度法，在 248.3 nm 的波长处分别测定，应符合规定。

（5）铜　取本品 2.0 g 两份，分别置 25 mL 量瓶中，一份中加 0.1 mol/L 硝酸溶液溶解并稀释至刻度，摇匀，作为供试品溶液（B）；另一份中加标准铜溶液 1.0 mL，加 0.1 mol/L 硝酸溶

液溶解并稀释至刻度，摇匀，作为对照溶液(A)。照原子吸收分光光度法，在 324.8 nm 的波长处分别测定，应符合规定。

(6)重金属　取 25 mL 纳氏比色管 3 支，甲管中加标准铅溶液一定量与醋酸盐缓冲液(pH 3.5)2 mL 后，加水稀释成 25 mL，乙管中加入取本品 1.0 g，加水溶解成 25 mL，丙管中加入与乙管相同量的维生素 C，加适量的水使溶解，再加与甲管相同量的标准铅溶液与醋酸盐缓冲液(pH 3.5)2 mL 后，用水稀释成 25 mL；再在甲、乙、丙三管中分别加硫代乙酰胺试液各 2 mL，摇匀，放置 2 min，同置白纸上，自上向下透视，当丙管中显出的颜色不浅于甲管时，乙管中显示的颜色与甲管比较，不得更深。含重金属不得过 10×10^{-6}(百万分之十)。

(7)细菌内毒素　细菌内毒素利用鲎试剂和细菌内毒素的凝聚反应进行检查。内毒素的量用内毒素单位(EU)表示。

取本品，加碳酸钠(170℃加热 4 h 以上)适量，使混合。取装有 0.1 mL 鲎试剂溶液的 10 mm×75 mm 试管 5 支，其中 2 支加入 0.1 mL 按最大有效稀释倍数稀释的供试品溶液作为供试品管；1 支加入 0.1 mL 内毒素溶液(根据鲎试剂灵敏度的标示值(λ)，用细菌内毒素检查用水将细菌内毒素标准品制成的 2.0λ 浓度的内毒素溶液)作为阳性对照管；1 支加入 0.1 mL 细菌内毒素检查用水作为阴性对照管；1 支加入 0.1 mL 供试品阳性对照溶液(用被测供试品溶液将同一细菌内毒素标准品制成 2.0λ 浓度的内毒素溶液)作为供试品阳性对照管。

将试管轻轻混匀后，封闭管口，垂直放入(37±1)℃适宜恒温器中，保温(60±2)min 后，将试管取出，缓缓倒转 180°，若管内凝胶不变形，不从管壁滑脱者为阳性(+)；凝胶不能保持完整并从管壁滑脱者为阴性(−)。2 支均为(−)，认为合格；2 支均为(+)，认为不合格；如 2 支中 1 支为(+)，1 支为(−)，则另取 4 支供试品管复试，4 支中有 1 支为(+)即认为不合格。阳性对照管为(−)或供试品阳性对照管为(−)或阴性对照管为(+)，试验无效。

每毫克维生素 C 中含内毒素的量应小于 0.020 EU(供注射用)。

3. 含量测定

取本品约 0.2 g，精密称定，加新沸过的冷水 100 mL 与稀醋酸 10 mL 使溶解，加淀粉指示液 1 mL，立即用 0.05 mol/L 碘滴定液滴定，至溶液显蓝色并在 30 s 内不褪。每毫升 0.05 mol/L 碘滴定液相当于 8.806 mg 的 $C_6H_8O_6$。本品含 $C_6H_8O_6$ 不得少于 99.0%。

$$\text{滴定度}\ T = M\times\frac{b}{a}\times B = 0.1\times0.5\times176.13 = 8.806(\text{mg})$$

式中：M 为滴定液的摩尔浓度；b 为被测物的摩尔数；a 为滴定液的摩尔数；B 为被测物的分子量。

(二)维生素 C 注射液的质量分析

1. 鉴别

(1)取本品，用水稀释制成 1 mL 中含维生素 C 10 mg 的溶液，取 4 mL，加 0.1 mol/L 的盐酸溶液 4 mL，混匀，加 0.05%亚甲蓝乙醇溶液 4 滴，置 40℃水浴中加热，3 min 内溶液应由深蓝色变为浅蓝色或完全褪色。

(2)取本品，用水稀释制成 1 mL 中含维生素 C 1 mg 的溶液，作为供试品溶液；另取维生素 C 对照品，加水溶解并稀释制成 1 mL 中约含 1 mg 的溶液，作为对照品溶液。照薄层色谱法试验，吸取上述两种溶液各 2 μL，分别点于同一硅胶 GF_{254} 薄层板上，以乙酸乙酯-乙醇-水

(5∶4∶1)为展开剂,展开,晾干,立即(1 h 内)置紫外光灯(254 nm)下检视。供试品溶液所显主斑点的位置和颜色应与对照品溶液的主斑点相同。

2. 检查

(1)pH　用 pH 计测定 pH,应为 5.0～7.0。

(2)颜色　取本品,用水稀释制成每毫升中含维生素 C 50 mg 的溶液,照紫外-可见分光光度法,在 420 nm 的波长处测定,吸光度不得过 0.06。

(3)草酸　取本品,用水稀释制成每毫升中含维生素 C 50 mg 的溶液;精密量取 5 mL,加稀醋酸 1 mL 与氯化钙试液 0.5 mL,摇匀,放置 1 h,作为供试品溶液;精密称取草酸 75 mg,置 500 mL 量瓶中,加水溶解并稀释至刻度,摇匀;精密量取 5 mL,加稀醋酸 1 mL 与氯化钙试液 0.5 mL,摇匀,放置 1 h,作为对照溶液。供试品溶液产生的浑浊与对照溶液比较,不得更浓(0.3%)。

(4)细菌内毒素　细菌内毒素利用鲎试剂和细菌内毒素的凝聚反应进行检查。内毒素的量用内毒素单位(EU)表示。

取本品,照维生素 C 的检查方法,每毫升维生素 C 中含内毒素量应小于 0.020 EU。

(5)其他　应符合注射剂项下有关的各项规定。

3. 含量测定

精密量取本品适量(约相当于维生素 C 0.2 g)加水 15 mL 与丙酮 2 mL,摇匀,放置 5 min,加稀醋酸 4 mL 与淀粉指示液 1 mL,用碘滴定液(0.05 mol/L)滴定,至溶液显蓝色并持续 30 s 不褪。每毫升碘滴定液(0.05 mol/L)相当于 8.806 mg 的 $C_6H_8O_6$。

六、复习思考题

(1)采用碘量法测定维生素 C 含量时,应注意哪些问题?

(2)本实验中,维生素 C 的鉴别与含量测定均系利用其结构中的哪一官能团的化学性质?该官能团具有哪些化学性质?

(3)除了碘量法,维生素 C 还可采用何种方法测定含量?试简要介绍一种。

(4)维生素 C 具有哪些鉴别反应?

七、注解或注意事项

(1)含量测定时加入稀醋酸 10 mL 使滴定在酸性溶液中进行。因在酸性介质中维生素 C 受空气中氧的氧化速度减慢,但样品溶于稀酸后仍需立即进行滴定。

(2)含量测定时加新沸过的冷水目的是为减少水中溶解的氧对测定的影响。

第三章　设计性实验

实验一　药物的鉴别方法

一、目的要求

(1)掌握各典型药物的原料药及制剂鉴别方法的实验思路。

(2)根据各典型药物的化学结构,选择适当实验方法,对其一一区别确证。

(3)根据实验目的的要求查阅相关文献,设计实验路线。

(4)熟悉药物鉴别方法的条件优化及方法验证等实验过程。

(5)培养学生独立分析问题,解决问题的能力及实际动手能力。

二、实验药品

青霉素钠、阿莫西林、氨苄西林钠、盐酸土霉素、盐酸多西环素、恩诺沙星注射液、磺胺嘧啶钠注射液、阿司匹林片、对乙酰氨基酚片、硫酸阿托品片、维生素 B_1 片、维生素 C 片、维生素 E 片、头孢拉啶片。

三、实验要求

(一)实验方案设计

在实验教师的指导下,学生分组。在《中国兽药典》(2010 年版)及文献查阅的基础上,紧扣"药物结构-理化性质-分析方法"的理论主线,按照"鉴别实验的内涵、鉴别实验的项目、鉴别实验的方法及鉴别实验的条件"的设计思路,突出专属鉴别的试验方法,兼顾一般鉴别试验方法,制定自选药物组合鉴别方法的试验方法。具体项目有:

(1)实验题目;

(2)实验目的;

(3)实验原理;

(4)仪器与试药;

(5)实验步骤;

(6)实验结果;

(7)注意事项;

(8)参考文献。

(二)实验器材准备

实验器材包括分析仪器、玻璃器皿、电子天平(精度0.01 g)、试药、试剂及试液等。根据设计的实验方案，选择适当型号的化学分析仪器、光谱分析仪器与色谱分析仪器等，实验药品与试剂要根据鉴别实验的需要计划用量，试液、缓冲液等依据《中国兽药典》附录及相关文献要求正确配制。

(三)实验操作步骤

药物的鉴别方法主要包括化学鉴别、光谱鉴别与色谱鉴别，也需要考虑特殊性状描述和物理常数测定作为辅助鉴别方法。根据药物的化学结构与制剂特点，分析药物的理化性质与辅料影响，列举可能使用的药物鉴别的分析方法。

在教学时数和实验条件允许的情况下，基于教师带教、学生主导的原则，进行实验方案讨论、预实验验证，并做小组开题报告。

(四)实验资料报告

按确定的实验设计方案进行实验操作。实验结束后，撰写实验报告及研究论文、综述文章，整理归档实验原始资料。

1. 实验报告在实验设计方案的基础上，应包括以下内容

(1)实验原始数据计算、总结与比较；

(2)结果与结论；

(3)实验设计方案再评论及实验重点、难点的讨论。

2. 归档资料应包括以下内容

(1)仪器、试药及用量列表；

(2)实验原始数据、图谱(照片)与备份文件；

(3)实验报告及研究论文、综述文章；

(4)参考文献。

四、注意事项

(1)根据自选药物的实验内容，确定合适的中英文文献查阅关键词。通过中英文数据库或图书馆期刊查阅相关文献，收集、分类、研读、整理文献资料与药品标准，通过分析比较，交流讨论，确定药物鉴别试验方案，同时为撰写相关综述论文提供参考文献。

(2)设计实验前应充分了解各药物的理化特性，选择最符合其特性、专属性最强的鉴别试验来区别确证各药物。

(3)设计实验时应尽量选择最优的路线流程操作，以求简便、快速、低耗地得出正确的实验结论。

(4)实验设计报告中的仪器及试剂主要指实验中所要应用的器材、试剂、药品、对照品、标准品等；实验准备主要指实验中应用的滴定液、缓冲液、溶液、试液、指示液等的配制；实验流程主要指实验的操作步骤及方法，可用示意图、流程图等并辅以文字表示，文字说明应写清实验操作方法及其反应原理。实验流程书写时明了、清楚、简洁；注意事项主要指实验中应格外注

意，操作不当易导致实验误差，严重时甚至会引起实验事故的一些问题。参考文献指实验设计中主要参考的文献著作，其书写格式参见本书参考文献。

（5）实验方案与具体操作要基于药物结构、理化性质及制剂特点，在文献查阅、方法总结的基础上，初步确定实验设计方案。但是，实验方案的最后确定，取决于方案讨论与分析、条件预试与优化以及内容补充与修改。对于实验原理，明确特征方法的理论依据；在仪器与试药中，说明仪器型号，列举药品试剂；具体实验内容包括操作步骤的细化，试药用量的确定和实验试液配制；合理鉴别方法的选择，不仅取决于药物结构，理化性质及制剂特点，更重要的是方法建立、条件优化与专属性特征。

（6）实验中提供的 14 种药物均无标签，在实验中每确证一种药物应贴好相应的标签，以避免遗漏，实验结束时将区别开来已经贴好标签的药物、原始记录、检验报告一并交给教师。

五、复习思考题

除了最终选择的实验路线及方法外，还有哪些方法与路线可以选择？请列出两种以上的方法与路线，并说明各方法与路线的优缺点。

实验二　药物的检查方法

一、实验目的

(1)根据药物结构和制剂特点设计化学药物原料药及其制剂的检查方法。

(2)掌握药物中一般杂质检查方法。

(3)掌握药物特殊杂质来源与检查方法的原理与应用。

(4)掌握药物检查的物理方法、化学方法、光谱方法和色谱方法的原理与应用。

(5)掌握药物制剂检查项目的实验依据与操作方法。

(6)熟悉药物检查方法的条件优化、方法建立与验证等实验过程。

二、实验药品

氯羟吡啶及氯羟吡啶预混剂、阿苯达唑及阿苯达唑片、地塞米松磷酸钠及地塞米松磷酸钠注射液。

三、实验要求

(一)实验方案设计

在实验教师的指导下,学生分组,各组自选“实验内容”任一项实验进行。药物中的杂质主要有两个来源:一是生产过程中引入;二是贮藏过程中受外界条件的影响,引起药物理化性质发生变化而产生。了解药物中杂质的来源,结合药物的剂型,可以针对性地设计出药物中杂质的检查项目和检查方法。检查项还包括有效性、均匀性和安全性三方面。所以,在药物的检查实验设计中要针对药物及其制剂全面、综合地思考问题。

在充分了解药物及其制剂生产工艺的基础上确定药物杂质的来源与种类及检查项目,通过《中国兽药典》及文献资料查阅,紧扣“药物结构-理化性质-分析方法”的理论主线,制定自选药物的“药物特殊杂质检查、药物一般杂质检查及药物制剂项目检查”的实验方法。具体项目:

(1)实验项目;

(2)实验目的;

(3)实验原理;

(4)仪器与试药;

(5)实验步骤;

(6)实验结果;

(7)注意事项;

(8)参考文献。

(二)实验器材准备

实验器材包括分析仪器、玻璃器皿、电子天平(精度 0.000 1 g 和 0.000 01 g)、实验药品、试剂、试液等。实验药品与试剂要根据实验需要计划用量，试液、缓冲液等依据《中国兽药典》附录及相关文献要求正确配制。

(三)实验操作步骤

药物检查项目包括一般杂质检查、特殊杂质检查及药物制剂的检查。根据药物的化学结构，结合药物生产工艺与稳定性，列举可能的适用药物检查的分析方法。分析方法主要有物理方法、化学方法、光谱方法与色谱方法，同时对于药物制剂应根据《中国兽药典》制剂通则，对相应药物制剂进行检查。

(四)实验资料报告

按确定的实验设计方案(检查项目多可以选择性地)进行实验。实验结束后，写出实验报告及研究论文、综述文章，整理归档实验原始材料。

1. 实验报告在实验室设计方案的基础上，应包括以下内容

(1)实验原始数据计算、总结与比较；

(2)结果与结论；

(3)实验设计方案再评论及实验重点、难点的讨论。

2. 归档资料应包括

(1)仪器、试药及用量列表；

(2)实验原始数据、图谱(照片)与备份光盘；

(3)实验报告及研究论文、综述文章；

(4)参考文献。

四、注意事项

(一)实验设计

设计实验前应充分了解所选择药物的理化特性，选择最恰当的方法进行检查。

设计实验时应尽量选择最佳方法，以求简便、快速、低耗地得出正确的实验结果。

(二)药物结构与杂质检查

吡啶类药物检查的分子结构中均含有氮杂原子六元单环，咪唑类药物分子结构中含有咪唑环结构，甾体激素类药物多由其他甾体化合物经结构改造而来，在原料生产过程中可能引入合成的原料、中间体、异构体以及降解产物等。因此，药物的杂质检查，除一般杂质检查外，通常还要作“有关物质”的检查。对于药物制剂(包括药物复方制剂)检查，除了满足《中国兽药典》制剂通则相关项目外，选择的检查方法需要排除制剂辅料及组方药物的干扰，以保证方法的专属性。

(三)检查方法与杂质的限量

检查药物中存在的微量杂质，首要问题是选择专属性强的方法，其中色谱法具有高分离性能，专属强的特点，是检查有关物质的首选方法。

1. 检查方法

(1)薄层色谱法的杂质检测方法有杂质对照品法、主成分自身对照法(自身稀释对照法)。

(2)高效液相色谱法和气相色谱法的杂质检查方法有峰面积归一化法、不加校正因子的主成分自身对照法、加校正因子的主成分自身对照法。

(3)内标法加校正因子法、外标法。

2. 杂质的量

(1)药物中杂质量的控制原则

① 在保证兽药安全有效的前提下,允许药物含一定量的杂质,但必须规定其限定量。

② 杂质量的制订基于生产工艺、杂质性质和各国药典的方法。

(2)杂质量的控制方法　药物中杂质限量控制方法包括限量检查法和杂质定量测定法。

① 限量检查法不要求测定杂质的准确含量,只需检查药物中杂质的量是否超过限量的方法。

② 杂质定量测定法即配制供试品和被检杂质对照品溶液,同法操作,采用外标法或内标法测定供试品中杂质的含量的方法。

五、复习思考题

除了最终选择的实验方法外,还有哪些方法可以选择?为何在各种方法中选择该法检查药物?其优越性何在?

第四章　综合性实验

实验一　莫昔克汀含量测定方法的验证

一、目的要求

(1)掌握应用高效液相色谱-荧光检测法测定莫昔克汀的方法学验证内容及具体实验。

(2)掌握柱前荧光衍生化的原理、方法。

(3)熟悉高效液相色谱-荧光检测法测定莫昔克汀的特点、要求。

(4)熟悉高效液相色谱法-荧光检测法的基本操作。

二、实验原理

莫昔克汀的结构：

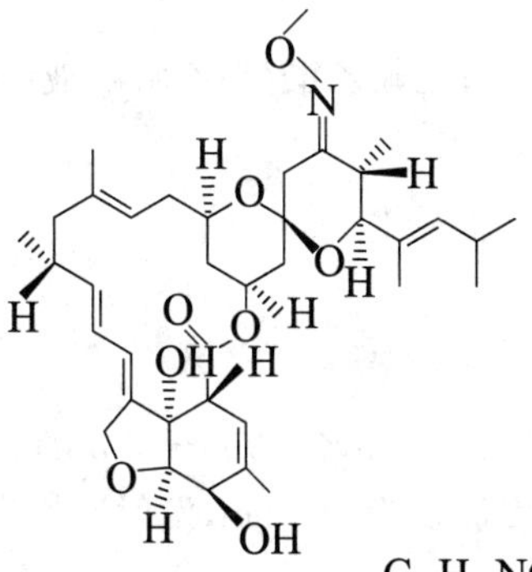

$C_{37}H_{53}NO_8$　639.82

莫昔克汀又名莫西菌素，是由链霉菌发酵产生的尼玛菌素(Nemadectin)，经半合成得到的单一成分大环内酯类抗生素，为一种新型的阿维菌素类药物。其驱虫活性比其他阿维菌素类抗寄生虫药物效果好，且药效维持时间更长。莫昔克汀具有广谱驱虫活性，对犬、牛、绵羊、马的线虫和节肢动物寄生虫有高度驱除活性，主要经粪便排泄。如其结构式所示，莫昔克汀具有与阿维菌素类似的大环内酯母核，分子中具有共轭双键，但无芳环等大的共轭体系，因而在用高效液相色谱法-紫外检测法进行含量测定时易受待测样品中其他物质的干扰。本实验选择N-甲基咪唑、三氟乙酸酐为荧光衍生化试剂，对莫昔克汀进行柱前衍生化，得到具有荧光的衍生化产物，用高效液相色谱-荧光检测法检测荧光衍生化产物的含量，进而对莫昔克汀进行间接的含量测定。

三、实验仪器及药品

称量纸、称量匙、滴管、刻度吸管(1 mL、2 mL、3 mL、5 mL、10 mL)、移液器(10～1 000 μL)、25 mL具塞试管、容量瓶(10 mL、50 mL、100 mL、500 mL、1 000 mL)、量筒(10 mL、50 mL、100 mL)、烧杯(50 mL、100 mL)、500 mL 锥形瓶、电子天平(精度 0.01 g)、电子天平(精度 0.000 1 g)、漩涡混合仪、氮吹仪、恒温水浴、高效液相色谱仪(荧光检测器)。

色谱甲醇、色谱乙腈、三乙胺、水、冰醋酸、N-甲基咪唑、三氟乙酸酐、莫昔克汀标准品。

四、实验准备

(一)流动相

高效液相色谱实验所用流动相为乙腈-水(90∶10),流动相需现配现用,使用前过 0.45 μm 有机相滤膜过滤,超声脱气备用。

(二)莫昔克汀标准储备溶液

取莫昔克汀标准品 20 mg,精密称定,置 100 mL 量瓶中,用甲醇溶解定容至刻度,摇匀,配成 200 μg/mL 的标准储备液;精密量取莫昔克汀储备液 1 mL,置 10 mL 量瓶中,用甲醇定容至刻度,摇匀,作为标准储备溶液。上述储备液置于－20℃以下冰箱中保存。

(三)衍生化试剂

N-甲基咪唑-乙腈溶液(体积比 1∶1);三氟乙酸酐-乙腈溶液(体积比 1∶2)。

五、实验方法

(一)色谱条件

以十八烷基硅烷键合硅胶为填充剂(250 mm×4.6 mm,5 μm)。以乙腈-水(90∶10)为流动相;柱温为室温;流速为 1.0 mL/min;激发波长为 365 nm,发射波长为 475 nm;进样量为 20 μL。

(二)标准溶液的配制

精密量取 5 mL 的 20 μg/mL 莫昔克汀储备液,置于 100 mL 容量瓶,用乙腈定容稀释成浓度为 1 μg/mL 的标准溶液,备用。

(三)荧光衍生化

将待测样品加入 10 mL 具塞试管中,于 50℃水浴下用氮气吹干,若有残留微量水分,可在 50℃烘箱中烘 20～30 min。向试管中加入 N-甲基咪唑-乙腈溶液(1∶1)100 μL,涡漩混合 30 s 后加入三氟乙酸酐-乙腈溶液(1∶2)150 μL,漩涡混合 15 s 后依次加入冰醋酸、三乙胺各 50 μL,试管内出现白雾并放热,塞紧试管,轻轻振荡,30 s 后加入甲醇 750 μL,静置 15 min 后将溶液混匀。过 0.45 μm 微孔滤膜,供高效液相色谱-荧光检测法分析。

六、分析方法验证内容

(一)准确度

准确度是指用该方法测定的结果与真实值或参考值接近的程度，一般用回收率(%)表示。准确度应在规定的范围内测试。

在规定的范围内，至少用 9 个测定结果进行评价，例如，设计 3 个不同浓度，每个浓度各分别制备 3 份供试品溶液，进行测定。应报告已知加入量的回收率(%)。

设 5 ng/g、50 ng/g、250 ng/g 3 个添加水平，并分别设空白对照，按照前述样品衍生化处理方法进行添加回收试验，每个水平设 3 个平行。根据测得量与添加量计算回收率。

(二)精密度

1. 重复性

规定范围内，至少 9 个数据测定结果进行评价，例如，设计 3 个不同的浓度，每个浓度分别制备 3 份供试品溶液，进行测定。

精密量取 200 μg/mL 的莫昔克汀标准储备溶液，分别置于 100 mL 容量瓶，稀释至刻度，制成 4.000、16.000、64.000 μg/mL 莫昔克汀对照品溶液，按荧光衍生化法进行处理后，分别连续进样 3 次，所得峰面积测量值的相对标准偏差应不大于 2.0%。

2. 中间精密度

为考察随机变动因素对精密度的影响，应进行中间精密度试验。变动因素为不同日期、不同分析人员、不同设备等。

取重复性试验中的供试品溶液，分别由两名同学使用不同的仪器与试剂进行测试，所得 6 个含量数据的相对标准差应不大于 2.0%。

(三)专属性

专属性是指在其他成分可能存在的情况下，采用的方法能正确测定出被测物的特性。含量测定如用色谱法或其他分离方法，应付代表性图谱，以说明方法的专属性，应注明各成分在色谱图中的位置，色谱法中的分离度应符合要求。

取莫昔克汀样品 6 组，进行荧光衍生化处理，进样分析，样品中所含其他杂质经衍生化处理后应不干扰莫昔克汀衍生化产物出峰保留时间位置。

(四)线性

线性是指在设计的范围内，测试结果与试样中被测物浓度直接成正比关系的程度。

精密量取 1 μL、2 μL、4 μL、16 μL、64 μL、256 μL 莫昔克汀标准溶液，分别置于玻璃试管中，于 50℃水浴下用氮气吹干，向管中加入 N-甲基咪唑-乙腈溶液(1∶1)100 μL，涡漩混合 30 s 后加入三氟乙酸酐-乙腈溶液(1∶2)150 μL，涡漩混合 15 s 后依次加入冰醋酸、三乙胺各 50 μL，试管内出现白雾并放热，塞紧试管，轻轻振荡，30 s 后加入甲醇 750 μL，静置 15 min，混匀后以高效液相色谱-荧光检测法测定，以莫昔克汀质量(m)为横坐标，莫昔克汀荧光衍生化产物的峰面积为纵坐标进行线性回归，求得回归方程、相关系数和线性图。

（五）线性范围

线性范围是指能达到一定精密度、准确度和线性，测试方法使用的高低浓度或量的区间。

线性范围应根据分析方法的具体应用和线性、准确度、精密度结果和要求确定。原料（和制剂）的含量测定，范围应为80%～120%。

（六）耐用性

耐用性是指在测定条件有小的变动时，测定结果不受影响的承受程度，为使方法可用于常规检验提供依据，开始研究方法时应考虑其耐用性。如果测定条件苛刻，应在方法中注明。典型的变动因素有：被测溶液的稳定性、样品的提取次数、时间等。液相色谱法中典型的变动因素有：流动相的组成、pH、不同品牌或不同批号的同类型色谱柱、柱温、流速等。经试验，应说明小的变动能否通过设计的系统适用性试验，以确保方法有效。

用不同品牌或同一品牌不同批次的色谱柱进行试验，在改变流动相比例（±5%）、pH（±0.2）、柱温（±5℃）、流速（相对值变化±20%），观察莫昔克汀荧光衍生化产物仪器色谱行为的变化，每个条件下各测试两次。莫昔克汀荧光衍生化产物主峰的拖尾因子不得大于2.0，主峰与杂质峰必须达到基线分离；各条件下的含量数据（$n=6$）的相对标准差应不大于2.0%。

（七）莫昔克汀含量测定

精密量取待测样品，配制溶液后，按“（三）荧光衍生化”项下方法操作，测定，根据标准曲线计算待测样品中莫昔克汀含量。

七、复习思考题

（1）荧光衍生化处理过程中，体系中能否有水，为什么？

（2）标准曲线测定时，所取标准溶液若不经吹干，直接进行衍生化及后续操作，会对实验结果产生何种影响？

（3）除了本实验的含量测定方法，还有哪些检测方法可用于莫昔克汀的含量检测？试举2例，并说明这两种检测方法与本法相比的优缺点。

八、注解或注意事项

（1）乙腈、N-甲基咪唑、三氟乙酸酐具有毒性，进行样品衍生化处理时，最好在通风橱操作。

（2）对样品进行荧光衍生化时，试管要密塞，否则会影响方法的重复性与准确性。

（3）样品中莫昔克汀含量过大时，可对样品进行稀释，取部分样品进行衍生化，否则易因衍生化不完全影响含量的准确测定。

实验二 兔血浆中酒石酸泰乐菌素样品前处理方法及含量方法的确定

一、目的要求

(1)掌握固相萃取处理血浆样品方法。

(2)掌握高效液相色谱法测定血浆样品的特点、要求。

(3)熟悉生物样品定量分析的方法学验证过程。

二、实验原理

泰乐菌素属大环内酯类抗菌药,由链霉菌的类似菌株培养液中取得。酒石酸泰乐菌素为泰乐菌素酒石酸盐,在氯仿中易溶,在水或甲醇中溶解,在乙醚中几乎不溶。抗菌作用机理和抗菌谱与红霉素相似,对支原体属特别有效。酒石酸泰乐菌素内服后易从胃肠道吸收。主要用于防治猪、禽支原体病,对敏感菌并发的支原体感染尤为有效。

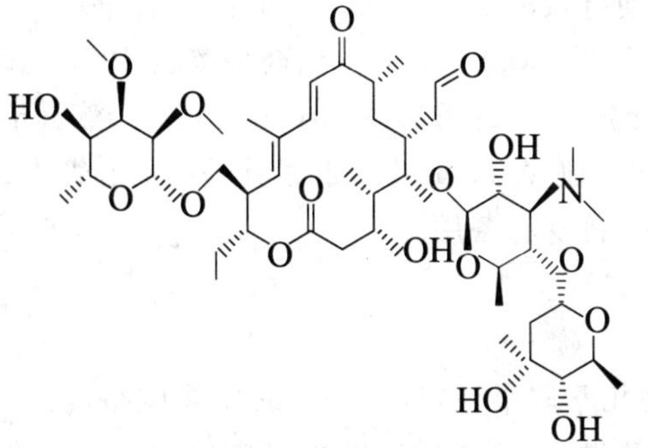

$C_{46}H_{47}NO_{17}$ 916.10

本实验采用 C_{18} 固相萃取小柱处理血浆样品,实现对兔血浆中泰乐菌素的纯化富集,最后用高效液相色谱法中的外标法测定血药浓度。

三、实验仪器及药品

称量纸、称量匙、滴管、刻度吸管(1 mL、2 mL、3 mL、5 mL、10 mL)、移液器(10~1 000 μL)、25 mL具塞试管、容量瓶(10 mL、50 mL、100 mL、500 mL、1 000 mL)、量筒(10 mL、50 mL、100 mL)、烧杯(50 mL、100 mL)、500 mL 锥形瓶、电子天平(0.01 g 精度)、分析天平(0.000 1 g 精度)、漩涡混合仪、氮吹仪、恒温水浴、高效液相色谱仪(紫外检测器)。

酒石酸泰乐菌素标准品、色谱甲醇、色谱乙腈、甲酸铵、兔血浆样品、去离子水、C_{18} 固相萃取小柱。

四、实验准备

(一)流动相

高效液相色谱实验所用流动相为甲醇-乙腈-甲酸铵溶液(10∶35∶55),流动相需现配现用,使用前过 0.45 μm 有机相滤膜过滤,超声脱气 20 min。

(二)流动相中甲酸铵溶液为 0.1 mol/L

称取甲酸铵 6.3 g,用水溶解并稀释到 1 000 mL,摇匀备用。

(三)酒石酸泰乐菌素标准储备溶液

精密称取酒石酸泰乐菌素标准品 10.0 mg,用甲醇溶解定容至 100 mL,配成 100 μg/mL 的标准储备液。−20℃以下冰箱中保存,有效期 3 个月。

五、实验方法

(一)血浆样品采集与保存

(1)将 12 500 U 的肝素用生理盐水稀释至 10 mL(1→10)。取稀释后的肝素溶液 0.1 mL 置于 5 mL 或 10 mL 试管中,转动试管使肝素溶液均匀涂布在试管内壁,90℃干燥。

(2)取健康家兔 10 只,雌雄各半,体重 2.0 kg±0.5 kg。给药前禁食 12 h,期间自由饮水,分别以 5 mg/kg 体重(以酒石酸泰乐菌素计算)于耳缘静脉注射泰乐菌素水溶液。于给药前和给药后 0.25、0.5、1、2、4、6、8、10 h 自耳缘静脉采血,放入(1)中经肝素处理的离心管中,3 000 r/min 离心 10 min,分离血浆,−20℃低温冰箱中冷冻保存备用。

(二)血浆样品的净化

依次用甲醇、水各 3 mL 活化 C_{18} 固相萃取小柱,将处理后的血浆样品过柱,控制流速小于 2 mL/min。用水 5 mL 和甲醇溶液 1 mL 淋洗,用乙酸铵甲醇溶液 3 mL 洗脱,收集洗脱液。于 50℃水浴下氮气吹干,用 0.5 mL 甲醇溶解残渣,1 000 r/min 离心 5 min,上清液过 0.45 μm 滤膜,取 20 μL 进样,供高效液相色谱分析。

(三)色谱条件

以十八烷基硅烷键合硅胶为填充剂(C_{18} 柱),柱长为 250 mm,内径为 4.6 mm,粒径为 5 μm。以甲醇-乙腈-甲酸铵溶液(10∶35∶55)为流动相;检测波长为 290 nm;柱温为室温;流速为 1.0 mL/min;进样量为 20 μL。

(四)标准溶液的配制

取酒石酸泰乐菌素标准储备液,精密吸取一定量,用甲醇依次稀释成浓度分别为 0.5 μg/mL、1.5 μg/mL、4.5 μg/mL、13.5 μg/mL、40.5 μg/mL、121.5 μg/mL、364.5 μg/mL 的系列标准溶液备用。

(五)血浆标准曲线的建立

取空白血浆 0.5 mL 于 5 mL 具塞离心管中，分别加入酒石酸泰乐菌素标准系列溶液 500 μL，配制成浓度分别为 0.1 μg/mL、0.3 μg/mL、0.9 μg/mL、2.7 μg/mL、8.1 μg/mL、24.3 μg/mL、72.9 μg/mL 的血浆样品，按“(二)血浆样品的净化”项下方法操作，测定，以待测物浓度(C)为横坐标，待测物酒石酸泰乐菌素的峰面积为纵坐标进行回归，求得回归方程和相关系数。

(六)血药浓度测定

取待测血浆样品 0.4 mL 按“(二)血浆样品的净化”项下方法操作，测定，根据外标法计算酒石酸泰乐菌素含量。

六、复习思考题

(1)本法测定时，流动相中为什么要加入甲酸铵？

(2)哪些样品的前处理可以选用固相萃取的方法？该法的原理是什么？

七、注解或者注意事项

(1)因本实验所用流动相中有机相比例超过 10%，流动相混合后，过滤时所用滤膜需用有机相滤膜，若使用水相滤膜，会被流动相中有机相溶解，使流动相无法使用。

(2)固相萃取小柱使用前需按照小柱说明书进行活化，以使小柱具备吸附活性；上样、淋洗及洗脱时，需让液体以一定速度通过固相萃取小柱，依据供试品具体性质，必要时上样后可进行一段时间的吸附。

(3)淋洗溶剂梯度及体积需进行前期预实验摸索，根据不同淋洗条件下淋洗液中的药物含量确定最佳洗脱比例，以使得待测组分的回收率最高而内源性干扰最小。

(4)外标法　用供试品的对照品或标准品作对照物质，以对照物质和样品中待测组分的响应信号相比较进行定量的方法称为外标法。

外标法可分为标准曲线法和外标一点法。

标准曲线法系指配制一系列已知浓度的标准液，在同一操作条件下，按同量注入色谱仪，测量其峰面积(或峰高)，做出峰面积(或峰高)与浓度的标准曲线。然后在相同条件下，注入同量供试品，测得待测组分的峰面积(或峰高)，根据标准曲线或它的回归方程，计算供试品中待测组分的浓度。

外标一点法系指按各品种项下的规定，精密称(量)取并配制已知浓度的对照品和供试品溶液，分别精密取一定量，注入仪器，记录色谱图，测量对照品的峰面积(或峰高)和供试品待测组分的峰面积(或峰高)，再结合对照品的浓度计算供试品中待测组分的浓度。

参 考 文 献

[1] 安登魁.药物分析.济南:济南出版社,1992.
[2] 蔡美芳.药物分析.北京:中国医药科技出版社,1996.
[3] 慈薇.药物分析实验.北京:军事医学科学出版社,2006.
[4] 丁黎.药物色谱分析.北京:人民卫生出版社,2008.
[5] 范国荣.药物分析实验指导.北京:人民卫生出版社,2011.
[6] 中国兽药典委员会.《中华人民共和国兽药典》(一部).2010 年版.北京:中国农业出版社,2011.
[7] 中国兽药典委员会.《中华人民共和国兽药典》(一部).2005 年版.北京:中国农业出版社,2006.
[8] 国家药典委员会.《中华人民共和国药典》(二部).2010 年版.北京:中国医药科技出版社,2010.
[9] 国家药典委员会.《中华人民共和国药典》(二部).2005 年版.北京:化学工业出版社,2005.
[10] 杭太俊.药物分析实验与指导.北京:中国医药科技出版社,2003.
[11] 杭太俊.药物分析.7 版.北京:人民卫生出版社,2012.
[12] 刘文英.药物分析实验与指导.6 版.北京:人民卫生出版社,2007.
[13] 苏薇薇.药物分析实验.北京:中国医药科技出版社,2000.
[14] 张秀英.兽医药物分析.北京:中国农业出版社,2008.
[15] 朱景申.药物分析.北京:中国医药科技出版社,1996.
[16] 徐玫.药物分析实验.郑州:郑州大学出版社,2008.
[17] 农业部兽药评审中心.兽药质量标准汇编(2006—2011).北京:中国农业出版社,2012.
[18] 中国兽药典委员会.兽药国家标准(化学药品·中药卷·第一册).北京:化学工业出版社,2013.